Just Enough R

An Interactive Approach to Machine Learning and Analytics

数据分析
与机器学习
基于R语言

［美］理查德·J. 罗杰（Richard J. Roiger）著

毕冉 译

U0279103

机械工业出版社
CHINA MACHINE PRESS

图书在版编目（CIP）数据

数据分析与机器学习：基于 R 语言 /（美）理查德·J. 罗杰 (Richard J. Roiger) 著；毕冉译 . -- 北京：机械工业出版社 , 2024. 12. --（数据科学与工程技术丛书）. -- ISBN 978-7-111-77079-4

Ⅰ. TP181

中国国家版本馆 CIP 数据核字第 2024WG0702 号

机械工业出版社（北京市百万庄大街 22 号　邮政编码 100037）
策划编辑：朱　劼　　　　　　　　责任编辑：朱　劼
责任校对：甘慧彤　杨　霞　景　飞　责任印制：任维东
河北鹏盛贤印刷有限公司印刷
2025 年 3 月第 1 版第 1 次印刷
185mm×260mm・16.75 印张・388 千字
标准书号：ISBN 978-7-111-77079-4
定价：99.00 元

电话服务　　　　　　　　　　　　网络服务
客服电话：010-88361066　　　　　机 工 官 网：www.cmpbook.com
　　　　　010-88379833　　　　　机 工 官 博：weibo.com/cmp1952
　　　　　010-68326294　　　　　金 　 书 　 网：www.golden-book.com
封底无防伪标均为盗版　　　　　　机工教育服务网：www.cmpedu.com

译 者 序

在当今这个数据驱动的时代，如何从海量信息中提取有意义的知识，已经成为一项不可或缺的技能。本书旨在通过综合介绍 R 语言、机器学习算法、统计方法及分析技巧，揭开这个领域的神秘面纱，帮助读者深入理解如何在复杂的数据中发现有意义的结构，并有效解决实际问题。

本书从基础的概念开始，通过简单且易于理解的例子，逐步展示各种机器学习算法的工作原理。这些算法的介绍不仅限于理论，更重要的是讲解了如何独立于任何特定编程语言来理解它们。本书避免了冗长的数学推导，通过生动的实例和直观的图表，让读者在轻松愉快的氛围中掌握机器学习的核心概念。随后，本书详细介绍了如何使用 R 语言来实现这些算法，并将其应用于解决实际的数据分析问题。每章都配有完整的 R 脚本代码，允许读者在学习的同时执行脚本，加深对内容的理解和掌握。

书中内容安排如下。第 1 章为读者揭开了机器学习的神秘面纱。第 2 章提供了关于 R 语言这一强大工具的基本操作和应用。第 3 章详细介绍了数据组织方式。第 4 章讨论了数据预处理的重要性。第 5 章至第 10 章分别讨论了监督统计技术、基于树的方法、基于规则的技术、神经网络、正式评估技术和支持向量机。第 11 章展示了如何在没有明确指导的情况下从数据中识别模式。最后，第 12 章通过一个治疗结果预测的案例研究，展示了这些技术在现实问题中的具体应用。

本书不仅适合数据科学的学生和专业人士阅读，也适合所有希望通过数据分析改善决策过程的读者阅读。无论你是数据科学的初学者还是希望扩展知识面的专业人士，本书都将为你的学习之旅提供指导和灵感。

译者

2024 年 9 月

前　言

本书主要介绍 R 语言、机器学习算法、统计方法学和分析方法，以便读者学会使用数据来解决复杂问题。本书有两个主要目标：

- 明确展示如何、为什么以及何时使用机器学习技术。
- 尽快为读者提供成为 R 语言高效使用者所需的内容。

本书的方法非常直接，可以称之为"先看后做"，原因如下：

- 通过简单易懂的示例，逐步解释各种机器学习算法是如何独立于任何编程语言工作的。
- 解释了脚本的细节，这些脚本与包括第 4 版在内的所有 R 语言的版本兼容，并且可以用来解决具有真实数据的复杂问题。本书已提供这些脚本，以便读者在阅读本书的解释时，可以观察这些脚本的执行过程。
- 涵盖了多种机器学习技术的不同实现方式。
- 提供了章末练习题，其中许多练习题可以通过修改现有脚本来解决。

本书中提供的一些脚本可以被视为解决问题的模板，稍作修改后可以反复使用。当你对这些模板有了深入理解后，使用 R 将变得得心应手。

目标读者

本书适合以下四种读者群体：

- 学生：希望学习机器学习并渴望通过 R 语言进行实践的学生。
- 教育工作者：决策科学、计算机科学、信息系统和信息技术领域的教育工作者，他们希望开设关于使用 R 语言进行机器学习和数据分析的单元、研讨会或整套课程。
- 专业人员：需要了解如何将机器学习应用于解决业务问题的专业人员。
- 应用研究人员：希望将机器学习方法纳入他们的问题解决和分析工具包中的研究人员。

如何使用本书

快速学习的最佳方式是观察和实践相结合。我们通过向你介绍超过 50 个用 R 编写的脚本来提供这个机会。为了充分利用本书，你首先应阅读并逐步实践第 1 章到第 4 章中提供的脚本，这些章节为使用 R 进行机器学习奠定了基础。

学习第 5 章需要一些时间，因为它提供了丰富的信息，其中一些是统计性质的。你将学习线性回归、逻辑回归以及朴素贝叶斯分类器。首先，你将学习如何使用训练集和测试集的场景进行模型评估，以及如何进行交叉验证。在学习逻辑回归时，你将学习如何创建混淆矩阵，以及如何创建和解释接收器操作特性（ROC）曲线下面积。

一旦掌握了第 5 章，那么就可以按照任意顺序学习第 6 章至第 11 章。唯一的例外是第 7 章应该在第 6 章之后学习。第 12 章应该最后学习，因为第 12 章提供了一个案例，可以深入了解整个知识的发现过程。

补充材料

正文中对所有用于示例和章末练习题的数据集及脚本都进行了详细的描述。这些数据集来自多个领域，包括商业、健康和医学以及科学。可以在下述两个网址下载这些数据集和脚本：

❑ CRC 网站：https://www.crcpress.com/9780367439149。
❑ https://krypton.mnsu.edu/~sa7379bt/。

致谢

非常感谢我的妻子苏珊娜，感谢她一直以来的支持。

目　录

译者序

前言

第1章　机器学习导论 ………………… 1

1.1　机器学习、统计分析和数据科学 … 1

1.2　机器学习：第一个示例 ……………… 2

　　1.2.1　属性－值格式 ………………… 2

　　1.2.2　用于诊断疾病的决策树 …… 3

1.3　机器学习策略 ……………………… 5

　　1.3.1　分类 ………………………… 5

　　1.3.2　估计 ………………………… 6

　　1.3.3　预测 ………………………… 6

　　1.3.4　无监督聚类 ………………… 9

　　1.3.5　市场购物篮分析 …………… 9

1.4　评估性能 …………………………… 9

　　1.4.1　评估监督模型 ……………… 10

　　1.4.2　二分类误差分析 …………… 10

　　1.4.3　评估数值输出 ……………… 11

　　1.4.4　通过测量提升比较模型 …… 11

　　1.4.5　评估无监督模型 …………… 13

1.5　伦理问题 …………………………… 14

1.6　本章小结 …………………………… 14

1.7　关键术语 …………………………… 15

练习题 …………………………………… 16

第2章　R语言简介 ………………… 18

2.1　R语言和RStudio简介 …………… 18

　　2.1.1　R的特性 …………………… 19

　　2.1.2　安装R ……………………… 19

　　2.1.3　安装RStudio ……………… 20

2.2　浏览RStudio ……………………… 21

　　2.2.1　控制台 ……………………… 21

　　2.2.2　源面板 ……………………… 22

　　2.2.3　全局环境 …………………… 24

　　2.2.4　包 …………………………… 28

2.3　数据在哪里 ………………………… 29

2.4　获取帮助和额外信息 ……………… 29

2.5　本章小结 …………………………… 30

练习题 …………………………………… 30

相关安装包和函数总结 ………………… 31

第3章　数据结构和操作 ………… 32

3.1　数据类型 …………………………… 32

　　3.1.1　字符数据和因子 …………… 33

3.2　单模式数据结构 …………………… 34

　　3.2.1　向量 ………………………… 34

　　3.2.2　矩阵和数组 ………………… 36

3.3　多模式数据结构 …………………… 37

　　3.3.1　列表 ………………………… 37

　　3.3.2　数据框 ……………………… 38

3.4　编写自己的函数 …………………… 39

　　3.4.1　写一个简单的函数 ………… 39

　　3.4.2　条件语句 …………………… 41

　　3.4.3　迭代 ………………………… 42

　　3.4.4　递归编程 …………………… 45

3.5　本章小结 …………………………… 46

3.6　关键术语 …………………………… 46

练习题 …………………………………… 46

相关安装包和函数总结 ………………… 47

第4章　准备数据 ················· 48
4.1　知识发现的过程模型 ············· 48
4.2　创建目标数据集 ··············· 49
4.2.1　R与关系模型的接口 ···· 49
4.2.2　目标数据的其他来源 ···· 52
4.3　数据预处理 ················· 52
4.3.1　噪声数据 ·············· 52
4.3.2　使用R进行预处理 ······ 53
4.3.3　检测异常值 ············ 54
4.3.4　缺失数据 ·············· 55
4.4　数据转换 ··················· 56
4.4.1　数据归一化 ············ 56
4.4.2　数据类型转换 ·········· 57
4.4.3　属性和实例选择 ········ 57
4.4.4　创建训练集和测试集
数据 ···················· 58
4.4.5　交叉验证和自助法 ······ 59
4.4.6　大规模数据 ············ 59
4.5　本章小结 ··················· 59
4.6　关键术语 ··················· 60
练习题 ··························· 60
相关安装包和函数总结 ············· 61

第5章　监督统计技术 ············· 62
5.1　简单线性回归 ··············· 62
5.2　多元线性回归 ··············· 66
5.2.1　多元线性回归：一个示例 ··· 67
5.2.2　评估数值输出 ·········· 69
5.2.3　评估训练/测试集 ········ 71
5.2.4　使用交叉验证 ·········· 71
5.2.5　分类数据的线性回归 ····· 73
5.3　逻辑回归 ··················· 78
5.3.1　变换线性回归模型 ······ 78
5.3.2　逻辑回归模型 ·········· 79
5.3.3　R中的逻辑回归 ········· 79
5.3.4　创建混淆矩阵 ·········· 81
5.3.5　接收器操作特性曲线 ····· 82

5.3.6　ROC曲线下面积 ········· 85
5.4　朴素贝叶斯分类器 ············· 85
5.4.1　贝叶斯分类器：一个示例··· 85
5.4.2　零-值属性计数 ········· 87
5.4.3　缺失数据 ·············· 88
5.4.4　数值数据 ·············· 88
5.4.5　用朴素贝叶斯进行实验 ··· 90
5.5　本章小结 ··················· 93
5.6　关键术语 ··················· 94
练习题 ··························· 95
相关安装包和函数总结 ············· 97

第6章　基于树的方法 ············· 98
6.1　决策树算法 ················· 98
6.1.1　一种构建决策树的算法 ··· 98
6.1.2　C4.5属性选择 ········· 99
6.1.3　构建决策树的其他方法 ··· 102
6.2　构建决策树：C5.0 ··········· 102
6.2.1　信用卡促销的决策树 ····· 103
6.2.2　模拟客户流失的数据 ····· 104
6.2.3　使用C5.0预测客户流失 ··· 104
6.3　构建决策树：rpart ··········· 106
6.3.1　信用卡促销的rpart决策树 ··· 107
6.3.2　训练和测试rpart：流失
数据 ···················· 109
6.3.3　交叉验证rpart：流失数据··· 113
6.4　构建决策树：J48 ············ 113
6.5　用于提高性能的集成技术 ······· 115
6.5.1　装袋算法 ·············· 116
6.5.2　提升 ·················· 116
6.5.3　提升：C5.0的示例 ······ 117
6.5.4　随机森林 ·············· 117
6.6　回归树 ····················· 119
6.7　本章小结 ··················· 121
6.8　关键术语 ··················· 122
练习题 ··························· 122
相关安装包和函数总结 ··············· 123

第7章　基于规则的技术 ············124

7.1　从树到规则 ················124

7.1.1　垃圾邮件数据集 ·········125

7.1.2　垃圾邮件分类：C5.0·······125

7.2　基本的覆盖规则算法 ········128

7.3　生成关联规则 ·············130

7.3.1　置信度和支持度 ·········130

7.3.2　挖掘关联规则：一个示例 ···131

7.3.3　一般考虑事项 ···········134

7.3.4　Rweka 的 Apriori 函数 ···134

7.4　Rattle 用户界面 ···········137

7.5　本章小结 ·················143

7.6　关键术语 ·················144

练习题 ·······················144

相关安装包和函数总结 ··········145

第8章　神经网络 ·············146

8.1　前馈神经网络 ·············146

8.1.1　神经网络输入格式 ·······147

8.1.2　神经网络输出格式 ·······148

8.1.3　sigmoid 评估函数 ·········149

8.2　神经网络训练：概念视角 ·····150

8.2.1　使用前馈网络的监督学习···150

8.2.2　具有自组织映射的无监督
聚类 ·················150

8.3　神经网络解释 ·············151

8.4　一般考虑事项 ·············152

8.4.1　优势 ·················152

8.4.2　劣势 ·················152

8.5　神经网络训练：详细见解 ·······153

8.5.1　反向传播算法：一个示例 ···153

8.5.2　Kohonen 自组织映射：
一个示例 ···········155

8.6　使用 R 构建神经网络 ········156

8.6.1　异或函数 ·············157

8.6.2　使用 MLP 建模异或函数：
数值输出 ············158

8.6.3　使用 MLP 建模异或函数：
分类输出 ············161

8.6.4　使用 neuralnet 建模异或函数：
数值输出 ············163

8.6.5　使用 neuralnet 建模异或函数：
分类输出 ············165

8.6.6　对卫星图像数据进行分类···167

8.6.7　糖尿病测试 ···········170

8.7　神经网络聚类在属性评估中的
应用 ···················172

8.8　时间序列分析 ·············174

8.8.1　股市分析 ·············175

8.8.2　时间序列分析：一个示例 ···175

8.8.3　目标数据 ·············176

8.8.4　时间序列建模 ·········177

8.8.5　一般考虑事项 ·········178

8.9　本章小结 ·················179

8.10　关键术语 ················179

练习题 ·······················180

相关安装包和函数总结 ··········183

第9章　正式评估技术 ·········184

9.1　应该评估什么 ·············184

9.2　评估工具 ·················185

9.2.1　单值摘要统计 ·········186

9.2.2　正态分布 ·············186

9.2.3　正态分布与样本均值 ······187

9.2.4　假设检验的经典模型 ·····189

9.3　计算测试集置信区间 ········190

9.4　比较监督模型 ·············192

9.4.1　比较两个模型的性能 ·····193

9.4.2　比较两个或多个模型的
性能 ·················194

9.5　数值输出的置信区间 ········194

9.6　本章小结 ·················195

9.7　关键术语 ·················195

练习题 ·······················196

相关安装包和函数总结 ·········197

第 10 章　支持向量机·············198

10.1　线性可分类·················200
10.2　非线性情况·················203
10.3　用线性可分数据进行实验·······204
10.4　微阵列数据挖掘·············205
 10.4.1　DNA 和基因表达·········206
 10.4.2　微阵列数据预处理：
   属性选择·········206
 10.4.3　微阵列数据挖掘：问题···207
10.5　微阵列应用·················207
 10.5.1　建立基准·············208
 10.5.2　属性消除·············209
10.6　本章小结·················211
10.7　关键术语·················211
练习题·······················212
相关安装包和函数总结·············213

第 11 章　无监督聚类技术··········214

11.1　k 均值聚类算法···········214
 11.1.1　使用 k 均值聚类的示例···215
 11.1.2　一般考虑事项·········217
11.2　凝聚聚类·················218
 11.2.1　凝聚聚类：一个示例·····218
 11.2.2　一般考虑事项·········220
11.3　概念聚类·················220
 11.3.1　测量类别效用·········220
 11.3.2　概念聚类：一个示例·····221
 11.3.3　一般考虑事项·········223
11.4　期望最大化···············223
11.5　使用 R 进行无监督聚类·······224
 11.5.1　用于聚类评估的监督学习···224

 11.5.2　用于属性评估的无监督
   聚类·············226
 11.5.3　凝聚聚类：一个简单的
   示例·············228
 11.5.4　伽马射线暴数据的凝聚
   聚类·············228
 11.5.5　心脏病患者数据的凝聚
   聚类·············231
 11.5.6　信用卡筛选数据的凝聚
   聚类·············233
11.6　本章小结·················234
11.7　关键术语·················234
练习题·······················235
相关安装包和函数总结·············237

**第 12 章　案例研究：治疗结果
　　　　预测**·············238

12.1　目标识别·················239
12.2　治疗成功的衡量标准·········240
12.3　目标数据创建·············241
12.4　数据预处理···············241
12.5　数据转换·················242
12.6　数据挖掘·················242
12.7　解释和评估···············243
12.8　采取行动·················244
12.9　本章小结·················244

附录 A　补充材料和更多数据集·······246
附录 B　用于性能评估的统计数据····247
参考文献···················251

## 第 1 章

机器学习导论

本章内容包括：

- ❏ 定义和术语。
- ❏ 机器学习策略。
- ❏ 评估技术。
- ❏ 伦理问题。

R 语言在机器学习、数据科学、数据分析、数据挖掘和统计分析领域仍然保持着作为一流问题解决工具的地位。原因显而易见：R 语言是免费的，包含数千个包，得到了日益壮大的用户社区的支持，并且在与 RStudio 的集成开发环境进行交互时也非常易于使用。

R 的流行导致人们开发了成千上万关于机器学习的教程，不幸的是，在信息的迷宫中很容易迷失方向。人们花费宝贵的时间试图找到解决问题所需的准确信息。最终的结果令人失望并且难以理解什么是重要的。

我们相信，通过呈现并清晰地解释基于脚本的问题解决技术，能够为读者提供使用 R 语言进行机器学习所需的工具。本书的书名反映了本书的目的，即为读者提供充分的 R 语言和机器学习方法，以扫清障碍，迅速突破难关。我们的目标是为读者提供尽快成为 R 语言的高效使用者所需的知识。

在本章中，我们将对机器学习进行简要介绍。在第 2 章中，我们将深入探讨 R 语言，以及 R 语言提供的问题解决技术的要点和细节。我们将在本章结束时附上简短的本章小结、关键术语的定义以及一组练习题。让我们开始吧！

1.1 机器学习、统计分析和数据科学

在上网、看报纸或打开电视时，几乎都会接触到诸如机器学习、统计分析、数据科学、数据分析和数据挖掘等术语。大多数人对这些术语有一些了解，但如果要求给出其中任意一个精确的定义，你将会得到各种各样的答案。以下是一些区别：

- ❏ 构建模型以发现数据中结构的概念源自数学和统计领域。统计方法与其他技术的不

同之处在于，它对数据的性质做出了某些假设。从技术上讲，如果违反了这些假设，那么使用这些技术构建的模型可能会不准确。

❑ 机器学习与统计建模的区别在于：机器学习不关心数据分布和变量独立性假设。机器学习通常被认为是更广泛的人工智能领域内的一个专业领域。然而，大多数参考书很少或根本不区分机器学习和统计方法。

❑ 数据科学或数据分析通常被定义为从数据中提取有意义知识的过程。其方法来自多个学科，包括计算机科学、数学、统计学、数据仓库和分布式处理等。虽然机器学习在数据科学应用中经常出现，但它不是必需的。

❑ 数据挖掘大约在 1995 年首次在学术界变得流行，它可以被定义为使用一个或多个机器学习算法来发现数据中结构的过程。这种结构可以采用多种形式，包括一组规则、图结构或网络、树状结构、一个或多个方程等。这种结构可以作为复杂可视化仪表板的一部分，也可以是一个简单的候选人列表，附带着基于 Twitter 信息的选民情感的相关数字。

❑ 数据库中的知识发现（KDD）这个短语于 1989 年首次被创造出来，它强调知识可以从数据驱动的发现中获取，并经常与数据挖掘互换使用。典型的 KDD 过程模型除了执行数据挖掘外，还包括一种提取和准备数据的方法，以及在进行数据挖掘后对后续行动做出的决策。由于当今的大部分数据不存储在传统的数据仓库中，因此 KDD 通常与数据中的知识发现相关联。

尽管可以进行这些一般性的区分，但最重要的一点是，所有这些术语都定义了通过在数据中找到有趣的结构来解决问题的技术。我们更喜欢使用"机器学习"这个术语，因为我们关注的重点既在于如何应用算法，也在于理解算法的工作原理。然而，我们经常将"机器学习"和"数据挖掘"这两个术语互换使用。

1.2 机器学习：第一个示例

监督学习可能是机器学习中最好且最广泛使用的技术。监督学习的目的有两个方面。首先，我们使用监督学习从包含要学习的概念的示例和非示例的数据集中构建分类模型。每个示例或非示例都被称为数据的实例。其次，一旦构建了分类模型，该模型将用于确定新呈现的未知来源实例的分类。值得注意的是，尽管模型的构建是归纳的，但将模型应用于未知来源的新实例进行分类是一种演绎过程。

1.2.1 属性 – 值格式

为了更清楚地说明监督学习的概念，考虑表 1.1 中显示的假设数据集。这个数据集非常小，仅用于说明目的。表中的数据以属性 – 值格式显示，其中第一行显示了属性的名称，这些属性名称的值包含在表中。属性喉咙痛、发热、淋巴结肿大、充血和头痛是患有特定疾病（链球菌性喉炎、感冒或过敏）的个体可能经历的症状。这些属性称为输入属性，用于构建表示数据的模型。诊断是我们希望预测其值的属性，它被称为类别、响应或输出属性。

表 1.1 用于疾病诊断的假设训练数据

病人 ID	喉咙痛	发热	淋巴结肿大	充血	头痛	诊断
1	是	是	是	是	是	链球菌性喉炎
2	否	否	否	是	是	过敏
3	是	是	否	是	否	感冒
4	是	否	是	否	否	链球菌性喉炎
5	否	是	否	是	否	感冒
6	否	否	是	是	否	过敏
7	否	是	是	否	否	链球菌性喉炎
8	是	否	否	是	是	过敏
9	否	是	否	是	是	感冒
10	是	是	否	是	是	感冒

从表格的第二行开始，每一行都是一个数据实例，显示了一个患者的症状和疾病。例如，ID = 1 的患者喉咙痛、发热、淋巴结肿大、充血和头痛，该患者被诊断为患有链球菌性喉炎。

假设我们希望开发一个通用模型来表示表 1.1 中显示的数据。尽管这个数据集很小，但如果我们不了解各个属性的相对重要性以及属性之间可能的关系，那么要开发一个通用的表示将会很困难。幸运的是，适当的监督学习算法可以帮我们完成这项工作。

1.2.2 用于诊断疾病的决策树

我们将数据呈现在表 1.1 中，然后使用 C4.5（Quinlan, 1993）监督学习程序，该程序通过构建决策树来归纳一组输入实例。决策树是一个简单的结构，其中非终端节点代表对一个或多个属性的测试，终端节点反映了决策结果。

决策树具有多个优点，它易于理解、可以转化为规则，并且在实验中表现良好。创建决策树的监督算法详见第 6 章。图 1.1 显示了根据表 1.1 的数据创建的决策树。该决策树归纳了表 1.1 的数据，具体来说：

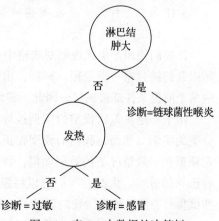

图 1.1 表 1.1 中数据的决策树

- ❑ 如果患者淋巴结肿大，那么诊断为链球菌性喉炎。
- ❑ 如果患者没有淋巴结肿大但有发热，那么诊断为感冒。
- ❑ 如果患者没有淋巴结肿大且没有发热，那么诊断为过敏。

这个决策树告诉我们，通过只关注患者是否有淋巴结肿大和发热的症状，我们可以在这个数据集中准确地诊断患者。喉咙痛、充血和头痛这些属性在确定诊断时不起作用。正如你所看到的，决策树已经归纳了数据，并为我们提供了对于准确诊断重要的那些属性和属性关系的总结。

让我们使用这个决策树来对表 1.2 中显示的前两个实例进行分类。

❑ 由于 ID 为 11 的患者在淋巴结肿大属性的取值为是，因此我们从决策树的根节点向右链接。右链接导致一个终端节点，表示患者患有链球菌性喉炎。

❑ 由于 ID 为 12 的患者在淋巴结肿大属性的取值为否，因此我们跟随左链接并检查发热属性的值。由于发热属性的取值为是，我们诊断患者感冒。

表 1.2   分类未知的数据实例

病人 ID	喉咙痛	发热	淋巴结肿大	充血	头痛	诊断
11	否	否	是	是	是	?
12	是	是	否	否	是	?
13	否	否	否	否	是	?

我们可以将任何决策树转化为一组产生式规则。产生式规则的形式如下：

IF 前提条件

THEN 结果条件

前提条件详细说明了一个或多个输入属性的值或值范围，结果条件指定了输出属性的值或值范围。将决策树映射到一组产生式规则的技术很简单。通过从根节点开始，沿着树的一条路径到达叶子节点来创建一条规则。规则的前提条件由沿着该路径所看到的属性 – 值组合给出，相应规则的结果条件是叶子节点上的值。以下是图 1.1 中的决策树的三条产生式规则：

1. IF 淋巴结肿大 = 是

    THEN 诊断 = 链球菌性喉炎

2. IF 淋巴结肿大 = 否 & 发热 = 是

    THEN 诊断 = 发热

3. IF 淋巴结肿大 = 否 & 发热 = 否

    THEN 诊断 = 过敏

让我们使用产生式规则对表格中 ID = 13 的患者实例进行分类。因为淋巴结肿大 = 否，所以我们跳过第一条规则。同样，由于发热 = 否，第二条规则不适用。最后，第三条规则的两个前提条件都被满足。因此，我们能够应用第三条规则，并诊断患者患有过敏。

用于创建决策树模型的实例被称为训练数据。此时，训练实例是唯一已知被模型正确分类的实例。然而，我们的模型在正确分类具有未知类别的新实例方面非常有用。为了确定模型在一般情况下的效果如何，我们使用测试集来测试模型的准确性。测试集的实例具有已知的分类。因此，我们可以将模型确定的测试集实例分类与正确的分类值进行比较。测试集分类的正确性为我们提供了一些关于模型未来性能的指示。

我们的决策树示例是监督学习技术的一个非常简单的例子。在第 6 章中，你将了解更多关于决策树的知识。其他监督学习技术包括线性回归（见第 5 章）、基于规则的系统（见第 7 章）和一些神经网络结构（见第 8 章）等。接下来的章节将介绍机器学习策略的一般类别。

1.3　机器学习策略

　　机器学习策略可以大致分为监督学习和无监督学习两类。监督学习通过使用输入属性预测输出属性的值来构建模型。许多监督学习算法只允许单一的输出属性。其他监督学习工具允许我们指定一个或多个输出属性。输出属性也被称为因变量，因为它们的结果取决于一个或多个输入属性的值。输入属性被称为自变量。当学习是无监督的时候，不存在输出属性。因此，用于模型构建的所有属性都是自变量。

　　监督学习策略还可以根据输出属性是离散的还是分类的，以及模型被设计用于确定当前状态还是预测未来结果来进一步分类。在本节中，我们将研究三种监督学习策略，深入探讨无监督聚类，并介绍一种策略，该策略旨在发现商品目录与商店销售商品之间的关联性。图 1.2 显示了我们将讨论的五种机器学习策略。

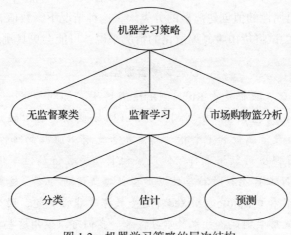

图 1.2　机器学习策略的层次结构

1.3.1　分类

　　分类可能是所有策略中最容易理解的。分类任务具有三个共同特征：

❑ 学习是有监督的。
❑ 因变量是分类的。
❑ 重点是构建能够将新实例分配到一组明确定义的类别中的模型。

一些分类任务的示例包括以下内容：

❑ 确定哪些特征能够区分患有心脏病和没有心脏病的个体。
❑ 建立一个"成功"人士的侧写。
❑ 确定信用卡交易是否为欺诈行为。
❑ 将汽车贷款申请人分类为信用良好或信用风险较高。
❑ 确定所得税申报是否被伪造。

　　请注意，每个示例都处理当前的行为，而不是未来的行为。例如，我们希望汽车贷款申请模型能够确定申请人当前是否信用良好，而不是在将来某个时期的信用。预测模型旨在回答关于未来行为的问题。预测模型将在本节后面进行讨论。

1.3.2 估计

与分类类似，估计模型的目的是确定一个未知输出属性的值。但与分类不同的是，估计问题的输出属性是数值型的，而不是分类的。以下是三个估计任务的示例：

- 估计雷暴到达给定位置前的分钟数。
- 估计广告活动的投资回报率。
- 估计信用卡被盗的可能性。

大多数监督学习技术能够解决分类或估计问题，但不能同时解决这两个问题。如果我们的学习工具支持其中一种策略但不支持另一种，通常我们可以通过二者之中的任意一个策略来解决问题。举例来说，假设在上面的信用卡被盗的示例中，原始训练数据的输出属性是一个介于 0~1 之间的数值，其中 1 表示信用卡最有可能被盗的情况。我们可以通过将0.0~0.3 的分数替换为"不太可能"、0.3~0.7 的分数替换为"可能"、0.7~1 的分数替换为"非常可能"来为输出属性的值创建离散的分类。在这种情况下，数值和离散分类之间的转换是直接的。但对于尝试将货币金额离散化的情况来说，可能会更具挑战性。

心脏病患者数据集

原始的心脏病患者数据是由 Robert Detrano 博士在加利福尼亚州长滩的 VA 医疗中心收集的。该数据集包含 303 个实例，其中 138 个实例包含心脏病患者的信息。原始数据集包含 13 个数值属性和 1 个指示患者是否患有心脏病的属性（第 14 个属性）。随后，John Gennari 博士对数据进行了修改。他将 7 个数值属性等价地更改为分类属性，以测试机器学习工具能否对混合数据类型数据集进行分类。这些文件分别命名为 CardiologyNumerical 和 CardiologyMixed。这个数据集非常有趣，因为它代表了真实的患者数据，并已广泛用于测试各种机器学习技术。我们可以使用这些数据以及一种或多种机器学习技术来开发用以区分患有心脏病和没有心脏病的个体的侧写。

1.3.3 预测

将分类或估计与预测区分开并不容易。然而，与分类或估计模型不同，预测模型的目的是确定未来的结果，而不是当前的行为。预测模型的输出属性可以是分类的，也可以是数值的。以下是几个适用于预测的数据挖掘任务的示例：

- 预测一名美国国家橄榄球联盟（NFL）跑卫在当前 NFL 赛季中触地得分的总分。
- 确定信用卡客户是否可能会利用其信用卡账单提供的特别优惠。
- 预测下周道琼斯工业平均指数的收盘价格。
- 预测哪些手机用户在接下来的 3 个月内可能会更换服务提供商。

大多数适用于分类或估计问题的监督式机器学习技术也可以构建预测模型。实际上，数据的性质决定了模型是否适合用于分类、估计或预测。为了说明这一点，我们考虑一个包含 303 个实例的真实医疗数据集，其中 165 个实例包含没有心脏病的患者的信息，其余的 138 个实例包含了心脏病患者的数据。

与该数据集相关的属性和可能的属性值如表 1.3 所示。数据集存在两种形式。第一个数据集全部由数值属性组成。第二个数据集对原始的 7 个数值属性进行了分类转换。表中标有混合值的列显示了未被转换为分类属性的数值。例如，属性年龄的值在两个数据集中是相同的。然而，属性空腹血糖 < 120 在转换后的数据集中具有真或假的值，而在原始数据中具有 0 和 1 的值。

表 1.3　心脏病患者数据

属性名称	混合值	数值	注释
年龄	数值的	数值的	年龄（以年计）
性别	男、女	1、0	患者性别
胸痛类型	心绞痛、异常性心绞痛、非典型、无症状	1~4	非典型 = 非典型性心绞痛
血压	数值的	数值的	入院时的静息血压
胆固醇	数值的	数值的	血清胆固醇
空腹血糖 <120	真、假	1、0	空腹血糖是否低于 120
静息心电图	正常、异常、Hyp	0、1、2	Hyp= 左心室肥厚
最大心率	数值的	数值的	达到的最大心率
诱发性心绞痛	真、假	1、0	患者是否因运动而出现心绞痛
与运动测试相关的 ST 段变化	数值的	数值的	运动引起的、相对于休息时的 ST 降低
斜率	向上、平坦、向下	1~3	峰值运动时 ST 段的斜率
有色血管的数量	0、1、2、3	0、1、2、3	通过荧光透视染色的主要血管数量
铊	正常、固定、可逆	3、6、7	铊正常、铊固定缺陷、铊可逆缺陷
概念类别	健康、患病	1、0	冠状动脉造影疾病状态

表 1.4 列出了混合形式数据集中的四个实例，其中两个实例代表各自类别的典型示例，剩下的两个实例则是非典型类别的示例。一些典型健康个体和典型病患之间的差异是可以预料的，例如，静息心电图和诱发性心绞痛。令人惊讶的是，我们在大多数和最不典型的健康个体之间并没有看到胆固醇和血压读数方面的预期差异。

表 1.4　心脏病领域的典型和非典型实例

属性名称	典型健康类别	非典型健康类别	典型患病类别	非典型患病类别
年龄	52	63	60	62
性别	男	男	男	女
胸痛类型	非典型	心绞痛	无症状	无症状
血压	138	145	125	160
胆固醇	223	233	258	164
空腹血糖 <120	假	真	假	假
静息心电图	正常	Hyp	Hyp	Hyp
最大心率	169	150	141	145

（续）

属性名称	典型健康类别	非典型健康类别	典型患病类别	非典型患病类别
诱发性心绞痛	假	假	真	假
与运动测试相关的 ST 段变化	0	2.3	2.8	6.2
斜率	向上	向下	平坦	向下
有色血管的数量	0	0	1	3
铊	正常	固定	可逆	可逆

以下是基于这个数据集生成的两条规则。类别被指定为输出属性：

❑ IF 最大心率 >= 158.333

  THEN 类别 = 健康

   规则精度：75.60%

   规则覆盖率：40.60%

❑ IF 铊 = 可逆

  THEN 类别 = 患病

   规则精度：76.30%

   规则覆盖率：38.90%

让我们考虑第一条规则。规则覆盖率告诉我们满足规则前提条件的数据实例的百分比。规则覆盖率显示，在数据集的 303 名个体中，有 40.6% 或 123 名患者的最大心率值大于158.333。规则精度告诉我们，在最大心率 ≥ 158.333 的 123 名个体中，有 75.6% 或 93 名患者是健康的。也就是说，如果数据集中的患者的最大心率大于 158.333，那么我们在识别患者健康方面的正确率将超过 75%。当我们将这一知识与表 1.4 中显示的最大心率值结合起来时，可以得出结论，健康患者可能具有较高的最大心率值。

第一条规则适用于分类还是预测？如果这个规则是用于预测的，我们可以使用它来警告健康的人，例如：

警告 1：请定期检查你的最大心率。如果最大心率较低，可能会有心脏病发作的风险！

如果这条规则适用于分类但不适用于预测，警告的情形可以描述为：

警告 2：如果你的心脏病发作，你的最大心率会降低。

无论如何，我们不能暗示更强烈的说法：

警告 3：低的最大心率将增加心脏病发作的风险！

也就是说，通过机器学习，我们可以陈述属性之间的关系，但不能确定这些关系是否意味着因果关系。因此，进行锻炼计划以增加最大心率可能是个好主意，也可能不是。

关于前两个警告中是否有一个是正确的，这个问题仍然悬而未决，且不易回答。专家可以开发模型来生成刚刚提供的规则。此外，专家在确定如何使用发现的知识之前，必须获得额外的信息（在这个例子中是医学专家的意见）。

1.3.4　无监督聚类

在无监督聚类（第 11 章）中，我们没有因变量来指导学习过程。相反，学习程序通过使用某种聚类质量的度量将实例分成两组或更多类别，以构建一个知识结构。无监督聚类策略的主要目标之一是发现数据中的概念结构。无监督聚类的常见用途包括以下几种：

❑ 检测股票交易活动、保险理赔或金融交易中的欺诈行为。

❑ 确定是否可以在太阳系外的伽马射线暴闪现象的数据中找到以概念形式存在的有意义的关系。

❑ 确定用于构建监督模型以识别可能流失的手机客户的最佳输入属性集。

将无监督聚类作为监督学习的评估工具并不罕见。为了说明这个想法，假设我们已经使用心脏病患者的数据构建了一个具有输出属性类别的监督模型。为了评估监督模型，我们将训练实例提供给一个无监督聚类系统。属性类别被标记为未使用。接下来，我们检查无监督模型的输出，以确定来自每个概念类别（健康和病患）的实例是否自然地聚集在一起。如果来自各个类别的实例没有聚集在一起，我们可能会得出结论，这些属性无法区分健康个体和心脏病患者。在这种情况下，监督模型可能表现不佳。一个解决方案是通过反复应用不同的属性组合进行无监督聚类，选择最佳的属性集合用于监督学习模型。通过这种方式，可以确定那些最能区分数据中已知类别的属性。不幸的是，即使在属性选择的数量较小的情况下，这种技术的应用在计算上可能也是难以处理的。

无监督聚类还可以帮助检测数据中存在的非典型实例，即那些不能自然地与其他实例聚集在一起的实例。非典型实例通常被称为异常值（outlier）。异常值可能非常重要，并应尽可能地予以识别。在机器学习中，这些异常值可能正是我们试图识别的实例。例如，一个检查信用卡交易的应用程序可能会将异常值识别为信用卡欺诈的阳性实例。

1.3.5　市场购物篮分析

市场购物篮分析的目的是找出零售产品之间有趣的关联。市场购物篮分析的结果有助于零售商设计促销活动、布置货架或为商品编目录，并制定交叉销售策略。通常使用关联规则算法来对一组数据应用市场购物篮分析。关联规则的详细信息请参阅第 7 章。

1.4　评估性能

评估性能可能是分析过程中最关键的一步。在本节中，我们提供一种常识性的方法来评估监督和无监督模型。在后面的章节中，我们将集中讨论更正式的评估技术。作为一个起点，我们提出三个一般性问题：

❑ 机器学习项目所获得的好处是否能够超过成本？

❑ 我们如何解释结果？

❑ 我们能否自信地使用这些结果？

第一个问题需要了解业务模型、可用数据的当前状态以及现有资源。因此，我们把注意力转向为后两个问题提供评估工具。首先，我们考虑监督模型的评估。

1.4.1 评估监督模型

监督模型旨在对未来结果进行分类、估计或预测。对于某些应用程序，希望构建结果始终具有高预测准确性的模型。以下三个应用程序侧重于分类的正确性：

❑ 开发一个模型来接受或拒绝信用卡申请者。

❑ 开发一个模型来接受或拒绝房屋抵押贷款申请者。

❑ 开发一个模型来决定是否进行石油钻探。

分类的正确性最好通过将以前未见过的数据以测试集的形式提供给正在评估的模型来计算。测试集模型的准确性可以总结在一个称为混淆矩阵的表格中。为了举例说明，假设我们有三个可能的类别：C_1、C_2 和 C_3。三类情况的通用混淆矩阵如表 1.5 所示。

表 1.5　三类混淆矩阵示例

计算决策			
	C_1	C_2	C_3
C_1	C_{11}	C_{12}	C_{13}
C_2	C_{21}	C_{22}	C_{23}
C_3	C_{31}	C_{32}	C_{33}

沿主对角线的数值表示每个类别的正确分类总数。例如，C_{11} 的值为 15，意味着有 15 个属于类别 C_1 的测试集实例被正确分类。主对角线以外的值代表分类错误。为了说明，假设 C_{12} 的值为 4，这意味着有 4 个属于类别 C_1 的实例被错误地分类为类别 C_2。以下观察结果可能有助于分析混淆矩阵中的信息：

❑ 对于任何给定的单元格 C_{ij}，下标 i 表示实际类别，j 表示计算出的类别。

❑ 主对角线上的数值代表正确分类。在表 1.5 的矩阵中，数值 C_{11} 表示模型正确分类的 C_1 类实例的总数。类似的说法也适用于数值 C_{22} 和 C_{33}。

❑ C_i 行中的数值表示属于类别 C_i 的实例。例如，当 $i = 2$ 时，与单元格 C_{21}、C_{22} 和 C_{23} 相关联的实例实际上都属于 C_2。要找到 C_2 类成员被错误分到其他类实例的总数，我们计算 C_{21} 和 C_{23} 的和。

❑ C_i 列中的数值表示被算法分类到 C_i 类别的实例。当 $i = 2$ 时，与单元格 C_{12}、C_{22} 和 C_{32} 相关联的实例已被分类为 C_2 类的成员。要找到其他类成员被错误分类到 C_2 类中的实例总数，我们计算 C_{12} 和 C_{32} 的和。

我们可以使用混淆矩阵中显示的汇总数据来计算模型的准确性，即将主对角线上的数值相加，然后将总和除以测试集实例的总数。例如，如果我们将一个模型应用于一个包含 100 个实例的测试集，并且计算出的混淆矩阵中主对角线上的数值总和为 70，那么该模型的测试集准确性为 0.70 或 70%。由于模型准确性通常以错误率表示，我们可以通过从 1.0 中减去模型准确性值来计算模型错误率。对于我们的示例，相应的错误率为 0.30。

1.4.2 二分类误差分析

本节开头列出的三个应用程序代表了二分类问题。例如，信用卡申请要么被接受，要么被拒绝。我们可以使用简单的二分类混淆矩阵来分析这些应用程序。

考虑表 1.6 中显示的混淆矩阵。显示真接受和真拒绝的单元格表示被正确分类的测试集实例。对于前面介绍的第一个和第二个应用程序，假接受的单元格表示应该被拒绝的申请人被错误接受了，假拒绝的单元格表示应该被接受的申请人被错误拒绝了。对于第三个应用程序，类似的类比也适用。我们使用表 1.7 中显示的混淆矩阵来更详细地考察第一个应用程序。

表 1.6   简单的混淆矩阵示例

	计算出的接受	计算出的拒绝
接受	真接受	假拒绝
拒绝	假接受	真拒绝

表 1.7   两个混淆矩阵均显示 10% 的错误率

模型 *A*	计算出的接受	计算出的拒绝	模型 *B*	计算出的接受	计算出的拒绝
接受	600	25	接受	600	75
拒绝	75	300	拒绝	25	300

假设表 1.7 中显示的混淆矩阵代表为信用卡申请问题构建的两个监督学习模型的测试集错误率。混淆矩阵显示每个模型具有 10% 的错误率。由于错误率相同，哪个模型更好呢？为了回答这个问题，我们必须比较信用卡付款违约的平均成本与拒绝那些良好信用卡批准候选人可能带来的平均潜在利润损失。考虑到信用卡购买是无担保的，接受那些可能违约的信用卡客户所导致的成本可能更令人担忧。在这种情况下，我们应该选择模型 *B*，因为混淆矩阵告诉我们，这个模型不太可能错误地向可能违约的个人提供信用卡。同样的推理适用于房屋抵押贷款申请吗？适用于是否钻探石油的申请吗？正如你所看到的，尽管测试集错误率是一种用于评估模型的有用度量标准，但还必须考虑其他因素，例如错误包含所产生的成本以及由于漏掉导致的损失。

1.4.3   评估数值输出

对于提供数值输出的监督模型，混淆矩阵的用处有限。此外，在具有数值输出的模型中，由于实例不能直接归类到多个可能的输出类别之一，分类正确性的概念具有新的含义。然而，对于具有数值输出的监督模型，已经定义了几种有用的模型准确性度量。最常见的数值准确性度量是平均绝对误差和均方误差。

一组测试数据的平均绝对误差（MAE）是通过计算输出值与期望结果值之间的平均绝对差而得出的。以类似的方式，均方误差是计算输出值与期望结果之间的平均平方差。最后，均方根误差（RMS）是均方误差值的平方根。RMS 经常用作前馈神经网络的测试集准确性的度量。显然，对于最佳的测试集准确性而言，我们希望获得每个度量的尽可能小的值。在第 9 章中，你将更多地了解这些数值准确性度量的优缺点。

1.4.4   通过测量提升比较模型

侧重于大规模邮件营销响应率的市场应用不太关心测试集分类错误，而更关心构建能够从大众客户中提取有偏样本的模型。有偏样本所显示的响应率高于一般客户所显示的响应率。为了评估从大众客户中提取有偏样本的监督模型，通常会使用一种来自营销领域的指标，被称为提升（lift）。下面的示例说明了这个概念。

假设 Acme 信用卡公司即将在下个月的信用卡账单上推出一项新的促销优惠。该公司已经确定，在典型的月份中，大约有 100 000 名信用卡持有人的信用卡余额为零。该公司还确定，平均 1% 的持卡人会利用包含在他们的账单中的促销优惠。根据这些信息，100 000 名零余额信用卡持有人中大约有 1000 名可能会接受新的促销优惠。由于零余额的信用卡持有人不需要月度账单，因此问题是如何将零余额的账单准确地发送给那些将接受新促销的客户。

我们可以运用提升的概念来选择最佳解决方案。提升度量了从一个有偏样本中取出的期望类别 C_i 的百分比相对于总体中类别 C_i 的百分比的不同。我们可以使用条件概率来制定提升度量。具体来说，

$$提升 = \frac{P(C_i \mid 样本)}{P(C_i \mid 总体)}$$

其中 $P(C_i \mid 样本)$ 是有偏样本中所包含的 C_i 类别中实例的比例，而 $P(C_i \mid 总体)$ 是相对于总体的 C_i 类别实例的比例。对于我们的问题，C_i 是指所有零余额客户，如果有机会的话，他们会利用促销优惠。

图 1.3 给出了信用卡促销问题的图形表示。该图有时被称为提升图。横轴显示了采样的总体百分比，纵轴表示可能的回应者数量。该图显示了模型性能与样本大小的关系。直线代表一般客户，这条线告诉我们，如果随机选择总体客户的 20% 来发送邮件，可以期望从 1000 名可能的回应者中获得 200 个回应。同样，选择 100% 的客户将返回所有的回应者。曲线显示了采用不同样本大小的模型所实现的提升效果。通过图 1.3 可以看到，一个理想的模型将在最小的样本容量下显示出最大的提升效果，这表示为图 1.3 的左上部分。尽管图 1.3 很有用，但混淆矩阵也向我们提供了一些关于如何将提升应用于问题解决的解释。

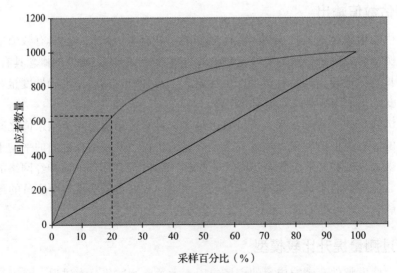

图 1.3　有针对性的邮寄与大规模邮寄

表 1.8 显示了两个混淆矩阵，用来帮助我们从提升的角度理解信用卡促销问题。显示无模型的混淆矩阵告诉我们，所有零余额客户都会收到带有促销优惠的账单。根据定义，这种情况下的提升为 1.0，因为样本和客户总体是相同的。显示理想模型的混淆矩阵的提升为 100（100%/1%），因为有偏样本中只包含正实例。

表 1.8　两个混淆矩阵：无模型与理想模型

无模型	计算出的接受	计算出的拒绝	理想模型	计算出的接受	计算出的拒绝
接受	1 000	0	接受	1 000	0
拒绝	99 000	0	拒绝	0	99 000

考虑表 1.9 中显示的两个模型的混淆矩阵。模型 X 的提升计算为：

$$提升（模型X）= \frac{540 / 24\,000}{1\,000 / 100\,000}$$

其计算结果为 2.25。模型 Y 的提升计算为：

$$提升（模型Y）= \frac{450 / 20\,000}{1\,000 / 100\,000}$$

其计算结果也为 2.25。与前面的例子一样，为了回答哪个模型更好的问题，我们必须获取关于假阴性和假阳性选择所导致的相对成本的额外信息。对于我们的例子来说，如果节省的邮寄费用（减少 4000 封邮件）超过了因销售减少（销售减少了 90 笔）而产生的利润损失，那么模型 Y 是更好的选择。

表 1.9　两个提升值均为 2.25 的备选模型的混淆矩阵

无模型	计算出的接受	计算出的拒绝	理想模型	计算出的接受	计算出的拒绝
接受	540	460	接受	450	550
拒绝	23 460	75 540	拒绝	19 550	79 450

1.4.5　评估无监督模型

总的来说，评估无监督模型通常比评估监督模型更加困难。这是因为无监督过程的目标通常不像监督学习那样明确。所有的无监督聚类技术都会计算一些衡量聚类质量的指标。一种常见的技术是计算每个聚类内实例与其相应聚类中心之间的误差差值平方的总和。较小的误差差值平方的总和表示更高质量的聚类。第二种方法是比较聚类内与聚类间相似性值之间的比率。在第 11 章中，你将看到第三种评估技术，其中使用监督学习来评估无监督聚类。

最后，商业界存在一个常见的误解：机器学习可以简单地通过选择合适的工具，将该工具应用于一些数据，然后等待问题的答案来完成。这种方法注定会失败。机器仍然是机器。最终，由人类所提供的结果分析决定了机器学习项目的成功或失败。第 4 章中所描述的模型将有助于提供更完整的答案，以回答本节开头提出的问题。

1.5   伦理问题

机器学习模型提供了从数据中推断敏感模式的复杂工具。因此，使用包含有关个人信息的数据需要特殊的预防措施。我们看下面的两个例子。

人力资本管理（HCM）是一种将员工视为具有可衡量价值的资产的方法。在具有 HCM 部门的公司中，员工会与该部门沟通关于他们对绩效的期望。管理者会客观地评价员工，从而让员工对特定目标负责。满足或超越期望的员工会得到奖励，而那些一直达不到标准的员工则会被解雇。使用这种系统，可以轻松地保持对当前员工的客观记录，并在数据仓库设施中维护以前的员工记录。

机器学习可以以积极的方式被使用：作为多种工具之一，机器学习帮助我们将当前员工与最适合他们的任务或职位关联起来。但它也可以被滥用，例如，通过构建一个分类模型来区分前员工与他们的离职情况，可能的情况包括前员工主动离职、被解雇、被裁员、退休或已故。随后，雇主将根据前员工数据所构建的模型应用于当前员工，并解雇那些模型预测出的可能会离职的员工。此外，雇主可能会使用该模型来解雇或辞退模型预测出的即将退休的员工。这种机器学习的使用显然是不道德的。

作为第二个例子，匿名的健康记录和人们的姓名一样都是公开信息。然而，将个人与其自身的健康记录关联起来会导致私人信息的创建。从公开可用的数据中推断未经授权或私人信息的过程被称为推断问题（Grossman 等人，2002）。以下是解决这个问题的三种方法。

- ❏ 针对给定的数据库和机器学习工具，应用该工具来确定是否可以推断出敏感信息。
- ❏ 使用推断控制器来检测用户的动机。
- ❏ 向用户提供有限的数据样本，从而防止用户构建机器学习模型。

上述每种方法在特定情况下都是合适的，但在其他情况下则不是。当个人隐私受到威胁时，运用智慧并小心谨慎是最佳的方法。

1.6   本章小结

机器学习已经被成千上万家公司和组织用于监测用户体验、计算广告活动的投资回报、预测洪水、检测欺诈，甚至帮助设计车辆。这些应用看起来几乎无穷无尽。

由机器学习算法创建的模型是对数据概念上的泛化。常见的泛化形式包括树状结构、网络、一个或多个方程式或一组规则。在监督学习中，机器学习工具使用已知分类的实例来构建代表该数据的通用模型。然后，所创建的模型用于确定新的、以前未分类的实例所属的分类。在无监督聚类中，不存在预定义的概念。相反，数据实例根据聚类模型定义的相似性方案进行分组。

在接下来的章节中，你将了解更多关于机器学习过程的步骤、学习不同的机器学习算法以及一些技巧，以确定何时将机器学习应用于你的问题。我们希望贯穿整本书的一个共同主题是，机器学习是关于建模的。人类的天性要求我们对周围的世界进行概括和分类。因此，模型构建是一个自然的过程，可以很有趣，也非常有意义！

1.7　关键术语

- ❑ 属性－值格式。一种表格格式，其中表格的第一行包含属性名称。表格中第一行之后的每一行包含一个数据实例，其属性值在表格的列中给出。
- ❑ 分类。一种监督学习策略，其中输出属性是分类的。重点是构建能够将新实例分配给一组明确定义的类别之一的模型。
- ❑ 混淆矩阵。用于总结监督分类结果的矩阵。主对角线上的项代表正确分类的总数。主对角线以外的项代表分类错误。
- ❑ 数据仓库。一个用于决策支持而不是事务处理的历史数据库。
- ❑ 决策树。一种树状结构，其中非终端节点表示对一个或多个属性的测试，而终端节点反映决策结果。
- ❑ 因变量。一个变量的值由一个或多个自变量确定。
- ❑ 估计。一种监督学习策略，其中输出属性是数值的。重点是确定当前结果，而不是未来结果。
- ❑ 自变量。用于构建监督或无监督学习模型的输入属性。
- ❑ 输入属性。在机器学习算法中，用于帮助创建数据模型的属性。输入属性有时被称为自变量。
- ❑ 实例。一个概念的示例或非示例。
- ❑ 提升。给定从总体 P 抽取样本的情况下，样本中类别 C_i 的概率除以该整个总体 P 中 C_i 的概率。
- ❑ 提升图。显示机器学习模型性能与样本容量的函数关系的图。
- ❑ 市场购物篮分析。一种试图找到零售产品之间有趣关系的机器学习策略。
- ❑ 平均绝对误差。对于一组训练或测试集实例，平均绝对误差是分类器的预测输出与实际输出之间的绝对差的平均值。
- ❑ 均方误差。对于一组训练或测试集实例，均方误差是分类器预测的输出与实际输出之间差平方的和的平均值。
- ❑ 异常值。一个不典型的数据实例。
- ❑ 输出属性。对监督学习来说，所输出的属性是要预测的。
- ❑ 预测。一种旨在确定未来结果的监督学习策略。
- ❑ 产生规则。形式为"IF 前提条件 THEN 结论条件"的规则。
- ❑ 均方根误差。均方误差的平方根。
- ❑ 规则覆盖率。对于规则 R，规则覆盖率是满足 R 的前提条件的所有实例的百分比。
- ❑ 规则精确度。对于规则 R，覆盖 R 的前提条件的实例中，也被 R 的结论所覆盖的百分比。规则精确度和规则准确率通常被认为是可以互换使用的术语。
- ❑ 监督学习。使用已知来源的数据实例构建的分类模型。构建完成后，该模型能够确定未知来源实例的分类。
- ❑ 测试集。用于测试监督学习模型的数据实例。
- ❑ 训练数据。用于创建监督学习模型的数据实例。
- ❑ 无监督聚类。机器学习模型是使用一个评估函数构建的，该函数用来衡量将实例放入同一聚类的好坏程度。数据实例根据聚类模型定义的相似性方案进行分组。

练习题

复习题

1. 区分以下术语：
   a. 训练数据和测试数据。
   b. 输入属性和输出属性。
   c. 监督学习和无监督聚类。

2. 对于以下每个问题情境，请决定使用监督学习、无监督聚类还是数据库查询来解决问题。根据需要，陈述你想要测试的任何初始假设。如果你认为监督学习或无监督聚类是最佳答案，请列出你认为与解决问题相关的两个或更多的输入属性。
   a. 有哪些特征可以区分已经接受了背部手术并返回工作岗位的人和已经接受了背部手术但没有返回工作岗位的人？
   b. 一家汽车制造商启动了一项有关其畅销车型的轮胎召回工作。汽车公司指责轮胎导致其畅销车型出现异常高的事故率。轮胎制造商声称只有当他们的轮胎出现在问题车辆上时，才会发生高事故率。谁应该负责？
   c. 一家生产可调节床的公司希望开发一个模型来帮助确定购买他们产品的新客户的合适设置。
   d. 你希望为一支橄榄球队构建一个模型，以帮助确定在特定的一周内由哪位跑卫上场。
   e. 当顾客访问我的网站时，他们最有可能一起购买哪些产品？
   f. 我的员工中有百分之几的人每月缺勤一天或几天？
   g. 我可以在个体的身高、体重、年龄和最喜欢的体育运动之间找到什么关系？

3. 列出五个或更多可能与确定个人所得税申报是否具有欺诈性相关的属性。

4. 访问网站 https://en.wikipedia.org/wiki/Examples_of_data_mining 并总结应用机器学习的五个应用程序。

5. 请访问网站 www.kdnuggets.com。
   a. 撰写一篇或两篇关于机器学习如何应用于解决实际问题的文章。
   b. 单击数据集链接，通过滚动 UCI KDD 数据库存储库来查找感兴趣的数据集。描述两个你感兴趣的数据集的属性。

6. 在网上搜索，找到一篇给出十大机器学习算法的参考文献。提供这些算法的名称列表以及参考文献。

7. 当你尝试为表 1.1 中的数据构建决策树且不使用淋巴结肿大和发烧属性时，会发生什么情况？

计算题

1. 考虑以下的三类混淆矩阵。该矩阵显示了一个监督模型的分类结果，该模型使用以前的投票记录来确定美国参议院成员的政党隶属关系（共和党、民主党或独立人士）。

	计算出的结果		
	共和党	民主党	独立人士
共和党	42	2	1
民主党	5	40	3
独立人士	0	3	4

 a. 百分之多少的实例被正确分类？

 b. 根据混淆矩阵，参议院有多少民主党成员？有多少共和党成员？有多少独立人士？

 c. 有多少共和党成员被错误分类为民主党成员？

 d. 有多少独立人士被错误分类为共和党成员？

2. 假设我们有两个类别，其中每个类别有 100 个实例。第一个类别中的实例包含有关当前拥有信用卡保险的个人的信息。第二个类别中的实例包括有关持有至少一张信用卡但没有信用卡保险的个人的信息。使用以下规则来回答下面的问题：

IF 人寿保险 = 是 & 收入 > \$50K

THEN 信用卡保险 = 是

  规则精确度 = 80%

  规则覆盖率 = 40%

 a. 在信用卡保险持有者类别中，有多少个体符合拥有人寿保险且年收入超过 \$50 000？

 b. 有多少个体没有信用卡保险，但有人寿保险且年收入超过 \$50 000？

3. 考虑下面给出的混淆矩阵。

 a. 计算模型 X 的提升。

 b. 计算模型 Y 的提升。

模型 X	计算出的接受	计算出的拒绝	模型 Y	计算出的接受	计算出的拒绝
接受	46	54	接受	45	55
拒绝	2 245	7 655	拒绝	1 955	7 945

4. 某个邮寄名单中包含 P 个姓名。假设已建立一个模型，用于确定从名单中选择一组特定的个体，他们将收到一份特殊的传单。作为第二个选项，传单可以发送给名单上的所有个体。使用下面混淆矩阵中提供的符号来表明，选择模型而不是将传单发送给所有客户的提升可以用以下公式计算：

$$提升 = \frac{C_{11}P}{(C_{11} + C_{12})(C_{11} + C_{21})}$$

发送传单？	计算出的发送	计算出的不发送
发送	C_{11}	C_{12}
不发送	C_{21}	C_{22}

第 2 章
R 语言简介

本章内容包括：

- ❏ 浏览 RStudio。
- ❏ 基本的 R 函数。
- ❏ 包。
- ❏ 有用的信息。

第 1 章介绍了机器学习和数据科学领域的关键概念。掌握了这些基础知识后，是时候让你成为一个在实践中学习的积极参与者了。令人兴奋的消息是，这个新项目所需的所有工具都包含在名为 R 的编程和统计语言中！

重要的是要知道，我们不需要具备计算机科学或计算机编程的背景。在第 3 章中，我们确实讨论了在 R 中编程的话题，但要熟练使用 R 进行机器学习，并不需要计算机程序编写的专业知识。RStudio 友好的用户界面为你提供了所需要的所有分析功能，而不需要编写大块的程序代码。让我们从回答什么是 R 语言，以及为什么是 R 语言开始！

2.1 R 语言和 RStudio 简介

R 是一种开源语言，专为通用编程、统计计算、图形等设计。它通常被看作 S 语言的一个变种，S 语言是由贝尔实验室的约翰·钱伯斯开发的。在 R 中，一切都可以被看作对象，对象可以分为函数或变量两种类型。在这个意义上，R 可以被宽泛地视为一种面向对象的语言。大多数传统的面向对象语言主要专注于包含数据字段的类和用于操作这些字段中数据的方法。然而，与传统的面向对象语言不同，R 的主要关注点是函数。事实上，通用函数是 R 的一个更有趣的特性之一，因为通用函数根据它们接收的数据类型不同而做出不同的行为。

R 与大多数传统编程语言的一个区别在于 R 作为解释器的实现方式，这使得我们可以像使用计算器一样直接与 R 进行交互，同时拥有编程语言的所有特性。这一事实以及它的函数性质、不需要类型的变量声明以及对递归编程的支持，使得 R 在某种程度上与 LISP 编程语言相似。事实上，一种被称为 Scheme 的 LISP 语言的变种是 R 开发的灵感之一。当使用 R 时，你很快就会发现，可以轻松地使用 R 完成许多以前在任何编程语言中都无法实现的事情！

2.1.1 R 的特性

为什么 R 是机器学习和数据科学项目的好选择，以下是其中的一些原因。

- ❑ 大多数复杂的分析工具的价格高达数百或数千美元。与这些工具不同，R 是免费的，但拥有这些昂贵工具的大部分功能。
- ❑ 我们可以使用 RStudio Desktop IDE（集成开发环境）与 R 进行交互，该 IDE 有桌面版和服务器版两种格式。
- ❑ 除了大量的标准包之外，还有一个不断增长的新包数据库供你免费下载和使用。
- ❑ R 可以在三个主要平台上实现：Windows、Macintosh 和 Unix。
- ❑ R 支持复杂的图形功能。
- ❑ R 集成了你可能熟悉的其他软件包。例如，如果你曾经使用过 Weka，那么在安装 RWeka 包后，你将立即感到非常熟悉。
- ❑ 对于数据科学专业人员来说，掌握 R 的实用知识是常见的职位要求。
- ❑ R 拥有一个非常庞大的支持社区。

对于机器学习和知识发现的初学者以及经验丰富的学生来说，上面只是 R 成为卓越工具的一个简短的特性列表。让我们通过安装 R 和 RStudio 来将这些特性付诸实践吧！

2.1.2 安装 R

可以通过单击网站 www.r-project.org 上的下载链接来免费下载 R 的最新版本，如图 2.1 所示。在左上角的 R 综合档案网（Comprehensive R Archive Network，CRAN）窗口中，单击 Download，将跳转到 CRAN 下载站点。滚动页面，找到合适的站点来下载并安装最新版本的 R。安装完成后，单击屏幕上的 R 图标，你将看到 R 的图形用户界面（GUI），如图 2.2 所示。我们当然可以使用 R GUI 来进行工作，但除非速度是至关重要的，否则 RStudio IDE 是一个更好的选择。

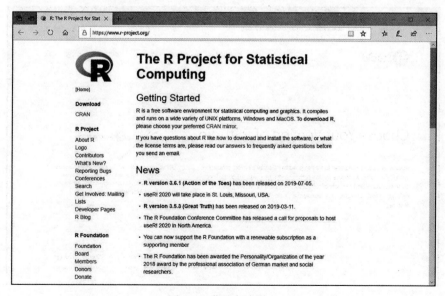

图 2.1　获取与安装 R

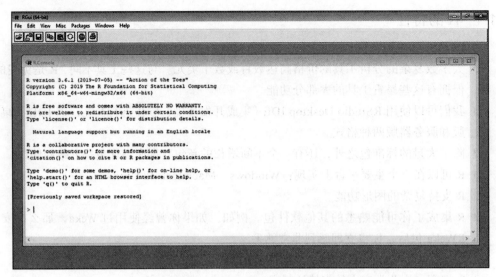

图 2.2　R 的图形用户界面

在安装 RStudio 之前，我们必须退出 R，可以使用 q 函数，即在插入符后键入 q()，或者直接关闭 R 的图形用户界面窗口。

2.1.3　安装 RStudio

RStudio 是一家为 R 用户开发工具的商业公司。RStudio 提供了 RStudio IDE 产品的免费版本，包括桌面版和服务器版。如果需要获取免费的桌面版，请访问 https://rstudio.com/，然后单击下载。你的屏幕看起来类似于图 2.3。在 RStudio Desktop 下方找到免费下载链接，然后单击它。安装完成后，一个 RStudio 图标会出现在你的屏幕上。单击该图标，你的屏幕显示如图 2.4 所示（不包括箭头）。

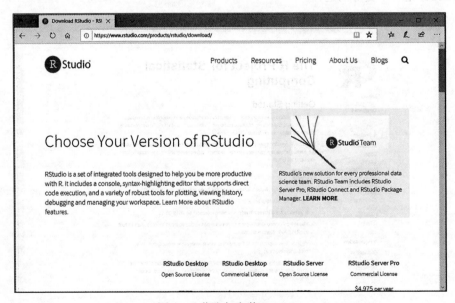

图 2.3　获取与安装 RStudio

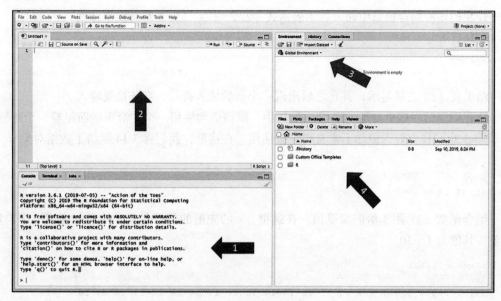

图 2.4　RStudio 界面

2.2　浏览 RStudio

如图 2.4 所示，RStudio IDE 分为四个主要区域。让我们来看看每个区域的功能。

2.2.1　控制台

区域 1 被称为控制台。使用 RStudio 开始 R 会话时，你会置于控制台中，并在控制台中看到一条消息，其中包含 R 的版本、如何启动演示程序、获取帮助以及如何退出。如果要清除控制台，按住 ctrl 键并按 L 键（ctrl+L）。闪烁的插入符号表示控制台已准备好接受输入。表 2.1 提供了一些有用的按键和所选函数的其他信息。最重要的是 esc 键，当其他方法都失败时，它可以让你重新开始！

表 2.1　常见的按键和操作

ctrl + L	清除控制台并将插入符号置于屏幕顶部
↑	使用向上箭头来滚动查看以前的语句
esc	按下以终止当前正在运行的进程
#	以该符号开头的每一行都是注释行，没有多行注释符号
ctrl + shift + enter	运行整个源文件脚本
ctrl + shift + n	开始创建一个新的脚本
var <- 3.14	左箭头后面跟着一个减号是最常用的基本赋值方法。这里将 var 赋值为 3.14
quit()、q() 或 ctrl + q	退出 R 会话的三种方式
rm(x)	从全局环境中删除对象 x
ls()	列出当前工作空间中的所有对象
list.files()	列出你的工作目录中的所有文件

让我们在控制台窗口中输入算术表达式 57 / 3 + 5，看看会发生什么。

```
> 57 / 3 + 5
[1] 24
>
```

结果在 [1] 之后显示，并在之后出现一个新的插入符号，准备接受输入。

让我们尝试一些更有趣的事情。在 R 中，赋值语句使用一个左箭头后面跟着一个减号。等号（=）也同样有效，但你不常看到它被使用。在这里，我们将 3.14 赋给了数据对象 x。

```
> x<- 3.14
> x
[1] 3.14
```

组合函数 c() 用于给向量赋值。在这里，x 的先前的值被覆盖，并且 x 变成一个向量对象，其值为 1～30。

```
> x<- c(1:30)
> x
[1] 1 2 3 4 5 6 7 8 9 10 11 12 13 14 15 16 17 18 19 20 21 22 23 24
25 26 27 28 29
[30] 30
```

我们可以轻松地引用向量 x 中的任何项。在这里，引用了第 5 个项。

```
> x[5]
[1] 5
```

我们经常看到有一些缺失值的数据集。在 R 中，缺失项（包括数值项和类别项）用符号 NA（Not Available，不可用）表示，以下是一个示例。第 4 章将介绍处理缺失数据的方法。

```
> x[31]
[1] NA
```

让我们使用 sd 函数将 x 中值的标准差赋值给 my.sd。与 C++ 和 Java 等语言不同，语句中的句点没有特殊意义。

```
> my.sd <- sd(x)
> my.sd
[1] 8.803408
```

这里使用 round 函数对 my.sd 进行重新赋值。

```
> my.sd <- round(my.sd,2)
> my.sd
[1] 8.8
```

当然，我们可以继续这种方式，但可能不会很快取得进展。我们需要一种更好的方法来处理事务。在源面板中可以找到一种更有效的排序操作的方法。

2.2.2　源面板

区域 2 代表源面板，是大部分操作发生的地方。在这里，我们加载、查看、编辑和保存文件，以及构建脚本等。所有专门为你的文本编写的脚本、数据集和函数都是可供你使用的补充材料的一部分。如果你还没有获得这些补充材料，请参阅附录 A，它显示了如何下载这些材料。

2.2.2.1 脚本的威力

所有的 R 脚本都是由一个文件名后跟一个 .R 文件扩展名来指定的。此外，当引用路径时，你必须使用正斜杠而不是典型的反斜杠。

让我们加载一个脚本，以深入了解脚本如何让我们的工作变得更容易。首先，在你的补充资料中找到脚本 2.1，并在源编辑器中打开它。脚本 2.1 的语句和输出如下列表所示，其所标题为脚本 2.1 的 R 语句。要逐行执行脚本，请找到并单击运行器 – 源编辑器的右上角。这样做时，你首先会看到 getwd() 的输出，这个函数给出了工作目录的位置。工作目录是查找文件的默认搜索路径，也是存储工作区历史记录的位置。setwd 会将工作目录更改为你指定的位置。为了简单起见，我们将工作目录更改为桌面。

当你退出 RStudio 时，系统会询问你是否要保存工作区镜像。如果你单击保存，将在你的工作目录中创建一个历史文件（.RHistory），该历史文件可以使用任何标准编辑器访问。此外，你在 RStudio 会话期间引入的所有数据对象和用户函数都将被保存。除非你决定删除这些对象，否则它们将作为全局工作环境的一部分从一个会话保留到另一个会话。请注意，在每个 RStudio 会话开始时，工作目录会返回到原始的默认目录。要更改默认目录以更好地满足你的需求，只须单击工具，然后单击全局选项来设置新的默认值。

当你继续执行每一行脚本行时，请注意，除了在控制台中看到输出之外，数据对象也逐个添加到全局环境（区域 3）中。

此外，cat 和 print 是显示输出的两种备选方案，pi 是一个保留对象，mode 函数返回数据类型——逻辑类型、数值类型、复数类型或字符类型。请注意，当我们决定将 y 加 1 时，y 的数据类型会从逻辑类型变为数值类型！help 函数在区域 4 中显示有关 cat 函数的帮助信息。

脚本 2.1　R 语句

```
> getwd()
[1] "C:/Users/richa/Documents"
> setwd("C:/Users/richa/desktop")
> getwd()
[1] "C:/Users/richa/desktop"

> x <- 5+10        # assign a value to x
> print(x)         # Print to the console
[1] 15
> radius <- 3
> area<-pi*radius^2
> area
[1] 28.27433
> area <- round(area,2)
> area
[1] 28.27
> cat("area=", area)
area= 28.27
> y <-TRUE
> mode(y)
[1] logical
> y <- TRUE + 5
```

```
> mode(y)
[1] "numeric"
> cat(y)             # Print to the console
6
> x<- c(1:10)
> x
 [1]  1  2  3  4  5  6  7  8  9 10
> mean(x)
[1] 5.5
> median(x)
[1] 5.5
> length(x)
[1] 10
> # For help type help with the name of the function
> help(cat)
```

最后，当你准备尝试编写脚本时，将鼠标移到文件，然后选择新文件，再选择 R 脚本，或者直接键入 ctrl + shift + n。要保存已创建的脚本，请确保在文件名后添加 .R 扩展名。RStudio 将不带此扩展名的文件视为文本文件，因此一些针对脚本文件提供的功能将不可用。

2.2.3　全局环境

区域 3 保存了我们导入全局环境中的数据和函数的引用。

单击历史可以查看最近的工作区历史的视图。更重要的是，尽管有多个可用于导入数据的读取函数，但单击导入数据集是将数据集导入全局环境的最简单的方法。

为了查看函数在全局环境中的工作方式，让我们导入补充材料的 ccpromo.csv 数据集。该数据集在名为信用卡促销数据库的框中进行了描述。数据中的 15 个实例如表 2.2 所示。以下介绍如何使用导入数据选项。

2.2.3.1　将数据导入全局环境

单击导入数据集，然后选择第一个选项——从文本（base⋯），这相当于告诉 R 你正在导入一个文本文件。图 2.5 显示了由此请求生成的导入界面。确保标题选项为是，这告诉 R 第一行数据表示列名。

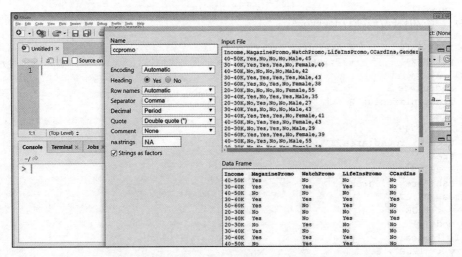

图 2.5　导入 ccpromo.csv

信用卡促销数据库

尽管可以通过互联网支付账单，但仍有超过 50% 的个人信用卡持有者通过邮政服务接收和支付他们的月度账单。出于这个原因，信用卡公司经常在他们的月度信用卡账单中包含促销优惠。这些优惠为信用卡客户提供了购买行李、杂志和珠宝等物品的机会。赞助新促销活动的信用卡公司经常向那些当前信用卡零余额的个人发送账单，希望其中一些人能够利用其中一个或多个促销优惠。从机器学习的角度来看，通过正确的数据，我们可以找到一些关系，这些关系用于洞察个体可能利用未来促销活动的特点。通过这样做，我们可以将零余额的信用卡持有者分成两类，一类是可能利用新信用卡促销的人，应向这些人发送包含促销信息的零余额账单。第二类将包括不太可能进行促销购买的人，这些人不应收到零余额的月度账单。最终的结果是信用卡公司在邮费、纸张和处理成本方面节省了开支。

表 2.2 中显示的信用卡促销数据库包含了虚构的数据，其中有 15 名持有 Acme 信用卡公司的信用卡。这些数据包含了通过初始 Acme 信用卡申请所获得的客户信息，以及有关这些客户以往是否接受了由信用卡公司赞助的各种促销优惠的数据。该数据集以 .csv 格式保存，并命名为 ccpromo。尽管数据集很小，但它很适合用于说明目的。我们在整篇文章中都使用这个数据集来说明目的。

表 2.2　信用卡促销数据库

ID	杂志促销	收入范围	手表促销	人寿保险促销	信用卡保险	性别	年龄
1	40~50k	是	否	否	否	男	45
2	30~40k	是	是	是	否	女	40
3	40~50k	否	否	否	否	男	42
4	30~40k	是	是	是	是	男	43
5	50~60k	是	否	是	否	女	38
6	20~30k	否	否	否	否	女	55
7	30~40k	是	否	否	否	男	35
8	20~30k	否	是	否	否	男	27
9	30~40k	是	否	否	否	男	43
10	30~40k	是	是	是	否	女	41
11	40~50k	否	是	是	否	男	43
12	20~30k	否	是	是	否	男	29
13	50~60k	是	是	是	否	男	39
14	40~50k	否	是	否	否	男	55
15	20~30k	否	否	是	是	女	19

另外，还要确保选中了将字符串作为因子。稍后会明确这样做的原因。单击导入，将看到类似于图 2.6 所示的界面。现在，你的全局环境应该包含一个名为 ccpromo 的对象。在这个环境中，ccpromo 被存储为一种称为数据框的结构。数据框是一种通用的二维结构，

允许列包含不同的数据类型。你将在第 3 章中了解更多关于数据框的知识。

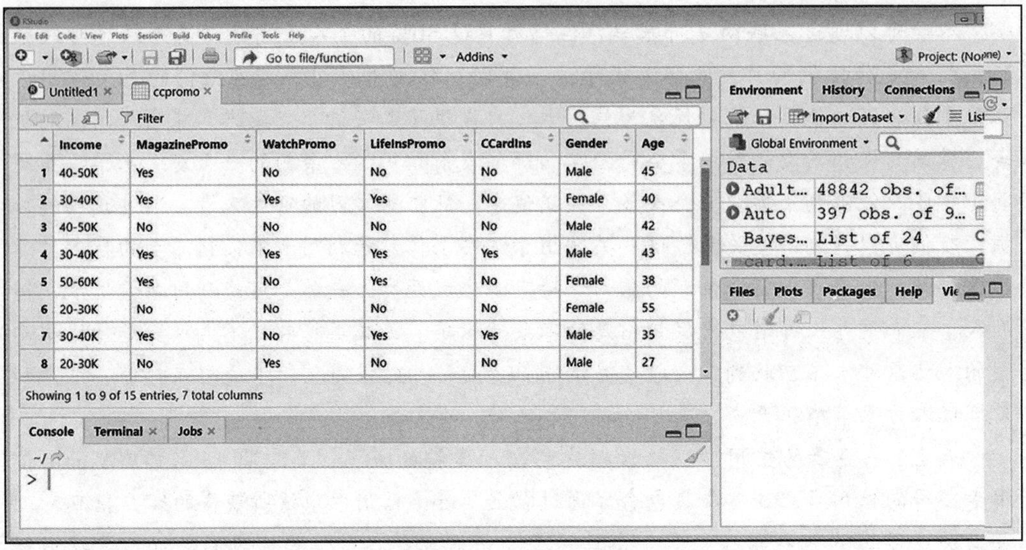

图 2.6　导入的数据文件

在使用 ccpromo 之前，值得指出的是，你的补充数据集 zip 文件中的大多数文件都以 .csv 和 Microsoft Excel 的格式存储。由于读取 Excel 文件时可能会出现问题，因此强烈建议使用 .csv 格式进行文件导入。保留 Excel 版本文件的原因是它们包含了解释各个文件的文档，并提供一种简单的方法来重新创建相应的 .csv 文件。让我们更仔细地看一下你屏幕上显示的 ccpromo 数据集（见图 2.6）。

2.2.3.2　分析信用卡促销

我们创建了脚本 2.2 来帮助解释几个有用的 R 函数，这些 R 函数用于操作数据。将脚本 2.2 加载到你的源编辑器中，以便更好地遵循我们对语句的解释，输出如脚本 2.2 所示。

脚本 2.2　有用的函数

```
> ccp <- ccpromo
> summary(ccp)   # summary of the data
  Income  MagazinePromo WatchPromo LifeInsPromo CCardIns  Gender
20-30K:4 No :7        No :7      No :6        No :12    Female:7
30-40K:5 Yes:8        Yes:8      Yes:9        Yes: 3    Male  :8
40-50K:4
50-60K:2


      Age
 Min.   :19.0
 1st Qu.:36.5
 Median :41.0
 Mean   :39.6
 3rd Qu.:43.0
 Max.   :55.0


> nrow(ccp)      # Number of rows
[1] 15
```

```
> ncol(ccp)        # Number of columns
[1] 7

> head(ccp,3)     # Print first 3 rows
  Income MagazinePromo WatchPromo LifeInsPromo CCardIns Gender Age
1 40-50K          Yes         No           No       No   Male  45
2 30-40K          Yes        Yes          Yes       No Female  40
3 40-50K           No         No           No       No   Male  42
> table(ccp$Gender)

  Female    Male
      7       8

> table(ccp$Gender, ccp$LifeInsPromo)

         No Yes
  Female  1   6
  Male    5   3

> table(ccp$Income,ccp$LifeInsPromo,ccp$Gender)
, , = Female                    , , = Male
        No  Yes                         No  Yes
  20-30K  1    1           20-30K        1    1
  30-40K  0    2           30-40K        1    2
  40-50K  0    1           40-50K        3    0
  50-60K  0    2           50-60K        0    0
> hist(ccp$Age,5)          # Use hist to create a histogram
> plot(ccp$Age,type='h')   # Use plot to create a histogram

> # Using the with statement
> with(ccp, {
+ print(table(Gender, LifeInsPromo))
+ print(table(Income,LifeInsPromo,Gender))
+ hist(Age,5)             # Use hist to create a histogram
+ plot(Age,type='h')      # Use plot to create a histogram
+ })
```

脚本 2.2 中的第一条语句创建了一个 ccpromo 的副本，以便在整个脚本中使用。这可以预防在原始副本发生更改时重新加载 ccpromo。summary 是一个泛型函数，因为它根据其参数的不同而执行不同的操作。在这种情况下，它给出了 ccp 属性的摘要。接下来，我们使用 nrow 函数获取 ccp 中的行数，使用 ncol 函数获取其列数。head 函数列出了数据中的前 3 个实例，其默认值为 6 个。默认情况下，tail 函数返回 ccp 的最后 6 项。这里首先使用 table 函数来获取关于性别的汇总信息。它的第二个应用创建了一个列联表，显示了性别与人寿保险促销优惠被接受或拒绝之间的关系。$ 符号类似于多个编程语言中的小数点，因为它指定了在 ccp 中感兴趣的属性名称。在没有某种形式的数据框引用的情况下，使用属性名称会导致错误。

对于 table 函数的第 3 个示例，一个三向表格总结了性别、收入以及接受或拒绝了人寿保险促销优惠之间的关系。

脚本 2.2 中的下两个语句创建了有关年龄的直方图。第一个使用了 hist 函数（如图 2.7 所示）并将年龄指定为 5 种类型。第二个应用了 plot 函数（如图 2.8 所示），其中索引表示实例编号。一定要使用 Zoom 来更好地呈现你的绘图。

脚本 2.2 的最后几行展示了如何使用 with 函数来避免在属性名称前添加其父数据框的

前缀。在 with 结构中，引用的所有属性都会自动加上 ccp 前缀。第二种避免使用前缀的方法是使用 attach 函数。调用 attach(ccp) 会将 ccp 添加到 R 的搜索路径中，从而使 ccp 的引用变得不必要。你可以通过输入 search() 来查看搜索路径。

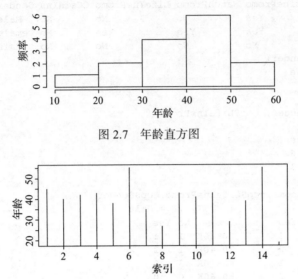

图 2.7　年龄直方图

图 2.8　用 plot 函数创建的年龄直方图

在使用 attach 时，经常出现的是被称为屏蔽的问题。考虑下面的示例，我们在第 1 章描述的心脏病数据集中使用了 attach。回想一下，这个数据集有一个名为 class 的属性。

```
> attach(CardiologyMixed)
The following object is masked _by_ .GlobalEnv:

    class
```

该消息告诉我们在搜索路径中已经有一个名为 class 的对象，这意味着我们必须使用父数据框引用 CardiologyMixed 中的 class 属性。这可能会令人困惑并且会引发一些问题。使用 with 函数可以避免这个问题，但 with 的语法可能会显得有些烦琐。如果选择使用 attach，最好在完成后使用 detach(name) 来将 name 从搜索路径中移除，这样可以避免潜在的问题。

2.2.4　包

回到图 2.4，我们进入区域 4，在这里可以搜索帮助信息、查看图形，但最重要的是安装和更新包。每个包都将一组函数、数据集和文档组合在一起，供我们在 R 环境中使用。基本的 R 发行版包含大约 30 个包。此外，通过 CRAN 库，还有数千个可供安装的包。可以通过 install.packages() 函数来安装包，可以在区域 4 内通过单击选项来访问该函数。已安装的包存储在计算机上一个名为 library 的目录中。library() 函数返回你已安装包的列表。

让我们使用单击选项从 CRAN 库中安装两个包。在接下来的章节中，你将使用这些包中的函数。首先，让我们安装 RWeka。在区域 4 中，单击 packages（包）然后单击 install（安装）。在搜索栏中输入 RWeka。找到包后，单击 install（安装）。安装完成后，RWeka 将出现在已安装包的列表中。要安装第二个包，单击 install（安装）。在搜索栏中输入 RWeka.jars 使得在 CRAN 库中找到该包。再次单击 install（安装）。接下来，滚动包列表，直到找到这两个新安装的包。请注意，虽然这些包是可用的，但它们尚未加载。要加载一个包，请单击包名称旁边的框，或使用 library 函数，例如，library(RWeka)，即加载 RWeka 包，从而使包中的内容可用。要查看 RWeka 包提供了什么功能，请单击包的名字。滚动你的屏幕可以访问该包的文档和帮助页面。

2.3　数据在哪里

本书示例中使用的大多数数据集都可以在补充材料中找到。然而，无论是在 R 环境中还是在互联网上，都有丰富的数据资源可用。附录 A 提供了有关获取本书补充材料的信息，并提供了几个用于获取补充数据的网站。

通过输入 data()，你可以获取当前加载的 R 包中可用的数据集列表。让我们向列表中添加一个数据集。由于 AdultUCI 数据集是机器学习中引用最多的数据集之一，因此它是一个可行的选择。该数据集由 15 个属性、49 000 个实例组成，代表了从政府数据库中提取的人口普查信息。该数据集位于第 7 章将要用到的 arules 包中。要访问数据，我们必须安装 arules 包。以下是从控制台窗口安装 arules 包，并使用 table 函数从 AdultUCI 数据集中提取信息的步骤顺序。

```
> install.packages("arules")# Install arules from the CRAN
Website.
> library(arules)          # Load the arules package.
> data(AdultUCI)           # Make the dataset available to us.
> View(AdultUCI)           # Examine the data in the source editor.
> attach(AdultUCI)         # Adds AdultUCI to the search path.
> table(sex,race)          # Create a simple table.

        race
sex       Amer-Indian-Eskimo Asian-Pac-Islander Black Other White
  Female                 185                517  2308   155 13027
  Male                   285               1002  2377   251 28735
```

本章末尾的练习为你提供了进一步探索这些数据的机会。

2.4　获取帮助和额外信息

你可能已经注意到，在源代码窗口或控制台窗口中输入函数名的前三个字符后，将出现一个小窗口，显示函数调用以及可用选项。该窗口要求你键入 F1 以获取额外的帮助。如果你同意，包界面（区域 4）将给出函数名（在括号中列出了相应的包名）以及多种形式的文档。你可以使用 help(function-name) 或更简单的 ?function-name 来获取相同的信息。还有一些在线资源提供额外的支持，如下所示。

□ https://www.rdocumentation.org/：该网站由 DataCamp 开发，提供了有关最新包软件的丰富信息。如果你在网络上搜索某个特定主题的帮助，通常会找到与 DataCamp 相关的响应。

□ www.r-consortium.org：RConsortium 由数据科学家组成，其主要目标是支持 R 社区的发展。

□ https://support.rstudio.com/hc/en-us：该网站提供有关 RStudio 的支持和信息。

2.5 本章小结

本章介绍了 R 编程语言，这是一个强大的分析工具，包含了数据预处理、监督学习、聚类、关联规则挖掘、可视化、统计分析等算法。我们还演示了 RStudio 如何提供友好的用户界面来与 R 一起使用。在下一章中，我们将详细讨论定义 R 语言的数据类型和数据结构。此外，第 3 章将介绍如何编写你自己的 R 函数的基础知识！

练习题

请注意：除了在控制台中输出结果，你还可以使用 sink 函数将输出写入外部文件。以下是如何使用 sink 的示例。

```
sink("C:/Users/richa/desktop/my.output", split = TRUE)
sink( )                  # returns output to console
```

1. 将补充材料中第 1 章描述的患者心脏病数据集导入 Rstudio，其数据文件名为 CardiologyMixed.csv，使用此数据执行以下任务。请注意，该数据包含 303 个实例，代表患有心脏病（sick）和没有心脏病的患者。

   a. 有多少实例被分类为健康？

   b. 数据中女性的比例是多少？

   c. 是否存在缺失数据的实例？如果是，哪些属性包含缺失的项？

   d. 属性斜率（slope）最常出现的值是什么？

   e. 说明获取数值属性的平均值和中位数值的两种方法。数据集中的平均年龄和中位数年龄分别是多少？

   f. 最大心率的范围（最高和最低）以及标准差分别是多少？

   g. 有多少个实例其属性"有色血管的数量"（number of colored vessels）值为 2？

   h. 绘制最大心率的两个直方图。一个直方图使用默认的间隔数，另一个使用 5 个间隔数。

   i. 使用 head 函数显示前 10 个 chest.pain.type 的值。

   j. 在健康的个体中，铊（thal）属性的值为正常（normal）的个体有多少个？在患病类别中，铊（thal）属性的值为正常（normal）的个体有多少个？

2. 使用 AdultUCI 数据集来回答以下问题。

   a. 数据中的平均年龄和中位数年龄分别是多少？

   b. 是否有缺失数据（NAs）的实例？如果有，哪些属性有缺失项？

c. 哪种职业出现的频率最高？

d. 每周工作时间平均值和中位数分别是多少？

e. 列出的收入"少"（small）实例的百分比是多少？

f. 列为未婚白人女性实例的百分比是多少？

g. 为每周工作小时数和教育年限（education num）创建直方图。你从每个图中学到了什么？

3. 使用 help 函数来指定 print 和 cat 函数的区别。提供一个使用 CardiologyMixed 数据对象的示例。

相关安装包和函数总结

与本章内容相关的安装包和函数如表 2.3 所示。

表 2.3 已安装的包和函数

包名称	函数
arules	**
base / stats	attach、c、cat、data、detach、getwd、head help、hist、install. packages、length、library、list.files、ls、mean、median、mode、ncol、nrow、plot、print、q、quit、rm、round、setwd、sink、summary、table、tail、View、with
RWeka	**
RWeka.jars	**

第 3 章

数据结构和操作

本章内容包括：

- ❑ 数据类型。
- ❑ 数据结构。
- ❑ 数据操作。
- ❑ 编写自己的函数。

在本章中，我们将扩展对 R 的研究。我们从 3.1 节开始详细介绍 R 支持的数据类型。在 3.2 节中，我们将研究 R 可用的单模式数据结构。在 3.3 节中，我们将重点放在多模式（模态）数据结构上，并特别强调数据框（data frame）的作用。这里给出了几种数据操作技术，更多的介绍将贯穿全书。3.4 节提供了一个 R 编程的快速指南。你可能对学习编写自己的 R 函数不感兴趣。然而，许多 R 脚本至少包含一两行 R 程序代码。通过本节的简短回顾可以让你对最常用的 R 编程结构有一个基本的了解。

3.1 数据类型

R 支持四种主要的数据类型：数值型、字符型、逻辑型和复数型。mode 函数可以告诉我们任意值的数据类型。以下是每种数据类型的示例：

```
> mode(4)
[1] "numeric"
> mode(4.1)
[1] "numeric"
> mode('cat')
[1] "character"
> mode("dog")
[1] "character"
> mode(TRUE)
[1] "logical"
> mode(3 + 4i)
[1] "complex"
```

正如你所看到的，带有小数点和不带小数点的数字都默认为数值表示。此外，字符值可以用单引号或双引号来标识。尽管整数不是 R 中的基本数据类型，但我们可以将数字表示为整数。考虑以下语句。

```
> is.integer(4)
[1] FALSE
> y <- as.integer(4)
> is.integer(y)
[1] TRUE
> y==4.0
[1] TRUE
```

默认情况下，4 以十进制（浮点）值存储。因此，is.integer 测试失败。但是，我们可以使用 as.integer 函数将 4 存储为整数。当我们测试整数 y 和小数 4 是否相同时，我们会看到 TRUE，因为 R 为了进行比较，首先将 y 转换为小数。虽然 TRUE 和 FALSE 的类型是逻辑型，但它们在内部分别存储为 1 和 0，这使得它们可以用于算术计算。

```
> TRUE + TRUE
[1] 2
> FALSE + TRUE
[1] 1
> FALSE - 5
[1] -5
```

尽管数据类型是一个有趣的话题，但它通常不会给我们带来问题。但是，当某个属性的所有数据都是整数，以后可能会出现该属性的小数值的情况时，可能会引发问题。我们将在第 6 章中讨论如何处理这种情况。

3.1.1　字符数据和因子

字符数据可以表示为称为因子（factor）的数值型向量。这种方法有两个优点。首先，将字符串以数值型存储非常节省内存。例如，假设我们有一个包含 50 000 个实例的数据集，其中一列字符数据表示健康状态，显示为"健康"或"患病"。如果我们将这一列数据存储为因子变量，就可以将健康指定为 1，将患病指定为 2。我们还必须有一张图表，告诉我们如何分配初始值。通过使用这种方案，可以将所有健康和患病的值替换为 1 和 2。与此同时，如果我们查询数据集中的任何实例，可以使用该图表来了解相关个体的健康状况。让我们看看在 R 中如何实现这一点。考虑以下语句：

```
> my.result <- c('good','bad','not sure',
+               'bad','good','good','not sure')
> str(my.result)
 chr [1:7] "good" "bad" "not sure" "bad" "good" "good" "not sure"
> my.result <- factor(my.result)
> my.result
[1] good     bad      not sure bad      good     good     not sure
Levels: bad good not sure
> str(my.result)
 Factor w/ 3 levels "bad","good","not sure": 2 1 3 1 2 2 3
```

第一条语句将一个字符串向量赋值给 my.result。接下来，我们看到对 str 函数的调用。当给定一个数据对象时，这个函数会显示其内部格式。在这里，它告诉我们 my.result 是一个包含 7 个项的字符向量，其类型为 chr。

接下来，factor 函数将字符串向量转换为 3 级因子。这个 3 级因子表示原始字符串。str 函数还显示了替换字符串的数值。这是我们必须小心的地方！

默认情况下，将数值分配给字符串是按字母顺序进行的。也就是说，1 分配给 bad，2 分配给 good，3 分配给 not sure。在显示了 3 级因子后，我们有一个数字串，2 1 3 1 2 2 3。首先是 2，它与 good 匹配。good 也是原始向量中所列出的第一个项。原始向量在第二个位置列出 bad，因此结果为 1。数字 3 告诉我们原始列表中的第三个位置是 not sure，依此类推。

如果你不喜欢默认的因子数赋值方式，可以按以下方式更改。

```
> my.result <- c('good','bad','not sure',
+                'bad','good','good','not sure')
> my.result<- factor(my.result, order =TRUE,
+                levels=c('good','not sure','bad'))
> str(my.result)
 Ord.factor w/ 3 levels "good"<"not sure"<..: 1 3 2 3 1 1 2
```

现在我们将 good 分配为 1，not sure 分配为 2，3 分配为 bad。

str 函数是一个非常方便的工具，适用于许多情况，特别是当我们看到错误消息指出输入数据格式不正确时。我们将 str 函数应用于第 2 章中的 ccpromo 数据集。你的全局环境中仍然将 ccpromo 列为数据对象。结果如下所示。

```
> str(ccpromo)        # Internal storage structure
'data.frame': 15 obs. of  7 variables:
 $ Income      : Factor w/ 4 levels "20-30K","30-40K",..: 3 2 3 2 4
 $ MagazinePromo: Factor w/ 2 levels "No","Yes": 2 2 1 2 2 1 2 1 2 2
 $ WatchPromo  : Factor w/ 2 levels "No","Yes": 1 2 1 2 1 1 1 2 1 2
 $ LifeInsPromo : Factor w/ 2 levels "No","Yes": 1 2 1 2 2 1 2 1 1 2
 $ CCardIns    : Factor w/ 2 levels "No","Yes": 1 1 1 2 1 1 2 1 1 1
 $ Gender      : Facto r w/ 2 levels "Female","Male": 2 1 2 2 1 1 2
 $ Age         : int  45 40 42 43 38 55 35 27 43 41 .
```

data.frame 的声明告诉我们这个文件是一个包含 15 个实例和 7 个属性的数据框。大多数 R 的机器学习工具都要求数据以数据框的形式进行结构化（见 3.3 节）。数据的 7 个属性中有 6 个被声明为因子。所有的 No 和 Yes 属性都显示了将 No 赋值为 1，Yes 赋值为 2，这证实了因子水平（或级别）默认为按字母顺序进行赋值。最后，由于所有年龄值都是整数，因此年龄被指定为整数数据类型。

3.2　单模式数据结构

R 支持三种类型的单模式数据结构：向量、数组和矩阵。这些结构被称为单模式结构（single-mode structure），因为每个数据项的类型必须相同。让我们看看每种结构。

3.2.1　向量

在第 2 章中，我们演示了如何使用组合函数 c() 来创建向量。向量是一维结构的。R

会自动进行类型转换，以遵守单一类型的规则。为了了解这一点，请考虑下面的例子，其中数值向量 x 变成了字符向量，然后变成了因子。

```
> x<- c(1:5)         #create a vector of 5 numeric values


> x
[1] 1 2 3 4 5
> x[7]<- "run"      # Add a character item at position 7
> x
[1] "1"   "2"   "3"   "4"   "5"   NA    "run"
> str(x)
 chr [1:7] "1" "2" "3" "4" "5" NA "run"
> x
> x<-factor(x)       # Change characters to factors
> x
[1] 1     2     3     4     5     <NA> run
Levels: 1 2 3 4 5 run
```

向量化

R 的一个有趣特性是函数的向量化。具有向量化能力的函数会自动对向量中的每个项执行其任务，以下是一些示例。

```
> x<- c(10,-20,30,-40,50,-60)
> abs(x)
[1] 10 20 30 40 50 60


> sqrt(x)
[1] 3.162278      NaN 5.477226      NaN 7.071068      NaN
Warning message:
In sqrt(x) : NaNs produced


x>20
[1] FALSE FALSE TRUE FALSE TRUE FALSE


y<- x[x>20]
> y
[1] 30 50


>Over35 <- ifelse(AdultUCI$`hours-per-week` >35,TRUE,FALSE)

> table(Over35)
Over35
FALSE  TRUE
10332 38510

colSums(ccpromo[7])  # Find the sum of all ages in the data.
Age
594
```

`ifelse` 结构的向量化是我们特别感兴趣的。在上面的示例中，我们已将 `ifelse` 应用于 **adult** 数据集。该语句的工作方式如下：对于每个实例，查看 hours-per-week 的值；如果 hours-per-week 的值大于 35，则输出 TRUE，否则输出 FALSE。数据对象 Over35 包含了这些结果，并且这些结果由 table 函数进行了汇总。

如果你有一些编程经验，肯定能体会到 ifelse 语句的简单和强大！你会经常看到 ifelse 用于将基于概率的结果转换为整数或字符值。在下面的示例中，results 中大于 0.5 的所有值都表示为 new.results 中的 2。同样，那些小于或等于 0.5 的值在 new.results 中显示为 1。

```
new.results <- ifelse(results > 0.5,2,1)
```

这些示例表明，向量化避免了编写循环遍历数据的函数，并且向量化的函数在需要提高执行效率的大数据处理时特别有用。

3.2.2 矩阵和数组

矩阵是一种二维结构，要求所有项具有相同的模式。我们可以使用 matrix 函数创建一个矩阵。默认情况下，矩阵是按列填充的。以下是两个示例。第一个示例创建了一个 4 行 3 列的矩阵。第二个示例定义了一个 3×2 的矩阵，并为其指定了名称。

```
my.matrix <- matrix(1:12,nrow=4,ncol=3)
> my.matrix
     [,1] [,2] [,3]
[1,]    1    5    9
[2,]    2    6   10
[3,]    3    7   11
[4,]    4    8   12

> items <- c('bread','milk','cereal','grapes','bacon','fish')
> my.matrix2 <- matrix(items, nrow=3,ncol=2,
+             dimnames = list(c('r1','r2','r3'),
+             c('c1','c2')))
> my.matrix2
   c1        c2
r1 "bread"   "grapes"
r2 "milk"    "bacon"
r3 "cereal"  "fish"
> my.matrix2[1,]  # everything in row 1
      c1        c2
 "bread"  "grapes"
> my.matrix2[,2]  # everything in column 2
      r1        r2        r3
"grapes"  "bacon"    "fish"
```

与矩阵类似，数组的所有项必须是同一种模式。数组与矩阵的不同之处在于，它们不局限于二维。让我们创建一个 2×2×2 的三维数组。以下是创建的方法。

```
my.array <- array(1:8, c(2,2,2), dimnames=list(c("A1","A2"),
+                                               c("B1","B2"),
+                                               c("C1","C2")))
> my.array
, , C1

   B1 B2
A1  1  3
A2  2  4

, , C2
```

```
     B1 B2
A1   5  7
A2   6  8
```

超过三维的数组难以可视化。与矩阵类似，数组的默认填充顺序是按列填充的。数组在存储大量的相关信息时非常有用。然而，从机器学习的角度来看，数组中所有项的数据类型必须相同，这使得数组的用途有限。现在是时候开始学习多模式数据类型了，这是最适用于机器学习应用的数据结构。

3.3　多模式数据结构

3.3.1　列表

列表是一种非常通用的结构，用来容纳其他对象。与向量、矩阵和数组不同，列表中的对象可以具有不同的类型和模式。通过示例来理解列表是最好的。下面是如何创建一个包含关于我的狗 Lieue 信息的列表。

```
my.dog <- list(Name = "Lieue",
+              age = 14,
+              weight = 48,
+              breed= 'springer spaniel',
+              WeeklyWalk =c(2,2,2.5,1,0.5,3.1,0)) #end

> my.dog # Show the contents of the list.
$Name
[1] "Lieue"

$age
[1] 14

$weight
[1] 48

$breed
[1] "springer spaniel"
$WeeklyWalk
[1] 2.0 2.0 2.5 1.0 0.5 3.1 0.0

> mean(my.dog$WeeklyWalk)     # Determine the average daily walk
length
[1] 1.585714
```

我们可以轻松地对列表进行更改。以下是一些示例：

```
my.dog[3]              # Extract the weight element
$weight
[1] 48
> my.dog[[3]]          # Extract just the weight
[1] 48
> my.dog[[3]]<- 50     # Increase in weight
> my.dog[[5]]<- c(2.4) #Start a new week of walking
> my.dog$WeeklyWalk
[1] 2.4
```

我们仅仅触及了关于可以使用列表做哪些操作的一小部分，但作为机器学习的学生，我们的主要兴趣在于数据框！

3.3.2 数据框

数据框类似于矩阵，因为它们都是二维（行－列）结构。它们的不同之处在于数据框中的每一列可以是不同的数据类型，这使得数据框成为机器学习的理想结构，其中行代表实例，列表示属性或变量。在导入数据集时，使用 str 函数是一个明智的做法，以确保数据集作为数据框导入。

我们可以使用 data.frame 函数创建一个新的数据框或将现有对象转换为数据框。脚本 3.1 提供了一个如何创建和更新数据框的示例。函数 cbind 和 rbind 尤其值得关注。正如你所见，cbind 添加了新的数据列，rbind 添加了新的行。最后，subset 函数允许我们轻松访问数据框的子组件。

脚本 3.1　创建和更新数据框

```
> Age <- c(45,40,42,43,38)
> Gender<- c("Male","Female","Male","Male","Female")
> my.df <- data.frame(Gender,Age)
> my.df
  Gender Age
1   Male  45
2 Female  40
3   Male  42
4   Male  43
5 Female  38
> CCardIns<- c("No","No","No","Yes","No")
> my.df <- cbind(CCardIns,my.df)    # Add a new column
> my.df
  CCardIns Gender Age
1       No   Male  45
2       No Female  40
3       No   Male  42
4      Yes   Male  43
5       No Female  38
> add1 <- c("No","Female",55)
> my.df <-rbind(my.df,add1)    # Add a new row
> my.df
  CCardIns Gender Age
1       No   Male  45
2       No Female  40
3       No   Male  42
4      Yes   Male  43
5       No Female  38
6       No Female  55


subset(my.df,select=c(1,3))

  CCardIns Age
1       No  45
2       No  40
3       No  42
4      Yes  43
5       No  38
```

```
6        No  55
```

```
subset(my.df,Age <40)
```

```
  CCardIns Gender Age
5        No Female  38
```

脚本 3.2 展示了从数据框中提取数据子集的技术。这里不执行脚本 3.2，但可以将其加载到源编辑器中，以查看每条语句对数据的影响。类似于脚本 3.2 中所显示的下标方法是非常常见的。让下标完全符合你的预期需要一些练习。需要注意的是，通过在要移除的列号前面放置减号来删除第 2、3 和 4 列的语句。如果没有减号，输出将被限制在指定的列中。

脚本 3.2　行和列的操作

```
ccp.data <- ccpromo
ccp.data           # List entire data frame
ccp.data[1]        # Everything in column 1
ccp.data[1,]       # Everything in row 1
ccp.data[,1]       # Everything in column 1
ccp.data[1:5,]     # Rows 1 through 5
ccp.data[,1:5]     # Columns 1 through 5
ccp.data[1:3,1:3]              # Columns and rows 1 through 3
ccpNew.data <- ccp.data[-c(2,3,4)] # Remove columns 2,3,4
ccpNew.data
```

最后，在安装并加载 sqldf 包后，你可以访问 sqldf 函数，该函数允许你对数据框执行 SQL 查询。以下是使用 ccpromo 数据集的示例。

```
library(sqldf)
> sqldf("select LifeInsPromo,age from ccpromo where Age<30 ")
  LifeInsPromo Age
1           No  27
2          Yes  29
3          Yes  19
```

3.4　编写自己的函数

在编写复杂的 R 脚本时，很少有不涉及一两行程序代码的情况。本书中编写的许多脚本也不例外。从这个意义上说，获得 R 编程语言的阅读能力是非常重要的。然而，由于有数千个现成的 R 包可供使用，因此你很可能会找到一个包，其中包含你执行任何任务所需要的功能。鉴于这一点，是否有必要学习如何编写自己的函数？当然有！

编写自己的代码让你拥有控制权，但是，如果你是编程新手怎么办？R 的一个优点是它相对容易学习。不需要关心严格的数据类型，并且能够通过解释器直接与 R 进行交互，这使得初学者的编程变得更加轻松。最重要的是，如果你在技术领域工作，知道如何阅读和理解一些 R 程序代码是一大优势。让我们编写一些函数，以帮助你熟悉 R 编程，这将帮助你确定是否适合使用 R 进行编程！

3.4.1　写一个简单的函数

以下是 R 函数的一般结构：

```
my.function <- function(arg1,arg2,…,argn)
  {
    statement 1
    statement 2
    ...
    statement n
    return(value)
  }
```

第一行指定了新函数的名称，并显示了传递给函数的参数。函数体用花括号括起来，最后一条语句指定了一个返回值。让我们从编写一个简单的函数开始，创建一个名为 my.square 的函数，即给定一个数字，并返回它的平方。例如，调用 my.square(4) 将返回 16。

要创建这个函数，单击 file（文件）→ new file（新建文件）→ R Script（R 脚本）。在源码编辑器中输入以下代码：

```
my.square <- function(x)
{
    # Return the square of x
  return(x*x)
}
```

接下来，单击 run（运行），将函数 my.square 添加到全局环境中。如果一切顺利，你的控制台窗口将显示如下内容。

```
> my.square <- function(x)
+ {
+     # Return the square of x
+   return(x*x)
+ }
>
```

如果最后一行显示为 + 而不是 >，则解释器表示它需要额外的输入。这代表了一种编码错误，比如一对不匹配的括号。

现在我们已经定义了 my.square，让我们看看它是否有效。以下是一些函数调用，用于测试 my.square。

```
> my.square(5)
[1] 25
> my.square(-5)
[1] 25
> my.square("dog")
Error in x * x : non-numeric argument to binary operator
> y <- 10
> my.square(y)
[1] 100
> y
[1] 10
> y <- my.square(y)
> y
[1] 100
> my.lst <- c(5,10,20)
> sapply(my.lst,my.square)
[1]  25 100 400
```

对 my.square 的第 3 次调用导致解释器报错。我们应该负责捕获这个错误，因此我们将很快修改函数以捕获此错误。第 5 次调用特别有趣，因为我们使用函数来更改 y 的值。R 使用传值调用将变量传递给函数。传值调用意味着函数获得的是被传递的变量的值，但不知道该变量内存中的地址。这样，在函数内部对参数进行的更改就不会对变量产生永久性的影响。如果我们希望函数更改参数的值，可以使用这里显示的技术。最后的示例展示了如何使用函数 sapply 将我们的函数应用于 my.lst 中的每个成员。

3.4.2　条件语句

对 my.square 的第 3 次调用导致了一个系统错误，我们可以在函数内部轻松捕获这个错误。我们所需要的只是条件句的基本知识。以下是对原始代码的修改，它捕获了非数值的错误：

```
  my.square <- function(x)
{
  if(is.integer(x) | is.numeric(x))
    {# Return the square of x
     return(x*x)
    }
  else
    {print("Error! Can't square a non-numeric value")}
}
```

上面的代码包含一个 if-else 形式的条件语句。如果括号内的测试为真，则执行 if 语句后面的代码。如果该语句为假，则执行 else 后面的代码。前面描述的向量化 ifelse 结构是通用 if-else 条件语句的一个特例。

如果没有 else，if 条件语句也可以存在。在这种情况下，当 if 语句为真时，执行 if 后面花括号内的语句。如果该语句为假，则跳过花括号内的语句。在这种情况下，if 称为具有空 else 子句。值得注意的是，只有当 if 语句后面跟随多条语句时，才需要花括号。在上面的示例中，花括号是可选的。

我们看到了两个新函数 is.integer 和 is.numeric，用于检查 x 的数据类型。"|" 是用于或（or）条件测试的逻辑运算符。表 3.1 列出了最常用的逻辑运算符。如果 if 测试中的任何一个语句为真，函数将返回平方值。否则，执行 else 部分并打印错误消息。

表 3.1　逻辑运算符

运算符	功能
>	大于
>=	大于或等于
<	小于
<=	小于或等于
==	等于（两个等号）
!=	不等于
!x	非 x
x|y	x 或 y
x&y	x 且 y

以下是一种消除 else 但仍能完成相同任务的方法。

```
my.square <- function(x)
{
  if(is.integer(x) | is.numeric(x))
    # Return the square of x
    return(x*x)
  print("Error! Can't square a non-numeric value")
}
```

上面的修改利用了这样一个事实：如果条件为真，函数会在 print 语句执行之前返回一个值。如果该语句为假，则打印错误消息。由于 if-else 结构可以嵌套，因此它们通常采用更复杂的形式。

3.4.3 迭代

任何复杂的程序几乎总是使用某种形式的重复。重复有两种一般形式：迭代和递归。尽管如今的编程语言都支持这两种类型的重复，但大多数语言强调采用 for、while 和 do-while 循环的形式进行迭代。然而，一些语言（如 LISP、Scheme 和 Prolog 等）是为递归编程而设计的。

R 支持迭代和递归，但本质上被认为是迭代性质的。首先，让我们看两个 R 中的迭代示例。然后，我们通过一个简单的示例来说明递归。请注意，专门为这本教材编写的所有 R 函数都可以在补充材料中的 functions.zip 文件中找到。建议你在 RStudio 中打开每个函数，然后单击运行，使得函数被存储为全局环境中的函数对象。这样，引用其中一个或几个函数的脚本不会报错。

3.4.3.1 求平方根

在第一个示例中，我们使用 while 循环来实现猜测 – 除以 – 平均（guess-divide-average）算法来计算正数的平方根。该算法很简单。假设我们想求 6 的平方根。首先，我们必须做出初始猜测。在不失一般性的情况下，初始猜测为 2 总是可行的。有了初始猜测值 2，我们将 6 除以猜测值 2，并得到商为 3。接下来，我们计算猜测值（2）和商（3）之间的绝对差。如果绝对差小于某个选定的值，如 0.001，那么猜测值（或者商，因为它们的差值在误差范围内）的值就被认为是平方根。如果差值太大，我们通过对旧猜测（2）和商（3）求平均值来计算一个新的猜测。在这个例子中，商和猜测之间的差值是（3 – 2 = 1）。因此，我们继续进行新的猜测。新的猜测是 (3 + 2) / 2 = 2.5。接下来，我们将 6 除以猜测值 2.5，得到 2.4。假设选定的绝对误差小于 0.01，那么将以 2.45 作为新的猜测来重复上述过程。

该算法如脚本 3.3 中所示，通过两个函数来实现，第一个函数检查参数是否有效。如果无效，将打印一条错误消息并终止进程。如果测试有效，第一个函数调用第二个函数并将输入数字和初始猜测值传给第二个函数。

脚本 3.3　用猜测 – 除以 – 平均算法求平方根

```
my.sqrt <- function (x)
{
```

```
  # Find the square root of a number using the
  # guess-divide-average method.
  if(is.numeric(x)& x>=0)
  {
    Guess = 2
    my.sqrt2(x,guess)
  }
  else
    print("Invalid parameter!")
} # end my.sqrt

my.sqrt2 <- function(x,guess)
{

  while(abs(guess- x/guess) > 0.001)
  {
     guess <-(guess + x/guess) / 2
  }
  return(guess)
} # end my.sqrt2
```

while 循环是理解该算法工作原理的关键。while 循环测试条件语句，如果条件为真，则执行 while 循环内的语句。在这里，如果"猜测值 −x/ 猜测值"的绝对值大于 0.001，则执行 while 循环内的语句，然后测试会被重复执行。由于 while 循环只包含一条语句，因此不需要花括号。然而，良好的编程习惯鼓励使用花括号，因为它们清楚地定义了 while 循环的边界。

当 while 测试失败时，猜测值 guess 的最后一个计算结果将返回给 my.sqrt，然后将该值返回给调用语句。最后，需要注意的是，在 R 函数内定义的任何变量或作为参数列出的变量都是局部变量，一旦函数终止，它们就会被销毁。在这里，局部变量 guess 和形式参数 x 在函数终止时消失。

如果在程序执行之前就已知迭代次数，那么 for 循环是首选的迭代技术。下面的示例展示了如何使用 for 循环来查找数字列表中的最大值。

3.4.3.2　找到最大值

我们第二个说明迭代的示例定义了一个函数，该函数以数值型数据向量作为输入，并返回最大值。脚本 3.4 定义了这个函数。

脚本 3.4　找到最大值

```
my.largest <-function (x)
  # Find the largest value in vector x. The assumption is
  # the first item in x is not NA.
{
  largest <- x[1] # initialize the largest value
  nas <- 0        # Initialize the number of NAs

  rows = length(x)-1

  for (i in 2:rows)
  {
    if(is.na(x[i]))
     {
     nas=nas +1
```

```
      }
    else
      {
      if(x[i]> largest)
       largest <- x[i]
      }
   } # End for

  # Print the number of NAs
  cat("No. of NAs ",nas,"\n")
  # Return the largest value
    return(largest)
  } # End my.largest
```

my.largest 首先声明列表中的第一个值为最大的项。接下来，声明了局部变量 nas
来记录向量中缺项的数量。由于迭代将从 2 开始，因此 rows 的数值被声明为比列表的长
度少 1。for 语句以 i 等于 2 开始。

第一个 if 条件语句检查是否有缺失的项。第二个 if 确定了最大值是否需要更改。在
for 声明之后开始的花括号，以 # End for 结束，定义了循环体。变量 i 每次增加 1，
直到其值超过 rows 的值。当迭代完成时，打印出缺失值的总数，并返回最大值。

3.4.3.3　混淆矩阵准确率

最后一个迭代示例是一个函数，我们在整本书中都使用此函数来根据混淆矩阵中的值
计算分类准确率。该函数对混淆矩阵主对角线上的数字进行求和，然后将此总和除以矩阵
中的总值，得到准确度值。该函数使用嵌套的 for 语句来遍历矩阵的行和列。在查看这些
语句之前，你可以通过在控制台或源码编辑器中输入以下内容，了解嵌套 for 语句的工作
方式。执行过程（本节未展示）显示外部循环从 1~3 迭代，而内部循环对每个 i 的值都从
1~3 进行迭代。

```
> for(i in 1:3)
+   for(j in 1:3)
+     cat("i=",i," j=",j,"\n")
```

脚本 3.5 给出了 confusionP 的定义。请确保在源码编辑器中打开 confusionP.R 并单
击运行，将 confusionP 作为一个函数输入到你的全局环境中。

脚本 3.5　计算分类准确率

```
confusionP <- function (x)
  # This function prints classification accuracy
  # based on the values in confusion matrix x.

{correct=0
 wrong =0
y<- nrow(x)
z<- ncol(x)
for (i in 1:y)
  {
  for (j in 1:z)
    {
    if(i==j)
      correct = correct + x[i,j]
```

```
      else
        wrong = wrong + x[i,j]
    } # end for j
  }   # end for i
pc <-(round(correct/(correct + wrong)*100,2))
cat("  Correct=", correct,"\n")
cat("Incorrect=", wrong,"\n")

cat("Accuracy =",pc,"%","\n") }
```

3.4.4　递归编程

递归函数有两个主要特征。首先，函数必须调用自身，这被称为递归调用（recursive call）。其次，必须有一个条件来终止递归。

递归在内部使用栈（stack）来实现。栈是一种后进先出（LIFO）的数据结构，最后放入栈的项是第一个被移除的项。用晚餐盘子的栈来说明这个概念。假设你正在晾晒盘子，在每个盘子晾干后，你将它放在一个不断增加的干净盘子栈的顶部。如果有人需要一张晚餐盘，那么被取出的盘子将是最后放入栈的那个。显而易见的问题——放置盘子的数量远远超过取出的数量时，盘子的整个栈将崩溃到地上。

递归编程也有类似的问题。每次递归调用都需要一个新的盘子，用于存储有关当前状态的信息。这些信息必须存储，因为在递归展开时（盘子逐个离开栈），这些信息将用于计算最终结果。如果递归调用太多，分配给栈的内存就会满，栈就会溢出！

可以轻松使用递归解决的问题类型是那些需要最少数量的递归调用和最少的存储信息来跟踪递归的问题。猜测–除法–平均法求平方根的技术很自然地适合递归方案。之所以如此，是因为该技术总是能够以最少的计算次数计算出平方根值。更重要的是，不需要在栈上存储信息，因为最终的结果只需要通过前面的递归调用传递回来。也就是说，在递归展开时不需要满足任何的部分计算。

脚本 3.6 提供了猜测–除法–平均值技术的递归版本。函数 my.SqrtR 是用户调用的主函数，但它不执行递归，只进行检查，以确保要计算平方根的值是有效的。如果平方根值有效，就会使用这个值和初始猜测调用递归例程 my.SqrtR2。请注意，通过不断调用 my.SqrtR2 并使猜测越来越接近实际平方根的值来实现重复。在这里看不到 for 或 while 循环！当终止条件满足时，递归将计算出的平方根通过递归调用的栈传递回来，最终传递给用户。可以肯定的是，递归编程并不适合每个人。我们在这里简要介绍了它，供那些有兴趣挑战的人参考！

脚本 3.6　一种猜测–除法–平均技术的递归实现

```
my.SqrtR <- function (x)
{ # Find the square root using guess-divide-average
  # as implemented with recursion.

  if(x<0)
    print("Error!")
  else
    my.SqrtR2(x,x/2)
} # End my.SqrtR
```

```
my.SqrtR2 <- function(x, guess)
{
if(abs(guess - x/guess)< 0.001)
  {
      return(guess) # The recursion unwinds
  }
  my.SqrtR2(x, (guess + x/guess)/2.0) #push on the stack
  }
```

3.5   本章小结

R 语言支持几种单模式数据结构，包括向量、矩阵和数组。这些结构之所以称为单模式，是因为这些结构要求所有元素具有相同的数据类型。如果违反了这一限制，R 会自动执行属性 – 值转换。列表和数据框是多模式数据结构，因为它们取消了数据类型的限制。数据框是 R 中用于机器学习算法最常见的数据结构。数据框的行代表实例，列作为属性（变量）。str 函数对于更好地理解 R 所支持的数据结构的内部表示形式特别有用。R 脚本中通常包含一些程序代码。强烈建议读者学习如何编写自己的 R 函数，因为这不仅有助于更好地理解他人编写的脚本，还能为解决问题提供额外的工具。

3.6   关键术语

- ❑ 传值调用。被调用的函数接收传递参数的值，但该函数不知道它们在内存中的地址。任何作为参数传递的变量值都不会被函数永久性地更改。
- ❑ 因子。表示字符型数据的数值向量。因子具有水平，定义了数值与其原始字符表示之间的映射关系。
- ❑ 栈。栈是一种后进先出的数据结构，最后放入栈的项是第一个被移除的项。
- ❑ 向量化。向量化函数作用于向量内的每个项，从而消除了使用循环的需要。

练习题

1. 考虑以下声明。

```
x<- matrix(1:12,nrow = 3,ncol = 4)
```

将位置 [1, 3] 替换为字符 "A"，并输出矩阵。结果是什么？

2. 创建一个 CardiologyMixed 的副本（以下标记为 CRD）。使用该副本编写脚本来执行下面的任务。

a. 列出前 10 个人的年龄数据（这个已完成），答案如下：

```
CRD[1:10,1]
 [1] 60 49 64 63 53 58 58 58 63 67
```

b. 使用两种方法输出前 5 个实例。

c. 输出实例 1、20 和 51 的年龄、性别和胸痛类型。

d. 使用两种方法输出第 1、3 和 5 列的所有数据。

e. 删除 1～10 列。

3. 在 RStudio 中打开 mySqrt.R，并在全局环境中创建 my.sqrt 和 my.sqrt2 函数。通过使用有效和无效的值调用 my.sqrt 来测试它。

4. 在 RStudio 中打开 largest.R，并在全局环境中创建 my.largest 函数。使用 CSV 文件 creditScreening 的第 2 列或第 14 列进行测试。该文件包含 690 个实例，并在上述列中存在缺失项。该文件在后续章节中的多个示例中使用。

5. 编写函数 everyOther，当给定一个数字列表时，返回一个包含原始列表中每隔一个项的列表。例如，everyOther(c(1,2,3,4,5)) 返回 (1,3,5)。

6. 编写 my.smallest 函数，当给定数据框的一列时，返回该列中的最小值。确保检查并打印 NA 的数量。使用 creditScreening 数据集的第 2 列和第 14 列测试你的函数。

7. 余数运算符 %% 用于确定一个数是否是另一个数的因子。例如，2 是 6 的因子，因为 6 %% 2 = 0。完美数是指它的因子之和等于该数的数。6 是一个完美数，因为 1 + 2 + 3 = 6。编写一个函数来列出 1～1000 之间的所有完美数。（注意：%/% 给出两个数的整数商。）

8. 编写 my.largest 的递归版本。使用 my.SqrtR 提供的技巧来启动递归。递归实现 my.largest 是否是个好主意？为什么？

9. 使用 while 循环编写一个函数，计算前 1000 个偶数的和。用递归实现这个函数是否是个好主意？为什么？

10. 编写函数 my.reverse，给定一个向量，以相反的顺序返回其中的项。例如，my.reverse(c(1,2,3)) 返回 3 2 1。

11. 欧几里得算法提供了一种有效的方法来找到两个正整数的最大公约数（GCD），即能够整除两个数而没有余数的最大数。编写一个迭代或递归函数来找到 GCD。以下是算法：

a. 将较大的数除以较小的数。

b. 如果余数为 0，则除数是 GCD，任务完成。

c. 如果存在余数，则将余数设为新的较小数，将除数设为新的较大数，然后重复步骤 b。

相关安装包和函数总结

与本章内容相关的安装包和函数如表 3.2 所示。

表 3.2　已安装的包和函数

包名称	函数
base/stats	abs、as.integer、array、*c*、cat、cbind、data.frame、factor、for、function is.integer、is.na、is.numeric、list、matrix、mode、ncol、nrow、return、round、sapply、sqrt、str、table、while
sqldf	sqldf

第 4 章

准备数据

本章内容包括：

❑ KDD 过程模型。

❑ 关系数据库。

❑ 数据预处理技术。

❑ 数据转换方法。

综合 R 存档网络（CRAN）仓库提供的许多软件包都包含了至少部分预处理过的数据集。这使我们能够集中精力学习各种机器学习工具，而不必担心分析现实世界数据所需要的预处理任务。然而，真实数据通常包含缺失值、噪声，并且在为模型构建过程做好准备之前需要进行一次或多次转换。因此，在我们将注意力转向下一章中介绍的机器学习算法之前，先来看看实际数据中常见的预处理问题的解决策略。

在 4.1 节中，我们将介绍一种用于知识发现的 7 步过程模型。在 4.2 节～4.4 节中，我们将致力于讨论创建初始目标数据、数据预处理和转换的步骤，因为这些步骤目前是过程中最困难和耗时最多的部分。当我们认真对待数据预处理和数据转换时，我们成功构建有用的机器学习模型的机会将显著增加。

4.1 知识发现的过程模型

数据中的知识发现（KDD）是一个交互的、迭代的过程，旨在从数据中提取隐含的、先前未知的、潜在有用的知识。KDD 过程模型存在多种变体。这些变体从 4 步到多达 12 步来描述 KDD 过程。尽管步骤的数量可能不同，但大多数描述在内容上保持一致。以下是一个 7 步 KDD 过程模型的简要描述。

1. 目标识别。这一步的重点是理解知识发现所考虑的领域，写出一个明确的陈述，说明要实现什么目标。可以提出一个可能或期望结果的假设。

2. 创建目标数据集。借助一个或多个人类专家和知识发现工具，选择要分析的初始数据集。

3. 数据预处理。使用现有资源处理噪声数据，决定如何处理缺失的数据值，以及如何解释时间序列信息。

4. 数据转换。从目标数据中添加或删除属性和实例，决定如何对数据进行归一化、转换和平滑处理。

5. 数据挖掘。通过应用一个或多个机器学习算法，创建表示数据的最佳模型。

6. 解释和评估。检查第 5 步的输出，以确定所发现的内容是否既有用又有趣。决定是否要使用新的属性或实例重复之前的步骤。

7. 采取行动。如果所发现的知识被认为是有用的，将该知识整合并应用于适当的问题。

当你阅读本章的其余部分时，我们将指出几个实现这里描述的预处理技术的 R 函数。这些函数用于解决本书后续章节中的问题。在继续学习第 5～12 章之前，深入研究这些函数绝对是值得的。

4.2 创建目标数据集

对于任何分析项目的成功而言，一个可行的资源数据集是至关重要的。目标数据通常来自三个主要来源——数据仓库、一个或多个事务性数据库、一个或多个平面文件（flat file）。许多机器学习工具要求输入数据以平面文件或电子表格格式（即 R 的数据框）提供。如果原始数据存储在平面文件中，那么创建初始目标数据很简单。让我们来看看其他可能性。

数据库管理系统（DBMS）存储和操作事务性数据。DBMS 中的计算机程序能够快速更新和检索存储在数据库中的信息。DBMS 中的数据通常使用关系模型进行结构化。关系数据库将数据表示为包含行和列的表的集合。表中的每一列称为一个属性，表中的每一行存储关于一个数据记录的信息。单个行被称为元组（tuple）。关系表中的所有元组都通过一个或多个表属性的组合来唯一标识。

关系模型的主要目标之一是减少数据冗余，以便快速访问数据库中的信息。一组抑制数据冗余的范式定义了关系表的格式规则。如果一个关系表包含冗余数据，那么可以通过将该表分解为两个或多个关系结构来去除冗余。相反，知识发现的目标是发现数据中固有的冗余。因此，通常需要一个或多个关系连接操作将数据重组为适合数据挖掘的形式。

为了说明这一点，我们考虑在第 2 章表 2.2 中定义的虚构的信用卡促销数据库。回想一下表的属性：杂志促销、收入范围、手表促销、人寿保险促销、信用卡保险、性别和年龄。表 2.2 中的数据实际上并不是数据库，而是从数据库中提取的平面文件结构，如图 4.1 所示。除了有关信用卡促销的信息，Acme 信用卡数据库还包含关于信用卡账单信息和订单的表。PROMOTION-C 表创建了两个一对多的关系，以解决客户和促销之间的一种多对多关系。因此，表 2.2 中显示的促销信息存储在数据库中的多个关系表中。下一节将介绍如何从图 4.1 的关系数据库中提取信息，以创建类似于表 2.2 的数据框结构。

4.2.1 R 与关系模型的接口

我们有多种方法可以将 R 与关系数据库连接起来。对于我们的示例，我们选择了 SQLite 作为数据库管理系统（DBMS），并使用 R 的 DBI 包作为数据库接口。选择 SQLite

是因为它具有高度的可移植性，易于安装和使用，提供了 SQL 引擎的功能，最重要的是它不需要服务器！此外，SQLite 可以使用命令行提示符或数据库浏览器访问。

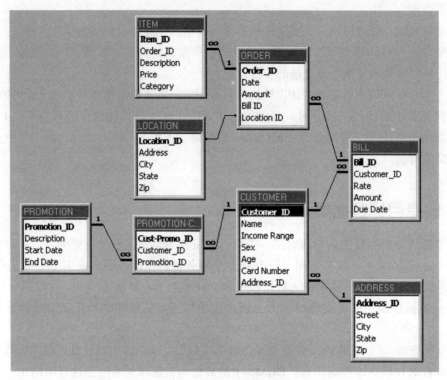

图 4.1　Acme 信用卡数据库

　　SQLite 官方网站的 URL 是 https://sqlite.org/index.html。单击 download，然后选择适当的下载链接。对于 Windows 用户，最好选择 Precompiled Binaries for Windows 下的 sqlite 工具链接。为了避免使用命令行界面，你可以下载 DB Browser（https://sqlitebrowser.org/dl/），它提供了一个适用于所有主流平台的良好界面。

　　我们使用 SQLite 创建了图 4.1 中显示的关系数据库的子集，该数据库名为 CreditCardPromotion.db。图 4.2 显示了在 DB Browser 中查看的数据库结构。脚本 4.1 提供了访问数据库的语句。在执行脚本之前，你必须访问 CRAN 仓库并安装两个接口包——RSQLite 和 DBI。让我们来看看脚本 4.1 中的语句。

脚本 4.1　从关系数据库中创建一个数据框

```
  library(RSQLite)# R interface to SQLite
> library(DBI)    # R database interface
> setwd("C:/Users/richa/desktop/sqlite")#Database is stored here

> dbCon <- dbConnect(SQLite(), dbname = "CreditCardPromotion.db")
> custab <- dbGetQuery(dbCon,"Select CustomerID,
+               IncomeRange,Gender,Age from Customer")
> custab

  CustomerID IncomeRange Gender Age
1          1      40-50K    Male  45
```

```
2           2        30-40K Female  40
3           3        40-50K Female  42

> ccpLife <- dbGetQuery(dbCon,
+       "Select Customer.CustomerID, IncomeRange,
+               Gender,Age, Status,Promotion_C.PromotionID
+       from    Customer, Promotion_C
+       where   PromotionID =10 and
+               Customer.CustomerID =Promotion_C.CustomerID
+               ")
> ccpLife

  CustomerID IncomeRange Gender Age Status PromotionID
1          1        40-50K   Male  45    Yes          10
2          2        30-40K Female  40    Yes          10
3          3        40-50K Female  42     No          10

> # Change column name from Status to LifeInsPromo
> colnames(ccpLife)[colnames(ccpLife)=="status"]<-"LifeInsPromo"
> ccpLife

  CustomerID IncomeRange Gender Age LifeInsPromo PromotionID
1          1        40-50K   Male  45          Yes          10
2          2        30-40K Female  40          Yes          10
3          3        40-50K Female  42           No          10

> dbDisconnect(dbCon)
```

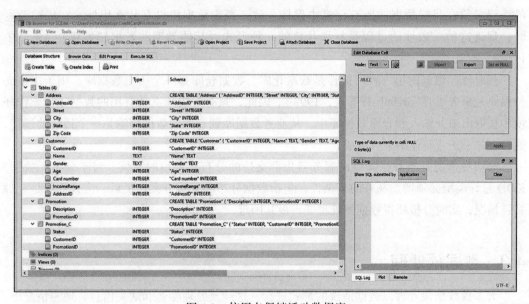

图 4.2　信用卡促销活动数据库

前两个语句加载了上面提到的安装库。修改 setwd 语句以匹配你数据库副本的位置。dbConnect 函数建立与数据库的连接。第一条 Select 语句从 Customer 表中获取信息。请注意，数据库中包含 3 位客户。

你可以通过在 DB Browser 上单击浏览数据，或者在控制台窗口中提交以下查询，来查看促销 ID 与促销名称的对应关系。

```
dbGetQuery(dbCon,"Select * from Promotion")

           Description PromotionID
1      Magazine Promotion          20
2         Watch Promotion          30
3 Life Insurance Promotion         10
```

　　将 `Promotion` 替换为 `Promotion_C`，以查看所有 3 位客户对这 3 个促销活动的反应。

　　我们更感兴趣的是下一个查询，因为其目的是创建表 2.2 中显示的 Life Insurance Promotion 列。为了实现这一目标，查询将 `Customer` 和 `Promotion_C` 表连接起来。连接创建一个新表，将 `Promotion_C` 中的 `Status` 和 `PromotionID` 列与 `Customer` 表中的信息合并在一起。最后，我们使用 `colnames` 函数将 `Status` 更改为 `LifeInsPromo`，以获得所需的结果。将杂志和手表促销添加到 `ccpLife` 留作练习。正如你所看到的，当数据存储在关系数据库中时，提取目标数据的任务可能会具有一定挑战性。

4.2.2　目标数据的其他来源

　　从多个数据库中提取数据也是可能的。如果目标数据来自多个源，数据传输过程可能会很烦琐。考虑一个简单的例子，其中一个业务数据库将客户性别存储为编码 male = 1，female = 2。第二个数据库将性别编码存储为 male = M 和 female = F。male 和 female 的编码必须在目标数据的所有记录中保持一致，否则数据将没有什么用处。在传输数据时，促进这种一致性的过程是数据转换的一种形式。其他类型的数据转换将在 4.4 节中讨论。

　　获取目标数据的第三种可能性是数据仓库。数据仓库是一个历史数据库，用于决策支持而不是事务处理（Kimball 等人，1998）。因此，只有对决策支持有用的数据才从操作环境中提取出来并输入到仓库数据库中。从业务数据库到仓库的数据传输是一个持续的过程，通常在每天正常营业结束后完成。

　　第四种情况是当数据需要由服务器集群支持的分布式环境的时候。对于分布式数据，KDD 过程模型必须增加额外的复杂性，包括数据分布和聚集方案。最后，流式数据是一种特殊情况，实时分析使得数据预处理变得极其困难。

4.3　数据预处理

　　大多数数据预处理以数据清洗的形式进行，这涉及处理噪音和缺失信息。理想情况下，大部分数据预处理应该在数据被永久存储在数据仓库等结构之前进行。

4.3.1　噪声数据

　　噪声表示属性值中的随机误差。在大规模的数据集中，噪声可以呈现多种形式。与噪声数据相关的常见问题包括以下内容：

　　❑　如何找到重复的记录？

❑ 如何定位不正确的属性值?

❑ 数据应该应用哪些数据平滑操作?

❑ 如何找到并处理异常值?

❑ 如何处理缺失的数据项?

4.3.1.1　重复记录

假设某个周刊有 10 万名订阅者,并且所有邮寄名单中有 0.1% 的记录在相同名字的变体下有错误的双重列表,这导致同一个人被列在名单中两次(例如,Jon Doe 和 John Doe)。因此,每周会处理和邮寄 100 份额外的出版物。以每份出版物 2.00 美元的处理和邮寄成本计算,该公司每年在不必要的成本上花费超过 10 000 美元。

4.3.1.2　属性值不正确

在大规模数据集中查找分类数据的错误是一个问题。大多数数据挖掘工具提供了分类属性频率值的摘要。我们应该将频率计数接近 0 的属性值视为错误。

例如,血压或体重等属性的数值为 0 是一个明显的错误。当数据缺失并且指定默认值来填充缺失项时,通常会出现此类错误。在某些情况下,可以通过检查类均值和标准差分数来发现这种错误。然而,如果数据集很大,并且只有少数不正确的值存在,那么查找这种错误可能会很困难。

4.3.1.3　数据平滑

数据平滑既是数据清洗的过程,也是数据转换的过程。有几种数据平滑技术旨在减少数值属性值的数量。一些分类器(如神经网络),在分类过程中执行数据平滑的函数。在分类过程中执行数据平滑时,称数据平滑为内部数据平滑。外部数据平滑发生在分类之前。舍入和计算均值是两种简单的外部数据平滑技术。当我们希望使用一个不支持数值数据的分类器,并且希望保留关于数值属性值的大致信息时,平均值平滑是合适的。在这种情况下,所有数值属性值都被相应的类平均值替换。

另一种常见的数据平滑技术试图在数据中找到非典型(异常值)实例。异常值通常代表数据中的错误,需要纠正或删除这些项目。例如,信用卡申请中申请人年龄为 −21 岁显然是错误的。在其他情况下,删除异常值可能会适得其反。例如,在信用卡欺诈检测中,异常值是我们最感兴趣的项。

无监督的异常值(或称离群点)检测方法通常假设普通实例会聚集在一起。如果数据中不存在明确的模式,无监督技术会将过多的普通实例标记为异常值。

4.3.2　使用 R 进行预处理

让我们使用 creditScreening.csv 数据集来演示一些使用 R 函数进行基本预处理技术的示例。这个数据集是一个可行的选择,因为它包含数值、分类和缺失的数据项。该数据集包括 690 名申请信用卡的个人信息。该数据有 15 个输入属性和 1 个输出属性,该输出属性表示单个信用卡申请是否被接受(+)或拒绝(−)。隐私问题阻碍了对输入属性的语义的了解。有关该数据集的更完整描述,请参见第 5 章的 5.4 节。对于前三个属性和类别属性,str 函数的输出如下所示。

```
> str(creditScreening)
'data.frame': 690 obs. of 16 variables:
 $ one    : Factor w/ 3 levels "?","a","b": 3 2 2 3 3 3 3 2 3 3
...
 $ two    : num 30.8 58.7 24.5 27.8 20.2 ...
 $ three  : num 0 4.46 0.5 1.54 5.62 ...
 $ class  : Factor w/ 2 levels "-","+": 2 2 2 2 2 2 2 2 2 2 ...
```

str 函数告诉我们该文件已作为数据框导入。另外，属性 one 列出了值为"？"的值，表示可能是未知的属性值。subset 函数可以给出 one 属性为"？"值的那些实例的行。以下是使用 subset 函数获得的前 4 个这样的实例。

```
subset(creditScreening, one=="?")

    one   two three four five six seven eight nine ten eleven twelve
218   ? 40.83 3.500    u    g   i    bb 0.500    f   f      0      f
237   ? 32.25 1.500    u    g   c     v 0.250    f   f      0      t
265   ? 28.17 0.585    u    g  aa     v 0.040    f   f      0      f
344   ? 29.75 0.665    u    g   w     v 0.250    f   f      0      t
......
```

summary 函数提供了关于分类和数值属性的缺失项的信息。以下是属性 one～属性 six 的摘要信息。

```
summary(creditScreening)

one         two             three          four        five         six
?: 12   Min.   :13.75   Min.   : 0.000   : 6       : 6      c      :137
a:210   1st Qu.:22.60   1st Qu.: 1.000   l: 2      g :519    q      : 78
b:468   Median :28.46   Median : 2.750   u:519    gg: 2      w      : 64
        Mean   :31.57   Mean   : 4.759   y:163    p :163     i      : 59
        3rd Qu.:38.23   3rd Qu.: 7.207                       aa     : 54
        Max.   :80.25   Max.   :28.000                       ff     : 53
        NA's   :12                                           (Other):245
```

上面的摘要信息告诉我们属性 two 包含 12 个 NA（缺失值）。我们也看到了属性 one 的"？"值。unique 函数列出了在一列数据中找到的唯一值。属性 six 可能没有什么预测价值，因为它有 16 个唯一值。

```
length(unique(creditScreening[,6]))
[1] 16
```

属性 nine、ten 和 twelve（未显示）可能更有用，因为它们代表了真值和假值的均匀分布。

4.3.3 检测异常值

图形方法通常用于异常值检测。图 4.3 显示了信用卡数据第 14 列的直方图。直方图显示，绝大多数值远低于 1000。然而，直方图清楚地显示了在 1700～2000 范围内有一组非常少的值。鉴于摘要中提到属性 fourteen 有 14 个缺失项，这些异常值很可能是数据中的错误。

还有一些用于异常值检测的函数。我们将在第 5 章中使用 car 包中提供的 outlierTest

函数进行研究。由于异常值检测运算符不考虑属性的重要性，因此运算符检测到的异常值可能没有用。当使用机器学习方法（如神经网络），并且这些方法没有将属性选择内置到建模过程中时，最好在尝试异常值检测之前，首先对数据应用属性选择技术。

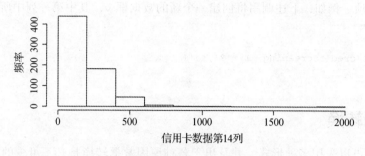

图 4.3　信用卡数据表第 14 列属性的直方图

4.3.4　缺失数据

插补（imputation）是一个通用术语，指用替代值替换所缺失的数据。在大多数情况下，缺失的属性值表示信息丢失。例如，年龄属性的缺失值肯定表示一个存在但未记录的数据项。然而，薪水属性的缺失值可能被视为未输入的数据项，但也可能表示一个失业的个体。一些机器学习技术能够直接处理缺失值。然而，许多方法要求所有属性都包含一个值。

在将数据呈现给学习算法之前，以下是处理缺失数据的可能选项。

- ❑ 丢弃具有缺失值的记录。当实例总数的一小部分包含缺失数据，并且我们可以确定缺失值确实代表丢失的信息时，这种方法最为合适。
- ❑ 对于实值数据，用类平均值替换缺失值。在大多数情况下，对于数值属性而言，这是一种合理的方法。诸如用零或一些任意大或小的值替换缺失的数值数据等选项通常是不明智的选择。
- ❑ 用其他高度相似实例中的值替换缺失的属性值。这种技术适用于分类或数值属性。

一些机器学习技术允许实例包含缺失值。以下是机器学习技术在学习过程中处理缺失数据的三种方式。

- ❑ 忽略缺失值。包括神经网络（见第 8 章）和贝叶斯分类器（见第 5 章）在内的一些机器学习算法采用这种方法。
- ❑ 将缺失值视为相等进行比较。这种方法在数据非常嘈杂的情况下很危险，因为不相似的实例可能看起来非常相似。
- ❑ 将缺失值视为不相等进行比较。这是一种悲观的方法，但可能是合适的。包含多个缺失值的两个相似实例将显得不同。

最后，一种基于知识的方法来解决信息缺失的问题，它使用监督学习来确定缺失数据的可能值。当缺失的属性是分类属性时，我们将具有缺失值的属性指定为输出属性。使用具有该属性已知值的实例来构建分类模型。然后，调用创建的模型对具有缺失值的实例进行分类。对于数值数据，我们可以使用回归技术或神经网络，并应用相同的策略。

位于 functions.zip 中的两个函数是专为本书编写的，旨在帮助检测和替换缺失项。当给定一个数据框时，removeNAS 会列出至少有一个 NA 的所有实例。它返回一个数据框，其中删除了所有缺失数值数据的实例。第二个函数 repVal，用指定的值替换数据框中给定列中的任意项。例如，下述调用将创建一个新的数据框 y，其中第一列中所有"？"值都被替换为"a"。

```
y<-repVal(creditScreening, 1, '?','a')
```

4.4 数据转换

数据转换可以采用多种形式，并且出于各种原因数据转换是必不可少的。我们在以下章节中介绍一些常见的数据转换。

4.4.1 数据归一化

常见的数据转换包括修改数值，使其落在指定范围内。像神经网络这样的分类器在将数据缩放到 0～1 的范围内时表现更好。标准化在基于距离的分类器中特别有吸引力，因为通过标准化属性值，具有较大取值范围的属性不太可能比初始范围较小的属性权重大。四种常见的标准化方法包括：

❑ 十进制缩放。十进制缩放将每个数值除以相同的 10 的幂。例如，如果我们知道一个属性的值在 –1000～1000，我们可以通过将每个值除以 1000 来将范围改变为 –1～1。

❑ 最小 – 最大归一化。当属性的最小值和最大值已知时，最小 – 最大归一化是一种合适的技术。其公式如下，

$$NewValue = \frac{originalValue - oldMin(NewMax - newMin) + newMin}{oldMax - oldMin}$$

其中 oldMax 和 oldMin 表示相关属性的原始最大值和最小值。NewMax 和 NewMin 指定了新的最大值和最小值。NewValue 表示原始值的转换。这种变换对于期望范围为 [0，1] 的神经网络特别有用。在这种情况下，公式简化为，

$$NewValue = \frac{originalValue - oldMin}{oldMax - oldMin}$$

❑ Z- 分数归一化。Z- 分数归一化通过从值中减去属性均值（μ）并除以属性标准差（σ）来将值转换为标准分数。具体如下，

$$newValue = \frac{originalValue - \mu}{\sigma}$$

当最大值和最小值未知时，这种技术特别有用。

❑ 对数归一化。一个数字 n 以 b 为底数的对数是对底数 b 计算某个指数，使 b 的该指数次幂等于数字 n。例如，数字 64 的底数为 2 的对数是 6，因为 $2^6 = 64$。用对数来替换这些值，可以在不损失信息的情况下缩放值的范围。

R 通用的 scale 函数将一列数字数据缩放到均值为 0，标准差为 1。执行以下语句，以清楚地了解 scale 函数如何标准化 ccpromo$Age。

```
my.sc <- scale(ccpromo$Age)
str(my.sc)
my.sc <- data.frame(col1=my.sc)
str(my.sc)
my.sc<-as.numeric(my.sc$col1)
my.sc
sd(my.sc)
mean(my.sc)
```

4.4.2　数据类型转换

许多机器学习工具（包括神经网络和一些统计方法）都不能处理分类数据。因此，将分类数据转换为等效的数字是常见的数据转换操作。

4.4.3　属性和实例选择

诸如决策树等具有内置属性选择的分类器，不太容易受到包含低预测值属性数据集的影响。不幸的是，许多机器学习算法（如神经网络和最近邻分类器）无法区分相关属性和不相关属性。这是一个问题，因为这些算法在处理包含大量与类别预测无关的属性的数据时，通常表现不佳。此外，研究表明，用于构建准确的监督模型所需的训练实例数量直接受到数据中不相关属性的数量影响。为了克服这些问题，我们必须在模型构建时决定使用哪些属性和实例。以下是帮助我们进行属性选择的一个可能的算法：

1. 针对给定的 N 个属性，生成所有可能的属性组合的集合 S。
2. 从集合 S 中移除第一个属性组合，并使用这些属性生成一个机器学习模型 M。
3. 测量模型 M 的优度。
4. 直到 S 为空
   a. 从 S 中移除下一个属性组合，并使用 S 中的下一个属性组合构建一个模型。
   b. 比较新模型和保存的模型 M 的优度。将更好的模型称为 M，并将该模型保存为最佳模型。
5. 模型 M 是首选模型。

这个算法一定会给一个最好的结果。该算法的问题在于其复杂性。如果我们总共有 n 个属性，那么属性组合的总数是 2^n-1。对于包含多个属性的任何数据集，生成和测试所有可能的模型是不可能的。让我们探讨一些可以应用的技术。

4.4.3.1　包装和过滤技术

属性选择方法通常分为过滤和包装技术。过滤方法根据某种质量度量来选择属性，而与用于构建最终模型的算法无关。而包装技术中，属性的优度是在用于构建最终模型的学习算法的上下文中度量的。也就是说，算法被包装到属性选择过程中。在接下来的章节中，你将看到这两种方法的多个示例。

4.4.3.2　更多的属性选择技术

除了应用包装和过滤技术之外，还可以采取其他几个步骤来帮助确定哪些属性应该排除在考虑范围之外：

1. 高度相关的输入属性是冗余的。当一组高度相关的属性中只有一个属性被指定为输入值时，大多数机器学习工具会构建更好的模型。检测相关属性的方法包括图形技术以及定量度量。

2. 主成分分析是一种统计技术，它通过用一小组的人工值替换原始属性来寻找并消除数据中可能存在的相关冗余。

3. 自组织映射或 SOM 是一种使用无监督学习训练的神经网络，可用于属性约简，SOM 将在第 8 章中进行描述。

4.4.3.3　创建属性

预测能力较低的属性有时可以与其他属性结合，以形成具有高度预测能力的新属性。举例来说，考虑一个由股票数据组成的数据库。可考虑的属性包括当前股价、12 个月价格范围、增长率、盈利、市值、公司部门等。价格和盈利这两个属性在确定未来目标价格方面具有一定的预测价值。然而，价格与盈利之比（P/E 比率）被认为更有用。第二个创建的、很可能有效预测未来股价的属性是股票的 P/E 比率除以公司的增长率。以下是常用于创建新属性的一些常见转换方法：

❑ 创建一个新属性，其中每个值表示一个属性的值除以另一个属性值的比率。

❑ 创建一个新属性，其值是两个现有属性值之间的差异。

❑ 创建一个新属性，其值计算为两个当前属性的增加百分比或减少百分比。给定两个值 v_1 和 v_2，其中 $v_1 < v_2$，v_2 相对于 v_1 的增加百分比计算如下：

$$\text{PercentIncrease}(v_2, v_1) = \frac{v_2 - v_1}{v_1}$$

如果 $v_1 > v_2$，则我们从 v_1 中减去 v_2 并除以 v_1，得到 v_2 相对于 v_1 的减少百分比。

表示差异和增加或减少百分比的新属性在时间序列分析中特别有用。时间序列分析模拟了一段时间内行为的变化。因此，通过计算一个时间间隔与下一个时间间隔之间的差异而创建的属性具有重要意义。

4.4.4　创建训练集和测试集数据

一旦我们对数据进行了预处理和转换，模型构建之前的最后一步就是选择训练数据和测试数据。监督学习的一个常见场景是从随机化数据开始，然后选择 2/3 的数据用于模型构建，剩下的 1/3 用于测试。下面使用 creditScreening 数据来说明这一过程。让我们看一下每个语句的含义。

```
> set.seed(1000)
> # Randomize and split the data for 2/3 training, 1/3 testing
> credit.data <- creditScreening
> index <- sample(1:nrow(credit.data), 2/3*nrow(credit.data))
> credit.train <- credit.data[index,]
> credit.test <-  credit.data[-index,]
```

set.seed 函数为伪随机数生成器生成一个初始起点。每次使用相同的种子使我们的实验具有可重复性。接下来，为实验制作 creditScreening 数据框的副本。sample 函数有两个参数。第一个参数是数据框中的总行数，本例中为 690 行。第二个参数指定了样本的大小。在本例中，index 将包含一个列表，该列表包含 460 个 1~690 的随机正整数值。

语句 credit.data[index,] 将由 index 指定的所有行号的实例复制到 credit.train 中。最后，credit.data[-index,] 指定 credit.test 接收剩余 1/3 实例的副本。如果需要数据标准化，那么在抽样之前会使用 scale 函数。

我们提供了一种将数据随机化以及分割训练和测试数据的方法，但实现相同结果的技术数不胜数。下一节将概述在数据不足时的训练——测试场景的替代方法。

4.4.5　交叉验证和自助法

如果没有充足的测试数据可用，我们可以应用一种称为交叉验证的技术。使用这种方法，所有可用的数据被划分成 n 个固定大小的单元。其中 $n-1$ 个单元用于训练，而第 n 个单元是测试集。重复这个过程，直到每个固定大小的单元都被用作测试数据。模型测试集的正确性是根据 n 次训练 – 测试实验中获得的平均准确性来计算的。实验结果表明，在大多数情况下，n 的值为 10 时效果最好。数据的多次交叉验证可以帮助确保在训练和测试数据集中类别的分布均匀。

自助法是交叉验证的一种替代方法。使用自助法，我们允许训练集的选择过程可以多次选择同一个训练实例。这是通过在选定用于训练的训练实例后，将其放回数据池中来实现的。可以通过数学方法证明，如果使用自助法对包含 n 个实例的数据集进行 n 次采样，训练集将包含大约 2/3 的 n 个实例，这将留下 1/3 的实例用于测试。

4.4.6　大规模数据

传统的机器学习算法通常假设整个数据集都存储在内存中，但如今的数据集往往太大，无法满足这个要求。解决这个问题的一种可能方法是在不断从辅助存储设备中检索剩余数据的同时，处理尽可能多的数据。显然，考虑到辅助存储数据检索的低效率，这种解决方案并不合理。另一种可能是使用分布式环境，其中数据可以分配给多个处理器。当这不可行时，我们必须将可行的算法选择限制在具有可伸缩性的算法上。

如果一个算法在给定固定内存量的情况下，其运行时间与数据集中的记录数量呈线性增长，那么就称这个算法是可伸缩的。实现可伸缩性的最简单方法是采样。通过这种技术，可以使用能够在内存中高效处理的数据子集来构建和测试模型。这种方法在监督学习和无监督聚类中效果很好，前提是数据包含极少的异常值。然而，很难将这种方法视为处理大规模数据的一般性方法。

一些传统算法，如朴素贝叶斯分类器（见第 5 章）具有可伸缩性。Cobweb 和 Classit（见第 11 章）是两种可伸缩的无监督聚类技术，因为数据是逐步处理和丢弃的。

4.5　本章小结

知识发现可以建模为一个 7 个步骤的过程，包括目标识别、创建目标数据集、数据预处理、数据转换、数据挖掘、解释和评估，以及采取行动。明确说明要实现的目标是成功进行知识发现的良好起点。创建目标数据集通常涉及从数据仓库、事务性数据库或分布式环境中提取数据。事务性数据库不存储冗余数据，因为它们被建模为快速更新和检索信息。因此，在应用数据挖掘之前，必须修改事务性数据库中的数据结构。

在使用机器学习工具之前，收集的数据需要经过预处理以去除噪声。缺失数据尤其令人担忧，因为许多算法无法处理缺失项。除了数据预处理之外，还可以在模型构建之前应用数据转换技术。数据转换方法（如数据标准化和属性创建或消除）通常是为了获得最佳结果所必需的。

4.6 关键术语

- ❑ 属性过滤。属性过滤方法基于某种质量度量来选择属性，与将用于构建最终模型的算法无关。
- ❑ 自助法。允许实例在训练集中出现多次。
- ❑ 交叉验证。将数据集分成 n 个固定大小的单元，其中 $n-1$ 个单元用于训练，第 n 个单元用作测试集。重复这个过程，直到每个固定大小的单元都被用作测试数据。模型测试集的正确性是根据 n 次训练 – 测试实验中获得的平均准确性来计算的。
- ❑ 数据标准化。一种数据转换，其中数值被修改为在指定范围内。
- ❑ 数据预处理。KDD 过程中处理噪声和缺失数据的步骤。
- ❑ 数据转换。KDD 过程中处理数据标准化和转换，以及添加或消除属性的步骤。
- ❑ 十进制缩放。一种用于数值属性的数据转换技术，其中每个值都除以 10 的相同的幂。
- ❑ 对数标准化。一种用于数值属性的数据转换方法，其中每个数值都被以 b 为底的对数替换。
- ❑ 最小 – 最大归一化。一种数据转换方法，用于转换一组数值属性值，使它们落在指定的数值范围内。
- ❑ 噪声。数据中的随机误差。
- ❑ 异常值。按某种度量方式明显偏离其他实例的实例。
- ❑ 关系数据库。数据表示为包含行和列的表的集合的数据库。表的每一列称为一个属性，表的每一行存储关于一条数据记录的信息。
- ❑ 时间序列分析。对一段时间内行为变化进行建模的技术。
- ❑ 元组。关系数据库中表的一个单独行。
- ❑ 包装技术。一种属性选择方法，根据用于构建最终模型的学习算法的上下文来评估属性的优劣。
- ❑ Z- 分数标准化。一种用于数值属性的数据标准化技术，其中每个数值都被其与均值的标准差所替代。

练习题

复习题

1. 区分下列术语：

　　　a. 数据清洗和数据转换

　　　b. 内部和外部数据平滑

　　　c. 十进制缩放和 Z- 分数标准化

　　　d. 基于过滤和包装技术的属性选择方法

2. 在 4.4 节中，你了解了机器学习算法在学习过程中处理缺失数据的基本方法。确定哪种技术最适合下列问题，并解释每个选择。

　　　a. 设计用于接受或拒绝信用卡申请的模型。

　　　b. 用于确定谁应该收到邮寄的促销传单的模型。

　　　c. 用于确定那些可能发展为结肠癌的个体的模型。

　　　d. 决定是否在某个地区开展石油钻探的模型。

　　　e. 用于批准或拒绝申请住房再融资的候选人的模型。

R 实验项目

1. 考虑脚本 4.1，复制该脚本并在新脚本中添加两个 SQL 选择子句，为杂志促销和手表促销分别创建 yes 和 no 响应列。使用 cbind 将每列添加到 ccpLife 中。此外，请确保从最终表中删除 PromotionID 列。你的最终输出将显示一个带有以下标题的表：CustomerID、IncomeRange、Gender、Age、LifeInsPromo、MagazinePromo 和 WatchPromo。

计算题

1. 为表 2.2 中的年龄属性设置一个最小 – 最大归一化的通用公式。对数据进行转换，使新的最小值为 0，新的最大值为 1。应用公式来确定年龄 =35 的转换值。

2. 回答以下关于增加百分比和减少百分比的问题。

　　　a. 某只股票的价格从 25.00 美元上涨到 40.00 美元。计算股价的增加百分比。

　　　b. 股票的原始价格为 40.00 美元，股价下降了 50%。当前股价是多少？

3. 你需要对当前值范围在 2300～10000 的某个数值属性应用基数为 2 的对数归一化。一旦归一化完成，该属性的新值范围是多少？

4. 对表 2.2 中属性年龄的值应用基数为 10 的对数归一化。使用表格列出原始值以及转换后的值。

相关安装包和函数总结

　　与本章内容相关的安装包和函数如表 4.1 所示。

表 4.1　已安装的包和函数

包名称	函数
base / stats	abs、c、cat、cbind、colnames、data.frame、factor、length、library、ncol、nrow、return、round、sample、scale、set.seed、setwd、str、subset、summary、table、unique
car	outlierTest
DBI & RSQLite	dbConnect、dbDisconnect、dbGetQuery

第 5 章

监督统计技术

本章内容包括:

❑ 线性回归。

❑ 逻辑回归。

❑ 朴素贝叶斯分类器。

❑ 模型评估。

数学和统计学为机器学习领域奠定了许多基础。因此,讨论机器学习技术的一个良好的起点是对监督统计方法的学习。这些方法被称为统计方法,因为它们对数据做出了某些假设。如果违反这些假设,对结果进行的显著性检验可能不准确。在这些技术中,输入属性通常被称为独立变量或特征,而输出属性被描述为响应变量或因变量。

在 5.1 节中,我们从简单的线性回归开始,其中单个输入属性确定了一个数值结果。5.2 节的重点是多元线性回归,其中多个输入属性确定了一个数值结果。在 5.3 节中,我们讨论逻辑回归以及如何应用它为具有二元结果的数据集构建监督学习模型。在 5.4 节中,你将了解贝叶斯分类器如何为分类和实值输入数据构建监督模型。让我们开始吧!

5.1 简单线性回归

统计回归是一种监督技术,通过创建一个数学方程将一个或多个输入属性与单一输出属性相关联,来对一组数值数据进行概括。在线性回归中,我们试图将因变量的变化建模为一个或多个自变量的线性组合。线性回归方程的形式如下:

$$f(x_1, x_2, x_3, \cdots, x_n) = a_1 x_1 + a_2 x_2 + a_3 x_3 + \cdots + a_n x_n + c \tag{5.1}$$

其中 x_1, x_2, x_3, $\cdots$, x_n 是自变量, a_1, a_2, a_3, $\cdots$, a_n 和 c 是常数。$f(x_1, x_2, x_3, \cdots, x_n)$ 代表因变量,通常简单地表示为 y。一般来说,线性回归在统计学家中很受欢迎,当因变量与自变量之间的关系接近线性时,它通常效果很好。

最简单的线性回归方程只允许一个自变量作为因变量的预测变量,这种类型的回归被恰当地命名为简单线性回归。回归方程以斜率 – 截距形式表示,具体而言,

$$y = ax + b \tag{5.2}$$

其中 x 是自变量，y 取决于 x。常数 a 和 b 是通过将统计标准应用于 x 和 y 的已知值的数据集的监督学习来计算的。式（5.2）的图形是斜率为 a、截距为 b 的直线。

用于计算 a 和 b 的常用统计度量是最小二乘准则。最小二乘准则使实际输出值和预测输出值之间的平方差之和最小化。通过最小二乘法推导 a 和 b 需要了解微积分的知识。因此，我们仅简单陈述计算 a 和 b 的公式。对于总共 n 个实例，我们有：

$$b = \frac{\Sigma xy}{\Sigma x^2} \qquad a = \frac{\Sigma y}{\Sigma n} - \frac{b \Sigma y}{n} \tag{5.3}$$

掌握了这些基础知识后，让我们使用"伽马射线暴数据集"中的部分数据来创建一个回归模型。该数据集很有趣，因为伽马射线暴是宇宙中最强大的奇异事件，并且对于数据中存在的星团数量存在相当大的争议（Mukherjee 等人，1998）。我们的示例旨在说明简单线性回归。因此，必须将实验限制在数据中的七个属性中的两个。让我们来检验两个爆发长度测量值 t90 和 t50 之间的线性关系程度。

伽马射线暴数据集

伽马射线暴是源自太阳系外部的瞬时伽马射线闪光，已经记录了 1000 多起这样的事件。该数据集中的伽马射线暴数据来自 BATSE 4B 目录。1991 年 4 月至 1993 年 3 月，美国宇航局康普顿伽马射线天文台上的爆发和瞬态源实验（BATSE）观测到了 BATSE 4B 目录中的射线暴。尽管已经测量了这些射线暴的许多属性，但数据集仅限于七个属性。属性 burst 给出指定的射线暴编号。所有其他属性都通过应用对数归一化进行了预处理。归一化后的属性 t90 和 t50 用于测量射线暴的持续时间（射线暴长度），p256 和 fluence 用于测量射线暴的亮度，hr321 和 hr32 用于测量射线暴的硬度。

这个数据集很有趣，因为它允许天文学家开发和测试有关伽马射线暴性质的各种假设。这样，天文学家有机会更多地了解宇宙的结构。此外，原始伽马射线暴数据必须经过多次预处理和转换，才能开发一组重要的属性。该数据集清楚地展示了数据预处理和数据转换的重要性。这些数据是严格的实值数据，并以 Grb4u.csv 的名称列出。如果你想了解更多关于 BATSE 项目的信息，请访问 https://gammaray.sstc.nasa.gov/batse/instrument/batse.html。

将数据集 Grb4u.csv 导入 RStudio 编辑器中，并将脚本 5.1（两者都是本书补充材料的一部分）加载到 RStudio 编辑器中。该脚本包含使用 t90 作为响应变量和 t50 作为唯一输入变量来执行简单线性回归的代码。下面给出了脚本 5.1 的编辑版本——为了节省空间，删除了一些文本。我们的目标是研究这两个伽马射线暴长度测量之间的关系。你可以通过在控制台中键入 ctrl+enter 或使用编辑器的运行图标来逐行执行脚本。

脚本 5.1　简单线性回归

```
> round(head(Grb4u),3)
  burst   p256     fl hr32 hr321  t50   t90
1  1700  0.006 -5.705 0.514 0.280 0.730 1.376
2  4939  0.119 -5.580 0.469 0.219 0.850 1.302
3   606  0.022 -5.504 0.431 0.195 0.933 1.317

> grb <- Grb4u[c(6,7)]
```

```
> summary(grb)

     t50                t90
 Min.   :-1.9208    Min.   :-1.6198
 Max.   : 2.6830    Max.   : 2.8285

> # Correlation(pearson)
> round(cor(grb$t90,grb$t50),3)
[1] 0.975

> # Create the regression model and Plot the data
> my.slr <- lm(t90 ~ t50, data =grb)

> plot(grb$t50,grb$t90,xlab="t50",
+        ylab="t90",main="Gamma-ray burst data t50 by t90")

> abline(my.slr) #Adds a line of best model fit

> summary(my.slr) # Analyze the results

Call:
lm(formula = t90 ~ t50, data = grb)
Residuals:
     Min       1Q   Median       3Q      Max
-0.44602 -0.13785 -0.02365  0.09597  1.45865

Coefficients:
            Estimate Std. Error t value Pr(>|t|)
(Intercept) 0.428164   0.007155   59.84   <2e-16 ***
grb$t50     0.985041   0.006603  149.18   <2e-16 ***
---
Signif. codes:  0 '***' 0.001 '**' 0.01 '*' 0.05 '.' 0.1 ' ' 1

Residual standard error: 0.2134 on 1177 degrees of freedom
Multiple R-squared:  0.9498,   Adjusted R-squared:  0.9497
F-statistic: 2.226e+04 on 1 and 1177 DF,  p-value: < 2.2e-16

> head(round(fitted(my.slr),3))
    1     2     3     4     5     6
1.148 1.265 1.347 1.282 1.505 1.351

> head(round(residuals(my.slr),3))
     1      2      3      4      5      6
 0.228  0.037 -0.031  0.058 -0.017 -0.013
```

　　脚本中的第一行可执行代码用于打印数据集中的前 6 个实例。round 函数用于限制小数点后的位数。通过从原始数据中提取 t50 和 t90 来创建变量 grb。summary 函数显示了 t90 和 t50 的范围。cor 函数返回一个大于 0.95 的值，告诉我们 t50 和 t90 高度相关。这强烈暗示了 t90 和 t50 之间的关系是线性的。

　　用于获得线性回归模型的 R 函数是 lm()。对于我们的示例，有：

```
> my.slr <- lm(t90 ~ t50, data =grb)
```

对象 my.slr 存储了有关已创建模型的信息。括号内的语句分为两部分。最左边的部分是回归公式，其中波浪号跟在输出属性 t90 后面。接下来是输入属性的列表，在我们的例子中是 t50。逗号后面跟着数据集的名称。这个方程存在几种等价的括号形式。值得注意的两个方面包括：

❏ (grb$t90 ~ grb$t50, data = grb)

❏ (t90 ~ ., data= grb)

在第一个示例中，我们看到变量 t90 以文件名为前缀。在这里，不需要指定数据集的名称，因为数据集引用通过 data=grb 解决。在第二个示例中，采用了句号和逗号的格式，没有属性引用，这意味着将使用所有输入属性。

输入属性之间使用 + 号表示要使用的所有可用属性的子集。例如，

```
(t90 ~ t50 + fl + hr32, data = Grb4u)
```

声明 t50、fl 和 hr32 将用于创建多元线性回归模型。这个格式一开始可能看起来有点晦涩，但你会逐渐习惯的！

有关 lm 的其他信息可以通过 help(lm) 或键入 ?lm 来访问。

plot 和 abline 函数生成了图 5.1 中所示的图形。该图清楚地显示了 t50 和 t90 之间的线性关系。在绘图语句中，可以通过使用 attach 函数来避免使用 grb$。

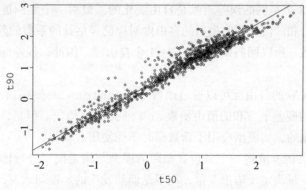

图 5.1 伽马射线暴数据 t50 与 t90

summary 函数的部分输出是以概率和显著性水平形式给出的，这些主题将在第 9 章中详细介绍。以下是对基本统计概念的简要概述，以便更好地理解输出。

显著性水平是一个概率，是我们愿意拒绝的实验结果纯粹是偶然的概率。显著性水平也可以定义为错误地拒绝纯粹偶然事件的概率。显著性水平通常用字母 p 表示，由研究者在实验开始前选择。p 的常见选择是 $p \leqslant 0.05$ 或 $p \leqslant 0.01$。例如，假设我们将两种不同的机器学习模型（A 和 B）应用于一个测试数据集，以确定哪个模型是更好的选择。我们决定使用 $p \leqslant 0.05$ 作为显著性水平。假设我们的实验结果显示模型 B 的性能优于模型 A，且 $p = 0.03$。根据这个结果，我们可以有 95% 的信心认为 A 是一个更好的模型选择。或者，如果选择 $p \leqslant 0.01$ 作为显著性水平，我们的结论将是两个模型之间的性能没有显著差异。通常用于计算显著性水平的两个常用的定量度量是 t 统计量和 F 统计量，这两种度量都将在第 9 章中讨论。

summary(my.slr) 提供了几个有趣的项。首先，我们看到了对 lm 的调用。接下来，我们有关于残差的信息。残差代表误差，计算为实际输出与计算输出之间的差值。

系数表给出了指定的回归方程所需的信息。具体而言，

$$t90 = 0.985 \times t50 + 0.428$$

t 值后面的数值是由估计值除以标准误差得出的 t 分数。Pr(>|t|) 是显著性水平，它表示我们可以确定被测试系数的 t 值是否与零显著不同。正如你所见，t50 的截距的和系数不为零的确定性介于 99% 和 100% 之间。

多重 R- 平方（0.9498）可以被看作 t90 的实际值和预测值之间的相关性。因此，它衡量了可以由输入变量解释的响应变量的变化量。调整后的 R- 平方通过考虑实例的数量和正在使用的变量数量来对多重 R- 平方值进行标准化。接近 1 的 R- 平方值表示回归方程非常符合输出数据。

残差标准误差（显示为 0.21）是预测输出值的平均误差。它的计算方法是所有残差的平方和除以自由度后的平方根。自由度被定义为在统计计算中可以自由变化的值的数量。举例来说，如果三个整数的和为 24，那么可以自由选择其中两个整数的任何值。然而，为了满足求和条件，第三个选择必须是一个整数，并且当与前两个选项之和相加时，结果为 24。因此，计算有两个自由度。

对于我们的示例，残差标准误差的自由度必须考虑到残差的平方和与回归模型。对于残差的平方和，1178 个实例的误差贡献是自由变化的。最后一个实例被限制在必须给出所有平方误差的正确总和的值。回归模型的自由度对应已经估计的系数的数量减去 1。包括截距在内，有两个系数，所以回归模型有 2−1＝1 个自由度。因此，残差标准误差的自由度是 1178−1＝1177。

与特定模型相关联的自由度可以通过函数 `df.residual(model)` 获得。此外，用于计算残差标准误差的残差平方和的值由函数 `aov(model)` 给出。但是，需要注意的是，这些函数是依赖于数据的，当模型应用于新数据时不能使用。

与 F 统计量相关的 p 值将一个只包含截距的模型与指定模型进行比较，并告诉我们是否至少有一个输入变量决定了输出变量，而不是偶然发生的。换句话说，p 值是仅仅通过随机误差获得的、与所计算的 F 统计量至少一样极端的结果的概率。2.2e−16 的 p 值几乎消除了随机误差事件的可能性。

另外两个有趣的函数是 `fitted` 函数和 `residuals` 函数，`fitted` 函数打印出 t90 的计算值，`residuals` 函数显示实际 t90 值与计算值之间的误差。脚本 5.1 中给出了前 6 个实例的这些函数的输出。

所有这些结果强烈表明我们的回归方程密切地模拟了 t90。这并不令人意外，因为 t50 是伽马射线暴距离的第二个测量值。然而，我们必须记住，这些统计数据是基于用于构建模型的数据的。我们没有关于方程在面对未知数据时的性能的信息。简单线性回归既容易理解又容易应用。然而，它只允许一个自变量，使得该技术在大多数机器学习应用中的使用有限。让我们通过多元线性回归来拓宽视野吧！

5.2 多元线性回归

最小二乘准则也用于创建包含两个以上变量的线性回归方程。将式（5.1）写成如下形式：

$$y = \sum a_i x_i + c \tag{5.4}$$

其中 i 从 1 变化到 n，回归算法确定 c 和 a_i 的值，以便最小化所有实例的实际值（y_i）和预测值（$\hat{y}_i$）之间的差（e_i）平方之和。目标是最小化公式（5.5）：

$$\sum(y_i - \hat{y}_i)^2 = \sum(e_i)^2 \qquad (5.5)$$

让我们继续使用多元线性回归的示例来研究伽马射线暴数据。我们的目标是开发一个能够使用爆发亮度和硬度作为输入特征来确定 $t90$ 的回归模型。

5.2.1 多元线性回归：一个示例

脚本 5.2 列出了我们使用多元线性回归示例的过程。第一条语句加载了 car 包，该包可以在 CRAN 存储库中获得，因为它包含 scatterplotMatrix 函数，该函数允许我们以图形方式检查变量对之间的散点图关系。接下来，我们使用 head 函数来提醒属性名。cor 函数显示了 p256 与 fl、hr321 与 hr32 以及 t50 与 t90 之间的高度相关性。我们将删除每对特征中的一个，包括 t50，因为脚本 5.1 表明 t50 是 t90 的可行替代品。

脚本 5.2　多元线性回归：伽马射线暴数据集

```
> library(car)

> # PREPROCESSING

> round(head(Grb4u,2),3)

burst    p256       fl  hr32 hr321   t50    t90
1  1700   0.006  -5.705 0.514 0.280 0.730  1.376
2  4939   0.119  -5.580 0.469 0.219 0.850  1.302

> round(cor(Grb4u),3)
          p256      fl   hr32  hr321    t50    t90
p256     1.000   0.602  0.170  0.181  0.013  0.073
fl       0.602   1.000 -0.030 -0.042  0.643  0.683
hr32     0.170  -0.030  1.000  0.959 -0.387 -0.391
hr321    0.181  -0.042  0.959  1.000 -0.407 -0.411
t50      0.013   0.643 -0.387 -0.407  1.000  0.975
t90      0.073   0.683 -0.391 -0.411  0.975  1.000

> grb.data <- Grb4u[c(3,4,7)]

> # PLOT THE DATA
> scatterplotMatrix(my.data,main="gamma-ray burst data")
> densityPlot(grb$t90)

> # BUILD THE MODEL

> grb.mlr <- lm(t90 ~ ., data = grb.data)

> #ANALYZE THE RESULTS
> summary(grb.mlr)

Call:
lm(formula = t90 ~ ., data = grb.data)

Residuals:
    Min      1Q  Median      3Q     Max
```

```
-4.2490 -0.3634  0.0061  0.3716  2.1796

Coefficients:
            Estimate Std. Error t value Pr(>|t|)
(Intercept)  6.20572    0.13105   47.35   <2e-16 ***
fl           0.83185    0.02275   36.57   <2e-16 ***
hr32        -1.18955    0.05896  -20.17   <2e-16 ***
---
Signif. codes:  0 '***' 0.001 '**' 0.01 '*' 0.05 '.' 0.1 ' ' 1

Residual standard error: 0.5997 on 1176 degrees of freedom
Multiple R-squared:  0.6035,  Adjusted R-squared:  0.6028
F-statistic:   895 on 2 and 1176 DF, p-value: < 2.2e-16

> anova(grb.mlr)
Analysis of Variance Table

Response: t90
            Df Sum Sq Mean Sq F value    Pr(>F)
fl           1 497.36  497.36 1382.99 < 2.2e-16 ***
hr32         1 146.36  146.36  406.99 < 2.2e-16 ***
Residuals 1176 422.92    0.36
---
Signif. codes:  0 '***' 0.001 '**' 0.01 '*' 0.05 '.' 0.1 ' ' 1
```

图 5.2 显示了散点图矩阵，其中我们看到了每一对变量的散点图。右上角的散点图呈现了爆发亮度（fl）和 t90 之间强烈的线性关系，这由相关表中的值 0.683 所验证。该图还清楚地显示了爆发长度和爆发硬度之间的负相关关系。

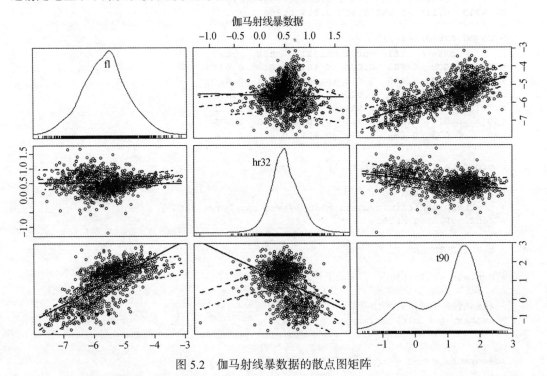

图 5.2　伽马射线暴数据的散点图矩阵

矩阵的主对角线显示了每个变量的密度图。我们可以使用 densityPlot 函数打印单个变量的密度图。图 5.3 显示了将 `densityPlot` 函数应用于 `t90` 的结果。我们可以看到，大多数爆发事件的日志长度（持续时间）在 1～2 秒。

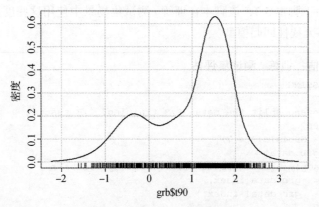

图 5.3　变量 `t90` 的密度图

`summary` 函数告诉我们所有三个系数都与零显著不同。0.6035 的 R- 平方值以及显著的 F 统计量表明，我们的模型测量了响应变量中大约 60% 的变化。最后，我们使用 `anova` 函数来更好地理解每个输入属性的相关性。简单地说，相关的 F 值越大，该变量对模型误差的减少贡献就越大。你可以看到，F 值表明两个变量都显著降低了模型误差，其中 fluence 对误差的减少贡献最大。

再次强调，我们所有的分析都基于用于构建模型的数据。我们不知道回归方程在面对未知数据时的性能如何。现在是时候对我们的回归模型进行真正的测试了！首先，以下是三个额外的定量指标，用于评估模型性能。

5.2.2　评估数值输出

我们已经了解了几种有用的统计方法，用于评估线性回归方程与数据的拟合程度。用于评估具有数值输出的模型的另外三个统计信息是均方误差、均方根误差和平均绝对误差。这些度量对于评估模型在面对测试数据时的性能表现特别有用。

均方误差（MSE）是实际输出值和计算输出值之间平方差的平均值，如式（5.6）所示：

$$\text{MSE} = \frac{(a_1 - c_1)^2 + (a_2 - c_2)^2 + \cdots + (a_i - c_i)^2 + \cdots + (a_n - c_n)^2}{n} \tag{5.6}$$

其中，对于第 i 个实例，a_i = 实际输出值，c_i = 计算输出值。

均方根误差（RMS）就是均方误差的平方根。通过应用平方根，将 MSE 的维度降低到实际误差计算的维度。对于小于 1.0 的值，RMS > MSE。

你可能已经注意到，式（5.6）中的分子项是用于计算残差标准误差（RSE）的残差平方和的值。RMS 和 RSE 计算的差异在于除数。对于 RMS，除法是通过除以总实例数来计算的，而 RSE 是通过除以自由度来计算的。RSE 是更严格的统计量，因为 RSE > RMS。

平均绝对误差（MAE）是指实际输出值和计算输出值之间的平均绝对差值。MAE 的一个优点是它不太受实际输出和计算输出之间的大偏差的影响。此外，MAE 保持了误差值的维度。式（5.7）将该定义进行了形式化。

$$\mathrm{MAE} = \frac{|a_1 - c_1| + |a_2 - c_2| + \cdots + |a_n - c_n|}{n} \tag{5.7}$$

让我们来看一下脚本5.3，该脚本在训练／测试集场景中使用这些度量来评估一个旨在确定爆发长度的多元线性回归模型。

脚本5.3 评估：训练／测试集评估

```
> # PREPROCESSING

> # Randomize and split the data: 2/3 training, 1/3 testing
> set.seed(100)
> grb.data <- Grb4u[c(3,4,7)]
> # summary(grb.data)
> index <- sample(1:nrow(grb.data), 2/3*nrow(grb.data))
> grb.train <- grb.data[index,]
> grb.test <-  grb.data[-index,]

> # CREATE THE REGRESSION MODEL
> grb.mlr <- lm(t90 ~ ., data = grb.train)

> #Analyze the results
> summary(grb.mlr)

Call:
lm(formula = t90 ~ ., data = grb.train)

Residuals:
    Min      1Q  Median      3Q     Max
-4.1770 -0.3926  0.0050  0.4057  2.1570

Coefficients:
            Estimate Std. Error t value Pr(>|t|)
(Intercept)  6.05299    0.16795   36.04   <2e-16 ***
fl           0.80970    0.02909   27.84   <2e-16 ***
hr32        -1.15527    0.07492  -15.42   <2e-16 ***
---
Signif. codes: 0 '***' 0.001 '**' 0.01 '*' 0.05 '.' 0.1 ' ' 1

Residual standard error: 0.6185 on 783 degrees of freedom
Multiple R-squared: 0.5661,  Adjusted R-squared: 0.565
F-statistic: 510.8 on 2 and 783 DF, p-value: < 2.2e-16

> # TEST THE MODEL
> output <- mmr.stats(grb.mlr,grb.test,grb.test$t90)

[1] "Mean Absolute Error ="
[1] 0.4408
[1] "Mean Squared Error ="
[1] 0.3156
[1] "Root Mean Squared Error="
[1] 0.5618
[1] "Residual standard error="
[1] 0.5646

> head(output)
  actual predicted abs.error sqr.error
3 1.3167    1.0983    0.2184    0.0477
5 1.4879    0.8288    0.6591    0.4344
```

7	1.2343	0.9229	0.3114	0.0970
8	1.5528	1.0311	0.5217	0.2722
15	1.2076	1.0822	0.1253	0.0157
20	1.3661	1.1471	0.2190	0.0480

5.2.3 评估训练 / 测试集

脚本 5.3 显示了该过程，首先通过随机化和分割数据（2/3 用于训练，1/3 用于测试）来准备伽马射线暴数据。接下来，调用 lm 来创建回归模型。summary 函数给出了残差标准误差为 0.6185，多重 R- 平方值为 0.5661，调整后的 R- 平方值为 0.5665。F 统计量确保了该模型不是仅仅由于随机事件导致的结果。

接下来，将看到对 mmr.stats 函数的调用。这个函数专门为文本示例编写，可以在补充材料中的 functions.zip 文件中找到。要将 mmr.stats 添加到 RStudio 全局环境中，请在源编辑器中打开 mmr.stats 并单击运行。下面是使用 mmr.stats 的方法。

传递给 mmr.stats 的参数包括回归模型、测试文件以及输出变量的名称。该函数打印 MAE、MSE、RMS 和 RSE 的值，并返回一个四列表格，显示每个测试集实例的实际值和预测值以及绝对误差和平方误差。以下是在脚本 5.3 中出现的函数调用。

```
output <- mmr.stats(grb.mlr,grb.test,grb.test$t90)
```

mr.stats 使用基本函数 predict，它在本书中被多次使用。当给定一个模型和一个测试数据集时，predict 将模型应用于测试数据，并返回一个包含输出变量预测值的向量。预测的输出可以是数值或分类的。以下是使用 predict 的调用，其中 mmr.stats 中的通用参数 model 和 test 被替换为它们的实际值。

```
predicted <- predict(grb.mlr,grb.test)
```

mmr.stats 内部的语句显示了如何结合使用 cbind 和 predict 来创建脚本 5.3 中显示的预测和实际输出的表格。

可以看到脚本 5.3 中显示的误差度量并不理想。然而，在回答线性回归模型是否适用于确定爆发长度的问题之前，让我们研究一下常用于评估监督模型的第二种方法。然后，我们将使用两种评估结果来决定通过爆发亮度和爆发硬度预测 t90 的准确性。

5.2.4 使用交叉验证

交叉验证通常是评估回归方程的泛化能力的首选方法，尤其是在没有足够的测试数据时。脚本 5.4 使用伽马射线暴数据集来说明一种交叉验证的方法，该方法应用 caret 包中的两个函数（分类和回归训练）来进行交叉验证。让我们看一下这个过程。首先，请确保从 CRAN 库下载 caret 包。

脚本 5.4 首先将数据分为训练和测试两部分。训练数据用于交叉验证。trainControl 函数控制要进行的训练类型。对于基本的 10 折交叉验证，将 method 设置为 cv，number 设置为 10。然后，train 函数通过使用 trainControl 指定的过程反复调用 lm 来执行和控制交叉验证。

当训练完成后，摘要会给出用于交叉验证的十个样本量的部分列表。数据集中总共有 1179 个实例。我们将 2/3 用于训练，得到 786 个实例的训练集。由于 786 个实例不能均分为 10 个子集（折或折叠），因此我们看到用于模型构建的 9 个子集中实例数量有所不同。RMSE 和 MAE 表示在 10 折上计算的平均误差。

最后，使用所有训练数据构建的最佳模型来测试数据。脚本列出了前几个实例的实际和计算输出。测试集的 MAE 为 0.4408，RMS 为 0.5618，与训练/测试集结果一致。由于平均绝对误差超过 0.4 秒，因此我们不能保证精确地确定爆发长度。总之，我们在下一次尝试中，应考虑采用非线性方法，通过使用爆发亮度和硬度来确定伽马射线暴长度。

脚本 5.4　评估：交叉验证

```
> library(caret)
Loading required package: lattice
Loading required package: ggplot2> # PREPROCESSING

> # PREPROCESSING
> # Randomize and split the data for 2/3 training, 1/3 testing
> set.seed(100)
> grb.data <- Grb4u[c(3,4,7)]
> index <- sample(1:nrow(grb.data), 2/3*nrow(grb.data))
> grb.train <- grb.data[index,]
> grb.test <-  grb.data[-index,]

> #PERFORM 10-FOLD CROSS VALIDATION

> xval.control <- trainControl(method = "cv",number = 10)

> # Perform a 10-fold cross validation and return the best model
> # built with all of the training data.

> lm.xval <- train(t90 ~ ., data = grb.train, method =
+                   "lm", trControl = xval.control)
> lm.xval
Linear Regression

No pre-processing
Resampling: Cross-Validated (10 fold)
Summary of sample sizes: 707, 707, 709, 707, 708, 707, ...
Resampling results:

  RMSE       Rsquared   MAE
  0.6177994  0.5700584  0.4767234

> #TEST THE MODEL
> output <- mmr.stats(lm.xval,grb.test,grb.test$t90)
[1] "Mean Absolute Error ="
[1] 0.4408
[1] "Root Mean Squared Error="
[1] 0.5618

> head(output,5)
    actual predicted abs.error sqr.error
3   1.3167    1.0983    0.2184    0.0477
5   1.4879    0.8288    0.6591    0.4344
```

7	1.2343	0.9229	0.3114	0.0970
8	1.5528	1.0311	0.5217	0.2722
15	1.2076	1.0822	0.1253	0.0157

5.2.5　分类数据的线性回归

线性回归也可以用于构建具有分类值输入变量的数据集的模型。为了了解这一点，在将注意力转向逻辑回归之前，让我们将多元线性回归应用于第 12 章中案例研究所使用的 Ouch 背部和骨折临床（Ouch's Back&Fracture Clinic, OFC）数据集的一个小子集。数据是真实的，但诊所的名称是虚构的。这个完整的数据集面临着几个挑战，因为它包含 96 个属性，支持分类和数值数据，并包含大量缺失的数据项。我们的目标是让你熟悉数据集，并向你展示如何更新和比较两个或更多的线性模型。

5.2.5.1　Ouch's Back and Fracture Clinic 数据集

亚瑟·琼斯（Arthur Jones）是 Nautilus 健身器的开发者，他于 1972 年成立了 MedX 公司（http://medxonline.net/），其唯一目的是设计用于测试以及加强膝盖和腰部肌肉的机器。他的理论声称疼痛与力量以及疼痛与柔韧性之间存在可测量的反比关系。图 5.4 显示了 MedX 腰部伸展机采用的骨盆约束系统，旨在隔离和加强腰椎。

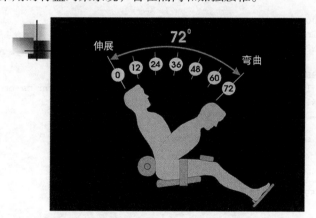

图 5.4　骨盆约束有助于隔离和加强腰椎

第 12 章中的案例研究使用了 1330 名患者记录（其中 737 为女性）组成的数据集进行实验，这些患者使用 MedX 机器进行积极的物理疗法，以治疗腰部损伤。案例研究的几个目标之一是寻找在治疗前不太可能成功完成治疗计划的患者之间的关系。在这里，我们进行了一个小规模的试点研究，使用 48 名男性患者的子集，以及从原始数据中提取的 96 个属性中的 12 个。我们的目标是确定在治疗开始前，对该数据子集使用多元线性回归来预测预期治疗结束疼痛水平的可行性。通过这种方式，患者和治疗师都会对治疗的成功有一些初步的期望。首先，请将在 OFCM.csv 中找到的患者数据导入 RStudio。

脚本 5.5 显示了此实验的步骤，以及编辑后的输出。第一步是属性删除。由于所有数据实例都是男性，因此性别属性是无用的。另外，visits、LE.rom.out 和 LE.wt.out 代表治疗结束后的值，必须删除。summary(ofc.data) 为剩余的七个输入属性以及输出属性 -oswest.out 提供了描述性统计信息。

脚本 5.5　模拟治疗结果

```
> #PREPROCESSING
> # Remove gender & end of treatment attributes
> ofc.data <- OFCM[-c(1,6,8,10)]
> #Data Summary
> summary(ofc.data)

      age            height          weight            INS          LE.rom.in
 Min.   :18.00   Min.   :40.00   Min.   :152.0   Min.   :1.000   Min.   :24.00
 1st Qu.:33.75   1st Qu.:69.00   1st Qu.:183.2   1st Qu.:1.000   1st Qu.:35.5
 Median :43.00   Median :71.00   Median :203.0   Median :2.000   Median :45.0
 Mean   :43.56   Mean   :70.31   Mean   :211.2   Mean   :2.375   Mean   :43.6
 3rd Qu.:52.00   3rd Qu.:72.00   3rd Qu.:226.2   3rd Qu.:4.000   3rd Qu.:51.5
 Max.   :76.00   Max.   :77.00   Max.   :322.0   Max.   :5.000   Max.   :72.0

    LE.wt.in        oswest.in        oswest.out
 Min.   : 40.00   Min.   : 0.00   Min.   : 0.00
 1st Qu.: 63.75   1st Qu.:23.50   1st Qu.: 6.00
 Median : 75.00   Median :32.00   Median :16.00
 Mean   : 84.92   Mean   :31.92   Mean   :17.58
 3rd Qu.:120.00   3rd Qu.:40.00   3rd Qu.:24.00
 Max.   :172.00   Max.   :60.00   Max.   :54.00

> # Check for correlations
> #round(cor(ofc.data),3)

> set.seed(100)
> # convert insurance to character
> ofc.data$INS <- as.character(ofc.data$INS)
>
> CREATE REGRESSION MODEL
> osw.mlr <- lm(oswest.out ~ ., data =ofc.data, na.action=na.omit)
> summary(osw.mlr)

Call:
lm(formula = oswest.out ~ ., data = ofc.data,)

Residuals:
    Min      1Q  Median      3Q     Max
-22.921  -6.691  -2.314   6.476  23.249

Coefficients:
             Estimate Std. Error t value Pr(>|t|)
(Intercept) -70.91163   39.21754  -1.808   0.0787 .
age           0.01803    0.16938   0.106   0.9158
height        0.96447    0.54596   1.767   0.0855 .
weight       -0.02305    0.06115  -0.377   0.7084
INS2         11.98744   13.56683   0.884   0.3826
INS3         -1.65482    6.40556  -0.258   0.7976
INS4          4.56606    4.65065   0.982   0.3326
INS5          1.80947   10.44490   0.173   0.8634
LE.rom.in     0.07858    0.22419   0.351   0.7279
LE.wt.in     -0.05389    0.08343  -0.646   0.5223
oswest.in     0.75981    0.15831   4.799 2.62e-05 ***
---
Signif. codes:  0 '***' 0.001 '**' 0.01 '*' 0.05 '.' 0.1 ' ' 1

Residual standard error: 12.14 on 37 degrees of freedom
Multiple R-squared:  0.4866,  Adjusted R-squared:  0.3478
F-statistic: 3.507 on 10 and 37 DF,  p-value: 0.002492
```

```
> head(mmr.stats(osw.mlr,ofc.data,ofc.data$oswest.out))
[1] "Mean Absolute Error ="
[1] 8.4442
[1] "Mean Squared Error ="
[1] 113.6326
[1] "Root Mean Squared Error="
[1] 10.6599
[1] "Residual standard error="
[1] 12.1415
  actual predicted abs.error sqr.error
1     54   33.7426   20.2574  410.3606
2     54   37.6762   16.3238  266.4670
3     50   32.1052   17.8948  320.2243
4     48   41.5605    6.4395   41.4671
5     42   27.2523   14.7477  217.4933
6     40   16.7513   23.2487  540.5012
```

属性 age、height 和 weight 是不言自明的。INS 是表示患者健康保险类型的代码。原始数据错误地将 INS 指定为整数。腰椎伸展重量（LE.wt.in）和腰椎伸展活动范围（LE.rom.in）属性提供了每位患者在治疗前的腰部力量和灵活性测量值。这些是在患者初次使用 MedX 腰背机器时获取的计算机化值。oswest.in 和 oswest.out 是正整数，表示在完成治疗计划之前（oswest.in）和之后（oswest.out）的疼痛水平。这些分数在一定程度上是主观的，因为它们来自患者填写的问卷调查。通常，小于 20 的 oswest.out 值被认为是成功的结果。

接下来要做的事情是检查属性之间的相关性（脚本 5.5 中未显示）。oswest.in 和 swest.out 之间的相关性为 0.646，LE.wt.in 和 oswest.in 之间的相关性为 -0.448，LE.wt.in 和 LE.rom.in 之间的相关性为 0.446。LE.wt.in 和 oswest.in 之间的负相关性说明了腰部力量和疼痛水平之间的反比关系。

set.seed 后面的语句将 INS 的数据类型更改为字符型。R 通过创建 $v-1$ 个辅助变量，将值为 v 的变量转换为字符类型。对于每个数据实例，这些辅助变量将是 0 或 1。对于我们的示例，创建了四个新变量：INS2、INS3、INS4 和 INS5。如果 INS 的原始值为 2，则名为 INS2 的新变量的值为 1，而 INS3、INS4、INS5 都显示为 0。INS3、INS4 和 INS5 的情况也是如此。如果原始值显示 INS ＝1，则所有辅助变量都将为 0。

接下来，对 lm 的调用包括 na.action=na.omit。na.omit 的值告诉我们，任何至少有一个缺失值的实例都将被省略。由于 na.omit 是 na.action 的默认设置，只有在执行其他操作而不是仅仅省略具有缺失值的行时，才需要显式设置此函数。

summary 函数显示 oswest.in 是唯一与 0 显著不同的回归系数。此外，对于一个取值范围在 0～54 的输出变量来说，12.14 的残差标准误差并不理想。然而，与 F 统计量相关联的 p 值为 0.0025，这表明至少有一个输入变量决定了输出结果不是偶然的。至少有三种方法可以获得更好的结果：

❑ 使用 update 函数对当前模型进行微小更改。

❑ 使用 step 函数逐个删除属性，以找到"最佳"解决方案。

❑ 在数据中寻找可能对结果产生负面影响的异常值，删除异常值并建立新模型。

5.2.5.2 update 函数

脚本 5.6 中给出的编辑后的输出展示了应用 update 函数的一种方法。首先，使用 anova 函数来获取每个输入变量的相关统计信息。最重要的是每个变量对减少误差平方和的影响，即 Sum Sq 列。那些对减小误差贡献最小的属性是可以考虑删除的候选项。在这方面，贡献最小的属性是身高，体重则次之。注意，oswest.in 和 LE.wt.in 是唯一显示为显著的属性。

脚本 5.6 update 函数

```
> # EXAMINE ATTRIBUTE SIGNIFICANCE
> anova(osw.mlr)
Analysis of Variance Table


Response: oswest.out
          Df Sum Sq Mean Sq F value    Pr(>F)
age        1   35.0    35.0  0.2373   0.62905
height     1    4.4     4.4  0.0299   0.86363
weight     1   14.2    14.2  0.0965   0.75784
INS        4  520.4   130.1  0.8826   0.48383
LE.rom.in  1  221.5   221.5  1.5023   0.22807
LE.wt.in   1  978.2   978.2  6.6355   0.01412 *
oswest.in  1 3395.7  3395.7 23.0346 2.617e-05 ***
Residuals 37 5454.4   147.4
---
Signif. codes:  0 '***' 0.001 '**' 0.01 '*' 0.05 '.' 0.1 ' ' 1


> # REMOVE LEAST SIGNIFICANT ATTRIBUTE
> osw2.mlr <- update(osw.mlr, .~ . -height)
> # summary(osw2.mlr)


> # COMPARE THE MODELS
> anova(osw.mlr,osw2.mlr)
Analysis of Variance Table

Model 1: oswest.out ~ age + height + weight + INS + LE.rom.in +
LE.wt.in + oswest.in
Model 2: oswest.out ~ age + weight + INS + LE.rom.in + LE.wt.in +
oswest.in
  Res.Df    RSS Df Sum of Sq      F Pr(>F)
1     37 5454.4
2     38 5914.4 -1   -460.05 3.1208 0.08555 .
---
Signif. codes:  0 '***' 0.001 '**' 0.01 '*' 0.05 '.' 0.1 ' ' 1
```

一旦应用了 update 函数，将以不同的方式使用 anova 函数。具体来说，我们使用该函数比较原始模型和新模型。比较表明，新模型的平方误差和降低了 460.05。不幸的是，用于减少响应变量差异的 F 统计量为 0.0856，不具有显著性。

5.2.5.3 step 函数

我们可以继续使用 update 函数，一次删除一个特征，但更好的方法是尝试 step 函数。默认情况下，step 函数采用原始模型，并执行向后消除以创建最佳模型。最佳模型被定义为 Akaike 信息准则（AIC）值最小的模型。AIC 通过权衡模型拟合的好坏与模型复杂性来为每个模型计算得分。脚本 5.7 显示了调用 step 函数以及将原始模型与最佳模型进行比较的结果。

脚本 5.7 Step 函数

```
> # Use the step function to create a final model
> oswFinal.mlr <- step(osw.mlr)
> summary(oswFinal.mlr)
> anova(oswFinal.mlr)
> anova(osw.mlr,oswFinal.mlr)

Model 1: oswest.out ~ age + height + weight + INS + LE.rom.in +
LE.wt.in + oswest.in
Model 2: oswest.out ~ height + oswest.in
  Res.Df    RSS Df Sum of Sq      F Pr(>F)
1     37 5454.4
2     45 5848.7 -8   -394.33 0.3344  0.947
```

5.2.5.4　检查异常值

让我们尝试第三个选择，快速检查异常值。我们可以使用箱线图函数 boxplot 图形化地描绘候选异常值。即，

```
>boxplot(ofc.data$oswest.out,horizontal = T,main="Oswestry.out")
```

图 5.5 显示了一个箱线图，其定义了最小值、下四分位数（25%）、中位数、上四分位数（75%）和最大值。这些值分别为 0、6、16、24 和 54。异常值位于 1.5 倍上下四分位距（24 - 16）之外。对于我们的示例，oswestry.out 分数高于 51 的两个实例被视为异常值。还可以通过将 car 包中的 outlierTest 函数应用于原始模型来精确定位候选异常值。outlierTest 非常有用，但也需要大量工作，因为每次调用都会给我们提供最佳候选异常值。

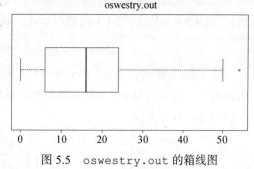

图 5.5　oswestry.out 的箱线图

以下是测试。

```
>library(car)
>outlierTest(osw.mlr)
Studentized residuals with Bonferroni p < 0.05
Largest |rstudent|:
   rstudent unadjusted p-value Bonferroni p
6  2.236216           0.031627           NA
```

输出指示第 6 个实例为异常值。第 6 个实例是一个病人，在治疗结束后，他的疼痛水平从 32 增加到 40。显然是一个异常值！重复此过程（未显示）会找到实例 1、41、3 和其他几个实例作为候选异常值。同样，删除异常值并重新构建回归模型并没有显著改进结果。

最后，必须对从如此规模的数据集中获得的任何结论持怀疑态度。我们还必须记住，这个分析仅基于训练数据。然而，这里给出的例子和分析已经为你提供了几个工具，供你

在 R 机器学习之旅的下一站使用。现在是时候转向逻辑回归了！

5.3   逻辑回归

在前一节中，你看到了如何将线性回归应用于具有数值类型和分类类型输入变量的数据集。当因变量（输出）代表二元结果时，也可以使用线性回归。举例来说，假设因变量是诊断，其取值为健康或患病。为了使用线性回归，必须有一个数值输出，所以我们用 0 替换健康，用 1 替换患病。然而，使用线性回归对观察结果局限于二值问题进行建模的一般方法是有严重缺陷的。

问题在于，对因变量的数值限制不会被回归方程观察到。这是因为线性回归产生一条直线函数，因变量的值在正向和负向均没有限制。因此，为了使式（5.1）的右侧与二元结果一致，必须对线性回归模型进行变换。通过对线性模型进行变换，将输出属性的值限制在 [0, 1] 区间范围内，回归方程可以被认为是产生测量事件发生或不发生的概率。

虽然存在几种变换线性回归模型的选择，但我们将讨论限制在逻辑模型上。逻辑模型应用了对数变换，使得式（5.1）的右侧成为变换后式中的指数项。

5.3.1   变换线性回归模型

逻辑回归是一种非线性回归技术，它为每个数据实例关联了一个条件概率分数。为了理解逻辑模型进行的变换，首先将式（5.1）看作计算概率的方式。概率值为 1 表示观察到一个类别（例如，诊断＝健康）。同样，概率为 0 表示观察到第二个类别（例如，诊断＝患病）。式（5.8）是式（5.1）的修改形式，其中等式的左侧被写成条件概率。

$$p(y=1|\boldsymbol{x}) = a_1x_1 + a_2x_2 + a_3x_3 + \cdots + a_nx_n + c \tag{5.8}$$

式（5.8）显示 $p(y=1|\boldsymbol{x})$ 为一个无界值，表示在给定特征（属性）向量 $\boldsymbol{x}$ 中包含的值的情况下，观察到与 $y=1$ 相关联的类的条件概率。为了消除式中的边界问题，将概率转化为赔率比。具体来说，

$$\left(\frac{p(y=1|\boldsymbol{x})}{1 - p(y=1|\boldsymbol{x})} \right) \tag{5.9}$$

对于任何特征向量 $\boldsymbol{x}$，赔率表示与 $y=1$ 相关的类相对于与 $y=0$ 相关的类所观察到的频率的比率。然后，将这个赔率比的自然对数（称为 logit）分配给式（5.8）的右侧。即，

$$\ln\left(\frac{p(y=1|\boldsymbol{x})}{1 - p(y=1|\boldsymbol{x})} \right) = \boldsymbol{a}\boldsymbol{x} + c \tag{5.10}$$

其中

$$\boldsymbol{x} = (x_1, x_2, x_3, x_4, \cdots, x_n)$$
$$\boldsymbol{a}\boldsymbol{x} + c = a_1x_1 + a_2x_2 + a_3x_3 + \cdots + a_nx_n + c$$

最终我们解式（5.10）以获得 $p(y=1|\boldsymbol{x})$ 的有界表示，如式（5.11）所示，

$$p(y=1|\boldsymbol{x}) = \frac{e^{\boldsymbol{a}\boldsymbol{x}+c}}{1 + e^{\boldsymbol{a}\boldsymbol{x}+c}} \tag{5.11}$$

其中 e 是自然对数的底数，通常表示为 exp。

5.3.2　逻辑回归模型

式（5.11）定义了逻辑回归模型。图 5.6 显示，该方程的图形是一个 S 形曲线，其范围限定在 [0, 1] 的区间范围内。随着指数项逐渐趋近于负无穷，式（5.11）的右边趋近于 0。同样地，随着指数在正方向上变得无穷大，等式的右边趋近于 1。

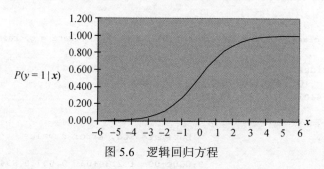

图 5.6　逻辑回归方程

用于确定式（5.11）中指数项 $ax+c$ 的系数值的方法是迭代的。该方法的目的是最小化预测概率的对数和。当对数和接近 0，或者当值从一次迭代到下一次迭代不变时，就会发生收敛。这项技术的细节超出了本书的范围。对于感兴趣的读者，可以从多个来源（Hosmer 和 Lemeshow, 1989; Long, 1989）获得该过程的描述。

5.3.3　R 中的逻辑回归

既然你已经看到了数学原理，让我们将逻辑回归应用于心脏病患者数据集的混合形式。回想一下，该数据集包含 303 名个体的信息，其中 138 名患有心脏病。你可以使用 str 函数来验证，该数据集的 13 个输入属性中有 5 个是因子变量，2 个是逻辑变量，5 个是整数类型。输出变量是一个具有两个水平的因子：健康（1）或患病（2）。

脚本 5.8 显示了我们实验的过程和部分输出。预处理为训练 / 测试集场景铺平了道路。接下来是调用 glm（广义线性模型），该模型可用于实现多个模型，包括逻辑回归。其格式与 lm 类似，但添加了用于指定模型选择的额外参数。由于逻辑回归需要二元输出变量，所以用 0 替代了与 1（健康）相关联的水平，用 1 替代了与 2（患病）相关联的水平。

summary 函数给出所创建模型的系数。为了节省空间，已经删除了几个非显著的系数。请注意，有色血管的数量对回归方程的贡献最显著。

在广义线性模型中，使用 anova 函数的卡方版本来确定添加新变量是否显著降低了模型的偏差。指数模型中的偏差减少（例如逻辑回归）类似于线性模型中的平方和的减少。脚本 5.8 只给出了那些显著降低偏差的属性——你可以检查脚本的输出，以获得偏差降低的准确度量。请注意，确定系数显著不为零的变量与显著降低模型偏差水平的变量之间存在一些不一致。

脚本 5.8　心脏病患者数据的逻辑回归

```
> #PREPROCESSING
```

```
> set.seed(100)
> card.data <- CardiologyMixed
> index <- sample(1:nrow(card.data), 2/3*nrow(card.data))
> card.train <- card.data[index,]
> card.test <-  card.data[-index,]
> c.glm <- glm(class ~ .,data = c.train,family= binomial(link='logit'))
> summary(card.glm)

> # CREATE AND ANALYZE LOGISTIC REGRESSION MODEL

Call:
glm(formula = class ~ ., family = binomial(link ="logit"),data = c.train)

Deviance Residuals:
    Min       1Q    Median        3Q       Max
-2.7797   -0.4401  -0.1139    0.2882    3.0655

Coefficients:
                               Estimate Std. Error z value
Pr(>|z|)
(Intercept)                    9.050e+00  1.213e+03   0.007 0.994
genderMale                     1.715e+00  7.601e-01   2.256 0.024 *
chest.pain.typeAbnormal Angina -9.783e-01  7.455e-01  -1.312 0.189
chest.pain.typeAngina          -2.708e+00  9.304e-01  -2.910 0.003 **
chest.pain.typeNoTang          -1.980e+00  6.730e-01  -2.942 0.003 **
maximum.heart.rate             -5.334e-03  1.555e-02  -0.343 0.731
slopeFlat                      -1.488e-01  1.161e+00  -0.128 0.898
slopeUp                        -1.590e+00  1.202e+00  -1.323 0.185
X.colored.vessels               1.306e+00  3.797e-01   3.440 0.000 ***
thalNormal                     -6.654e-01  1.124e+00  -0.592 0.554
thalRev                         1.192e+00  1.082e+00   1.102 0.270
---
Signif. codes:  0 '***' 0.001 '**' 0.01 '*' 0.05 '.' 0.1 ' ' 1

(Dispersion parameter for binomial family taken to be 1)

    Null deviance: 279.06  on 201   degrees of freedom
Residual deviance: 116.85  on 183   degrees of freedom
AIC: 154.85

Number of Fisher Scoring iterations: 15

> anova(card.glm, test="Chisq")
Analysis of Deviance Table

Response: class

                   Df Deviance Resid. Df Resid. Dev  Pr(>Chi)
NULL                                201    279.06
age                 1   11.864     200    267.20 0.000 ***
gender              1   15.666     199    251.53 7.55e-05***
chest.pain.type     3   58.595     196    192.94 1.17e-12***
maximum.heart.rate  1   11.103     190    172.24 0.000 ***
peak                1   17.909     188    152.84 2.3e-05 ***
X.colored.vessels   1   18.830     185    129.79 1.4e-05 ***
thal                2   12.934     183    116.85 0.001 **
---
Signif. codes:  0 '***' 0.001 '**' 0.01 '*' 0.05 '.' 0.1 ' ' 1
```

```
> card.results <- predict(card.glm, card.test, type='response')
> card.table <- cbind(pred=round(card.results,3),Class= card.test$class)
> card.table <- data.frame(card.table)

> head(card.table)
     Pred Class
6  0.003    1
9  0.199    1
10 0.998    2
17 0.568    1
18 0.125    1
21 0.017    1

> # CREATING A CONFUSION MATRIX

> # healthy <= 0.5 sick > 0.5
> card.results <- ifelse(card.results > 0.5,2,1) # > .5 a sick

> card.pred <- factor(card.results,labels=c("Healthy","Sick"))
> my.conf <- table(card.test$class,card.pred,dnn=c("Actual","Predicted"))
> my.conf
        Predicted
Actual    Healthy Sick
  Healthy      51    6
  Sick         11   33

> confusionP(my.conf)

   Correct= 84 Incorrect= 17 Accuracy = 83.17 %
```

predict 函数将逻辑模型应用于测试数据。type ='response' 将输出以预测概率的形式给出。对于每个测试集实例，card.results 将是一个介于 0 和 1 之间的数值。为了看到这一点，使用 cbind 创建一个表格，该表格显示预测值和表示因子水平的整数。head 函数列出了表格的前 6 个实例。第一个测试集实例是原始数据中的第 6 个实例。预测的输出值 0.003 是正确的，因为实际分类是健康（1）。换句话说，大于 0.50 的 card.results 值被归类为患病类，而小于或等于 0.50 的 card.results 值归类为健康类。显然，与 card.results 值为 0.60 相比，我们可以更加自信地将患病类与 card.results 接近 1.0 的值联系起来！

5.3.4　创建混淆矩阵

第 1 章向你展示了如何使用混淆矩阵来评估监督学习模型的准确性。修改逻辑回归模型的数值输出来创建混淆矩阵是很容易的。脚本 5.8 展示了如何操作！

为了创建混淆矩阵，首先将计算出的测试集输出从概率列表转换为 1（健康）和 2（患病）的列表。这分两步完成。首先，ifelse 语句将大于 0.5 的概率值替换为 2。小于 0.5 的概率值替换为 1。一旦 card.results 中的值被转换为 1 和 2，就使用 factor 函数将 1 和 2 替换为与它们关联的水平（健康或患病）。然后，table 函数创建混淆矩阵——dnn 为表格指定了维度名称。第 3 章的 confusionP 函数显示测试集的准确性为 83.17%。我们可以看到 17 个错误分类中有 6 个是健康的个体被错误地分类为患病，其余的错误分类是患病的个体被错误地分类为健康。

在许多情况下，分类准确性实际上不如错误分类的分布重要。例如，如果我们的目标是预测客户流失（客户可能会终止他们的服务），那么一个显示高水平的总体准确性，但无法识别流失客户的模型是没有价值的。下一节提供了一种图形方法来分析可选模型中错误分类的分布（见图 5.7）。

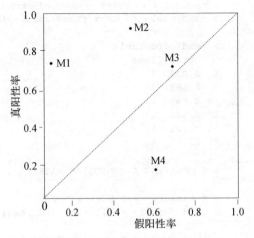

图 5.7　四个竞争模型的 ROC 图

5.3.5　接收器操作特性曲线

在查看接收器操作特性（ROC）曲线之前，有必要了解一些混淆矩阵的术语。表 5.1 显示了一个两类问题的混淆矩阵，其中真阳性和真阴性代表正确分类。假阴性描述了被错误地识

别为阴性（否）类的阳性实例。同样，假阳性是被错误地识别为阳性（是）类的阴性实例。有了这些定义，现在可以开始讨论 ROC 曲线了。ROC 曲线是一种二维图形方法，用于描述真阳性率和假阳性率之间的权衡。ROC 曲线最早在二战期间用于分析雷达图像。如今，在具有不平衡或成本敏感数据的两类领域中，ROC 图是一种特别有用的可视化和分析工具。

表 5.1　两类预测的可能结果

		预测的类	
		是	否
实际的类	是	真阳性（TP）	假阴性（FN）
	否	假阳性（FP）	真阴性（TN）

使用 ROC 曲线，真阳性率（TPR）绘制在 y 轴上，假阳性率（FPR）绘制在 x 轴上。对于类别 C，真阳性率（TPR）的计算方法是用正确分类为 C 的实例数除以实际属于 C 的实例总数。具体而言，TPR = TP /（TP + FN）。C 类的假阳性率（FPR）是错误分类为 C 类别的实例总数除以不属于 C 类别的总实例数。也就是说，FPR = FP /（FP + TN）。当将一个非类别实例错误地分类为类别成员的成本，与将一个类别实例错误地分类为另一个类别成员的成本显著不同时，TPR 和 FPR 的值尤其重要。

ROC 曲线上的每个点代表分类器诱导的一个模型。在不平衡数据中，稀有类被视为正类，因为它是最感兴趣的。最好用例子来说明 ROC 图。

最简单的情况如图 5.7 所示，该图显示了四个竞争模型的 ROC 图。每个模型都是离散的，因为它输出单个类别标签，并且正好与图的一个点（TPR、FPR）相关联。对角线上的任何一点都代表随机猜测。假设每个模型都是检测信用卡欺诈的一种选择。欺诈交易是罕见的类别，因此由真阳性（y）轴表示。该图显示，M1 捕获了超过 70% 的欺诈交易，同时接受了不到 10% 的假阳误报实例。M2 获得了大约 90% 的真阳性，但也接受了大约 50% 的假阳性。M3 的性能略好于随机猜测，M4 的假阳性率超过 60%。

ROC 曲线无法告诉我们哪个模型是最佳选择，因为我们不知道与不正确分类相关的成本。但是，在涉及罕见性的领域中，ROC 图可以成为分析过程的关键组成部分。让我们继续我们的例子，创建一个 ROC 曲线来建模心脏病患者数据。脚本 5.9 提供了详细信息。

脚本 5.9 心脏病患者数据的 ROC 曲线

```
> # CREATE THE ROC CURVE AND DETERMINE THE AUC

> library(ROCR)
> p.card <-predict(card.glm, card.test, type="response")
> pr.card <- prediction(p.card, card.test$class)
> pr.card # Uses slots to create the information needed by
performance
> prf.card <- performance(pr.card, measure="tpr", x.measure="fpr")
> plot(prf.card)

> # DETERMINE THE AREA UNDER THE CURVE
> auc <- performance(pr.card, measure = "auc")
> auc <- auc@y.values[[1]]
> auc
[1] 0.895933
```

首先，你需要安装 CRAN 库中的 ROCR 包。脚本 5.9 从重复对测试数据的预测开始。然后，将预测结果提供给 prediction 函数，其中该函数使用槽（Slot）来保存 performance 函数所需的信息，performance 函数的任务是创建 ROC 结构。要查看这一点，请滚动 pr.card 的输出，直到找到名为 predictions、labels、cutoffs、tp 和 fp 的槽。

❑ predictions。列出了模型为测试集中的每个项确定的预测概率。

❑ Labels。列出了每个测试集实例的实际类别。在检查了前 10 个实例之后，发现了实例 4、9 和 10 是错误的预测。

❑ Cutoffs。按降序排序列出了预测概率。

❑ Tp 和 fp。这些槽用于绘制 ROC 曲线。水平移动代表错误分类。

以下是上述每个槽中前几个值的编辑内容。

```
Slot "predictions": (original ordering of the test data)

0.003474688 0.199175170 0.997912546 0.568080750 0.125149902
0.017199134 0.002664405 0.040005274 0.026041205 0.805670532

Slot "labels": (original ordering of the test data)

Healthy Healthy Sick Healthy Healthy Healthy Healthy Healthy Sick
Healthy

Slot "cutoffs": (Predictions sorted in descending order)

0.999964675 0.999748982 0.998960310 0.997912546 0.997557427
0.99633896 0.991093656 0.990741795 0.989831370 0.989775985

Slot "fp":

0 1 1 1 1 1 1 1 1 1 1 1 1 1 1 1 1 2 2 2…
```

```
Slot "tp":

0 0 1 2 3 4 5 6 7 8 9 10 11 12 13 14 14 15 16…
```

你可以通过使用 plot 函数执行脚本来显示 ROC 曲线。已构建的表 5.2 与表 5.1 中的定义相匹配，并强调至少有一次心脏病发作的个体组成了阳性类别。让我们看看这个图是如何构建的。

表 5.2　脚本 5.8 中的混淆矩阵将患病个体指定为阳性类

		预测的类	
		患病	健康
实际的类	健康	33	11
	患病	6	51

tp 和 fp 都将 0 显示为 ROC 图中的起始位置。接下来，我们看到 fp 从 0 到 1 水平移动。这告诉我们，第一个最有可能来自患病类的个体实际上是一个根据数据没有心脏病发作的个体！在此水平移动之后，tp 显示了 14 个唯一值（1~14）。这告诉我们，图表进行了 14 次垂直移动，代表真正的阳预测。请注意，fp 的相应值都是 1，表示没有水平移动。接下来，14 被重复使用，fp 从 1 到 2 移动，给出另一个假阳性预测。这个过程继续，直到图在 TPR 和 FPR 均为 1 的点终止。所有实例都被分类为阳性（患病）类别。图 5.8 突出显示了模型的 ROC 图上的点，其中 TPR = 0.750（33/44）和 FPR = 0.105（6/57）。

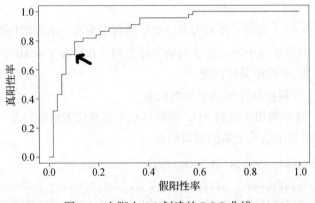

图 5.8　由脚本 5.9 创建的 ROC 曲线

此时，你可能会问如何能够有效利用所有这些信息。假设错误地将患有心脏病的个体识别为健康个体的代价非常高。表 5.2 显示，有 11 个测试集个体（假阴性）属于这一类别。ROC 图可以清晰地看到，为了将一些假阴性移到阳性列，我们必须付出的假阳性分类的代价。例如，为了将 TPR 从 0.75 提高到 0.80，将看到假阳性率的微小变化。是否应该这样做是研究人员的问题。

第二个问题是，我们如何修改模型以增加真正的阳性率？为了得到答案，可以更改脚本 5.8 中的 ifelse 语句。例如，按如下方式更改语句降低了患病类别的纳入标准，从而增加了真正阳性率。

```
card.results <- ifelse(card.results > 0.4,2,1)
```

对脚本进行此更改（未显示），会将 TPR 提高到 0.795，FPR 提高到 0.123，并将总体分类准确性提高到 84.16%。

5.3.6　ROC 曲线下面积

ROC 曲线下面积（auc）也很有趣，因为它提供了评估模型性能的定量度量。脚本 5.9 使用 performance 函数来计算 auc。由于真阳性和假阳性值的范围在 0 到 1 之间，因此 auc 的最大可能值为 1。在这种情况下，图形立即垂直移动，其中所有真阳性实例都被正确分类，没有一个假阳性错误。

对于我们的示例，计算得到的 auc 为 0.8595，这告诉我们曲线下的大部分区域都被覆盖了。这意味着 ROC 曲线倾向于垂直移动，而不是水平移动，从而识别真阳性实例而不是假阳性实例。本章末尾的若干练习提供了关于 ROC 曲线的其他实验。

5.4　朴素贝叶斯分类器

朴素贝叶斯分类器提供了一种简单但强大的监督分类技术。该分类器被称为"朴素"，因为它假设所有输入属性之间相互独立，并且数值属性值服从正态分布。朴素贝叶斯通常在性能上表现得非常好，甚至当这些假设是不正确的。该分类器基于贝叶斯定理，其表述如下：

$$P(H \mid E) = \frac{P(E \mid H) \times P(H)}{P(E)} \tag{5.12}$$

其中 H 是要检验的假设，E 是与假设相关联的证据。

从分类的角度来看，假设是因变量，并代表预测的类别。证据是由输入属性的值确定的。$P(E \mid H)$ 是在给定 H 的情况下 E 为真的条件概率。$P(H)$ 是先验概率，表示在提供任何证据之前假设的概率。条件概率和先验概率很容易从训练数据中计算得出。通过一个例子，可以更好地理解这个分类器。

5.4.1　贝叶斯分类器：一个示例

考虑表 5.3 中的数据，这是第 1 章中定义的信用卡促销数据库的一个子集。在例子中，使用性别作为要预测的输出属性。对于每个输入属性，表 5.4 列出了其输出属性值的分布（计数和比率）。举例说明，表 5.4 告诉我们，有 4 名男性参加了杂志促销活动，并且这 4 名男性占总男性人口的 2/3。作为第二个例子，表 5.4 表明，4 名女性数据集实例中有 3 名购买了杂志促销。

表 5.3　贝叶斯分类器的数据

杂志促销	手表促销	人寿保险促销	信用卡保险	性别
是	否	否	否	男性
是	是	是	是	女性

（续）

杂志促销	手表促销	人寿保险促销	信用卡保险	性别
否	否	否	否	男性
是	是	是	是	男性
是	否	是	否	女性
否	否	否	否	女性
是	是	是	是	男性
否	否	否	是	男性
是	否	是	否	男性
是	是	是	否	女性

表 5.4　性别属性的计数和概率

性别	杂志促销		手表促销		人寿保险促销		信用卡保险	
	男性	女性	男性	女性	男性	女性	男性	女性
是	4	3	2	2	2	3	2	1
否	2	1	4	2	4	1	4	3
比率：是 / 总数	4/6	3/4	2/6	2/4	2/6	3/4	2/6	1/4
比率：否 / 总数	2/6	1/4	4/6	2/4	4/6	1/4	4/6	3/4

使用表 5.4 中的数据以及贝叶斯分类器来执行一个新的分类。考虑对以下新实例进行分类：

杂志促销 = 是

手表促销 = 是

人寿保险促销 = 否

信用卡保险 = 否

性别 = ?

有两个假设需要检验。一个假设认为信用卡持有人是男性。第二个假设将该实例视为女性持卡人。为了确定哪个假设是正确的，应用贝叶斯分类器来计算每个假设的概率。计算持有人是男性客户的概率的一般方程如下：

$$P(性别 = 男性 | E) = \frac{P(E | 性别 = 男性) \times P(性别 = 男性)}{P(E)}$$（5.13）

让我们从条件概率 $P(E | 性别 = 男性)$ 开始。这个概率是通过将每个证据的条件概率值相乘来计算的。假设这些证据是相互独立的，那么这是可能的。总的条件概率是以下四个条件概率的乘积。

$P($ 杂志促销 = 是 | 性别 = 男性 $) = 4/6$

$P($ 手表促销 = 是 | 性别 = 男性 $) = 2/6$

$P($ 人寿保险促销 = 否 | 性别 = 男性 $) = 4/6$

$P($ 信用卡保险 = 否 | 性别 = 男性 $) = 4/6$

这些值很容易获得，因为它们可以直接从表 5.4 中读取。因此，对于性别 = 男性的条件概率计算如下

$$P(E|性别 = 男性) = (4/6)(2/6)(4/6)(4/6)$$
$$= 8/81$$

式（5.13）中表示的 $P($ 性别 = 男性 $)$ 的先验概率，是指在不知道实例的促销历史的情况下，男性客户的概率。在这种情况下，先验概率是总人口中男性的比例。因为有 6 名男性和 4 名女性，所以性别 = 男性的先验概率为 3/5。鉴于这两个值，式（5.13）的分子表达式变为：

$$(8/81)(3/5) \cong 0.0593$$

我们有：

$$P(性别 = 男性) \cong 0.0593/P(E)$$

接下来，使用以下公式计算 $P($ 性别 = 女性 $| E)$ 的值：

$$P(性别 = 女性|E) = \frac{P(E|性别 = 女性) \times P(性别 = 女性)}{P(E)} \tag{5.14}$$

首先用直接从表 5.4 中获得的值来计算条件概率。具体来说：

$P($ 杂志促销 = 是 $|$ 性别 = 女性 $) = 3/4$

$P($ 手表促销 = 是 $|$ 性别 = 女性 $) = 2/4$

$P($ 人寿保险促销 = 否 $|$ 性别 = 女性 $) = 1/4$

$P($ 信用卡保险 = 否 $|$ 性别 = 女性 $) = 3/4$

总的条件概率是：

$$P(E|性别 = 女性) = (3/4)(2/4)(1/4)(3/4)$$
$$= 9/128$$

由于有四名女性，所以 $P($ 性别 = 女性 $)$ 的先验概率为 2/5。

因此，式（5.14）的分子表达式变为：

$$(9/128)(2/5) \cong 0.0281$$

现在，我们有：

$$P(性别 = 女性 | E) \cong 0.0281/P(E)$$

最后，我们不需要关心 $P(E)$，因为它表示当性别 = 男性和性别 = 女性时的证据的概率。因为 0.0593>0.0281，所以贝叶斯分类器告诉我们该实例最有可能是男性信用卡客户。

5.4.2　零 - 值属性计数

贝叶斯技术的一个重要问题是属性值的一个计数为 0。例如，假设女性中选择不购买信用卡保险的人数为 0。在这种情况下，$P($ 性别 = 女性 $| E)$ 的分子表达式将为 0。这意味着所有其他属性的值都是不相关的，因为任何值与 0 相乘都会得到一个总体为 0 的概率值。

为了解决这个问题，我们在计算出的每个比率的分子（n）和分母（d）中添加一个常数 k。因此，每个形式为 n/d 的比率都变成了：

$$\frac{n+(k)(p)}{d+k} \tag{5.15}$$

其中，k 是介于 0 和 1 之间的值（通常为 1），p 被定义为属性所有可能取值中，每个取值所占的相等比例。（例如，如果一个属性有两个可能的值，p 将为 0.5。）另一种方法是简单地在每个属性值计数上加 1，以避免零概率。这种修改通常称为拉普拉斯平滑。

让我们使用第一种技术来重新计算前面例子中的条件概率 $P(E|$ 性别 = 女性 $)$。使用 $k = 1$ 和 $p = 0.5$，给定当性别 = 女性时，证据的条件概率计算为，

$$\frac{(3+0.5)\times(2+0.5)\times(1+0.5)\times(3+0.5)}{5\times5\times5\times5} \cong 0.0176$$

5.4.3　缺失数据

幸运的是，对于贝叶斯分类器来说，缺失的数据项并不是一个问题。为了证明这一点，考虑按照表 5.4 中定义的模型对以下实例进行分类。

　　杂志促销 = 是

　　手表促销 = 未知

　　人寿保险促销 = 否

　　信用卡保险 = 否

　　性别 =?

由于手表促销的值是未知的，我们可以在条件概率计算中简单地忽略这个属性。通过这样做，我们有：

$P(E\,|\,$ 性别 = 男性 $) = (4/6)\,(4/6)\,(4/6) = 8/27$

$P(E\,|\,$ 性别 = 女性 $) = (3/4)\,(1/4)\,(3/4) = 9/64$

$P($ 性别 = 男性 $|\,E) \cong 0.1778/P(E)$

$P($ 性别 = 女性 $|\,E) \cong 0.05625/P(E)$

如你所见，其效果是给手表促销属性赋予了一个 1.0 的概率值。这将导致两个条件概率的值更大。然而，这不是问题，因为两个概率值都受到了同等影响。

5.4.4　数值数据

数值数据可以采用类似的方式处理，前提是表示数据分布的概率密度函数是已知的。如果一个特定的数值属性是正态分布的，我们使用式（5.16）所示的标准概率密度函数。

$$f(x)=1/(\sqrt{2\pi}\sigma)\,\mathrm{e}^{-(x-\mu)^2/2\sigma^2} \tag{5.16}$$

其中 e = 指数函数，μ = 给定数值属性的类平均值，σ = 属性的类的标准差，x = 属性值。

尽管这个等式看起来相当复杂，但应用起来非常容易。为了说明这一点，考虑表 5.5 中的数据。该表显示了表 5.3 中的数据，并添加了一个包含数值属性年龄的列。让我们使用这些新信息来计算以下实例中男性和女性类别的条件概率。

　　杂志促销 = 是

　　手表促销 = 是

　　人寿保险促销 = 否

　　信用卡保险 = 否

年龄 =45

性别 = ?

表 5.5　向贝叶斯分类器数据集添加属性年龄

杂志促销	手表促销	人寿保险促销	信用卡保险	年龄	性别
是	否	否	否	45	男性
是	是	是	是	40	女性
否	否	否	否	42	男性
是	是	是	是	30	男性
是	否	是	否	38	女性
否	否	否	否	55	女性
是	否	是	否	35	男性
否	否	否	否	27	男性
是	否	否	否	43	男性
是	是	是	否	41	女性

对于总体条件概率，我们有：

$P(E \mid$ 性别 = 男性 $) = (4/6)\ (2/6)\ (4/6)\ (4/6)\ [P($ 年龄 = 45 $\mid$ 性别 = 男性 $)]$

$P(E \mid$ 性别 = 女性 $) = (3/4)\ (2/4)\ (1/4)\ (3/4)\ [P($ 年龄 = 45 $\mid$ 性别 = 女性 $)]$

为了确定在给定性别 = 男性的条件下年龄的条件概率，假设年龄服从正态分布，并应用概率密度函数。使用表 5.3 中的数据来计算均值和标准差分数。对于性别 = 男性类别，将 $\sigma = 7.69$，$\mu = 37.00$，$x = 45$ 代入。因此，在给定性别 = 男性的条件下，年龄 = 45 的概率计算如下。

$$P(\text{年龄} = 45 \mid \text{性别} = \text{男性}) = 1/(\sqrt{2\pi}\,7.69)\,e^{-(45-37.00)^2/2(7.69)^2}$$

通过计算，我们有：

$P($ 年龄 = 45 $\mid$ 性别 = 男性 $) \cong 0.030$

为了确定在给定性别 = 女性的条件下年龄的条件概率，我们将 $\sigma = 7.77$、$\mu = 43.50$ 和 $x = 45$ 代入。具体计算如下：

$$P(\text{年龄} = 45 \mid \text{性别} = \text{女性}) = 1/(\sqrt{2\pi}\,7.77)\,e^{-(45-43.50)^2/2(7.77)^2}$$

计算后，我们有：

$P($ 年龄 = 45 $\mid$ 性别 = 女性 $) \cong 0.050$

现在我们可以确定总体条件概率值。

$P(E \mid$ 性别 = 男性 $) = (4/6)\ (2/6)\ (4/6)\ (4/6)\ (0.030) \cong 0.003$

$P(E \mid$ 性别 = 女性 $) = (3/4)\ (2/4)\ (1/4)\ (3/4)\ (0.050) \cong 0.004$

最后，应用式（5.1）我们得到：

$P($ 性别 = 男性 $\mid E) \cong (0.003)\ (0.60)/P(E) \cong 0.0018/P(E)$

$P($ 性别 = 女性 $\mid E) \cong (0.004)\ (0.40)/P(E) \cong 0.0016/P(E)$

我们再次忽略 $P(E)$ 并得出结论，该实例属于男性类别。

5.4.5   用朴素贝叶斯进行实验

有几个软件包提供了朴素贝叶斯分类器的实现。在这里，我们关注 e1071 软件包中包含的 naïveBayes 函数（可从 CRAN 库中获得）。

在示例中，使用了标题为"信用卡筛选数据集"的数据集。该数据集包含了 690 名申请信用卡的个人的信息。该数据包括 15 个输入属性和 1 个输出属性，指示个人信用卡申请是否被接受（+）或被拒绝（-）。朴素贝叶斯是分析这些数据的一个很好的选择，因为我们不必担心具有缺失数据的预处理实例。此外，由于贝叶斯是一种基于概率的分类器，因此可以选择用数字显示与每个分类相关的概率。对于我们的示例来说，这是一个有用的方面，因为对于信用卡公司来说，如果他们能够准确地拒绝未来违约的个人（尽管拒绝一些不会违约的个人），可能是有利可图的。了解与每个分类相关的概率后，我们可以根据需要在概率列表中上下移动标尺（inclusion bar）。一个缺点是不能确定哪些属性最适合构建预测模型。我们将使用第 4 章中的一种技术来解决这个问题。

以下是我们的目标：

> 使用信用卡筛选数据集的实例构建一个预测模型，能够预测未来接受哪些信
> 用卡申请人、拒绝哪些申请人。对于以前未见数据的预测准确性的基准包括总体
> 模型正确率为 85%、错误拒绝的最大值为 10%、错误接受的最大值为 5%。

我们提供了 4 个实验的部分输出（列在脚本 5.10～脚本 5.13）旨在满足我们的上述目标。所有这些脚本都位于 Script 5.10–5.13 Bayes classifier.R 文件中。让我们来看看第一个脚本。

信用卡筛选数据集

信用卡筛选数据集包含 690 名申请信用卡的个人的信息。数据集包括 15 个输入属性和 1 个输出属性，指示个人信用卡申请是被接受（+）还是被拒绝（-）。为了保护数据的机密性，所有输入属性的名称和值都已更改为无意义的符号。原始数据集由 Ross Quinlan 提交到 UCI 机器学习数据集存储库（http://archive.ics.uci.edu/ml/index.php）。

这个数据集很有趣，原因有几个。首先，这些实例代表了关于信用卡申请的真实数据。其次，数据集提供了一组很好的分类属性和数值属性。再次，数据集中有 5% 的记录包含一个或多个缺失信息。最后，由于属性和值没有语义意义，无法引入关于我们认为重要的属性的偏见。

脚本 5.10 显示了第一次尝试构建一个能够实现我们目标的模型的语句，以及编辑后的输出。这里调用了第 4 章中的 removeNAS 函数，以验证是否存在缺少的记录。你的输出将列出具有一个或多个 NA 值的 24 个实例。我们不使用 removeNAS 返回的修改后的文件，因为朴素贝叶斯会忽略 NA 属性值。

脚本 5.10   贝叶斯分类器信用卡筛选数据

```
> library(e1071)
> library(RWeka)


> PREPROCESS DATA
```

```
> # Locate but do not delete missing items.
> x <- removeNAS(creditScreening)
  "number deleted"
       24

> set.seed(100)
> credit.data <- creditScreening
> index <- sample(1:nrow(credit.data), 2/3*nrow(credit.data))
> credit.train <- credit.data[index,]
> credit.test <-  credit.data[-index,]

> # CREATE THE MODEL
> credit.Bayes<-naiveBayes(class ~ .,laplace =1, data= credit.train)
> summary(credit.Bayes)

          Length Class  Mode
apriori    2      table  numeric
tables    15      -none- list
levels     2      -none- character
isnumeric 15      -none- logical
call       4      -none- call

> # TEST & CREATE THE CONFUSION MATRIX

> credit.pred <-predict(credit.Bayes, credit.test)
> credit.perf<- table(credit.test$class,
+                     credit.pred, dnn=c("actual", "Predicted"))
> credit.perf

      Predicted
actual  -    +
    - 116  14
    +  35  65

> confusionP(credit.perf)
  Correct= 181
 Incorrect= 49
 Accuracy = 78.7 %
```

脚本 5.10 中的混淆矩阵显示了 78.7% 的总体正确率，35% 的阳性类实例的信用卡申请被拒绝。此外，10.8%（14/130）应该被拒绝的人获得了信用卡。

脚本 5.11 试图通过属性评估来改进结果。具体来说，将 GainRatioAttributeEval 应用于所有数据，以确定单个属性对于输出类的价值。该函数是 RWeka 软件包（Hornik 等人，2009）的一部分，可通过 CRAN 库获得。Weka 是 Waikato 环境知识分析的简写，是一个独立的多用途数据挖掘和分析工具。Weka 由新西兰怀卡托大学开发，并且是公开可用的。如果你熟悉 Weka，就会很高兴地知道 RWeka 软件包支持 Weka 内的大多数分类器、聚类算法和预处理工具。

脚本 5.11　贝叶斯分类器：属性选择

```
> # PREPROCESSING

> set.seed(100)
> best <-GainRatioAttributeEval(class ~ ., data=creditScreening)
> best <- sort(best,decreasing = TRUE)
```

```
> round(best,3)
  nine    ten   eleven fifteen eight three fourteen four  five   six
 0.452  0.161   0.152   0.143  0.114 0.046   0.042 0.033 0.033 0.030
  two   seven thirteen one    twelve
 0.029  0.029  0.019   0.003   0.001

> credit.Bayes<-naiveBayes(class ~ nine + ten + eleven
+                          + fifteen,laplace = 1,
+                          data= credit.train,type = "class")

> # CREATE CONFUSION MATRIX
> credit.pred <-predict(credit.Bayes, credit.test)
> credit.perf<- table(credit.test$class, credit.pred,
+         dnn=c("actual", "Predicted"))
> credit.perf

      Predicted
actual   -    +
     - 119   11
     +  44   56

> confusionP(credit.perf)

  Correct= 175
Incorrect= 55
Accuracy = 76.09 %
```

GainRatioAttributeEval 的调用遵循大多数 R 机器学习工具使用的通用格式。GainRatioAttributeEval 返回一个列表，该列表将"优度分数"与每个属性相关联起来。不考虑属性之间的相互作用。

接下来，我们对列表进行排序，看到属性 nine 是最高得分的输入属性，而 ten、eleven 和 fifteen 分别排在第 2、第 3 和第 4 位。在实验中，只保留了排名前 4 的输入属性。由此产生的混淆矩阵显示了假阳性的减少，但总体模型性能仍有不足。

第三个实验（见脚本 5.12）仅使用了排名前 2 位的输入属性。错误拒绝率下降到 10%，总体准确率提高到 84.78%。然而，0.19 的假阳性率远未达到我们所设定的目标。

脚本 5.12   贝叶斯分类器：两个输入属性

```
> set.seed(100)

> # CREATE THE MODEL
> credit.Bayes<-naiveBayes(class ~ nine + ten, laplace = 1,
+                          data= credit.train)

      Predicted
actual   -    +
     - 105   25
     +  10   90

> confusionP(credit.perf)
  Correct= 195
Incorrect= 35
Accuracy = 84.78 %
```

在最后一个实验中（见脚本 5.13），我们指示 predict 函数为我们提供分类器计算的原始后验概率。这个想法是检查单个概率值，以便找到一个分界点，使我们能够删除一些假阳性分类，同时不会失去太多真阳性。为了研究这种可能性，使用 cbind 将计算出的概率与它们的实际类别关联起来。结果被转换为数据框，+ 和 - 的被替换为 yes 和 No，并且 order 函数基于 yes 列将概率从高到低排序。脚本 5.13 列出了前 3 个排序值。这 3 个实例都属于 yes 类（2）。如果你查看整个排序后的概率值列表，将看到前 79 个实例的预测概率为 0.916。其中 7 个实例是错误的接受。第 80 个实例的关联概率为 0.616，接下来的 35 个实例也是如此。第 116 个实例代表两个类别之间的分界点。鉴于此，即使我们将信用卡发行限制在相关概率高于 90% 的个体，也仍然无法通过 5% 的假阳性测试。章末练习提供了使用此数据集进行额外练习的机会。

脚本 5.13　贝叶斯分类器：数值输出

```
> set.seed(100)
> # CREATE THE MODEL
> credit.Bayes<-naiveBayes(class ~ nine + ten, laplace =1,
+                          data= credit.train)

> credit.pred <-predict(credit.Bayes, credit.test,laplace=1,
type="raw")
> credit.pred <- cbind(credit.test$class,credit.pred)
> head(credit.pred)

          -          +
[1,] 2 0.38359702 0.6164030
[2,] 2 0.38359702 0.6164030
[3,] 2 0.38359702 0.6164030

> credit.df <- data.frame(credit.pred)
> colnames(credit.df) <- c("class","No","yes") # change column
names
> credit.ordered <- credit.df[order(credit.df$yes, decreasing =
TRUE),]
> head(credit.ordered)

   class        No      yes
5      2 0.08439337 0.9156066
6      2 0.08439337 0.9156066
8      2 0.08439337 0.9156066
…….
```

5.5　本章小结

一种最受欢迎的、用于估计和预测问题的统计技术是线性回归。线性回归试图将数值因变量的变化建模为一个或多个数值自变量的线性组合。当因变量和自变量之间的关系接近线性时，线性回归是一种合适的策略。当因变量是二元结果时，线性回归是一个糟糕的选择。问题在于回归方程没有观察到对因变量的值的限制。这是因为线性回归产生一条直线函数，因变量的值在正向和负向都是无界的。对于二元结果的情况，逻辑回归是一个更

好的选择。逻辑回归是一种非线性回归技术，它将每个数据实例与一个条件概率值关联起来。对于可能的结果 0 或 1，概率 $p(y=1|x)$ 表示具有属性向量 x 的数据实例属于与结果 1 相关联的类的条件概率。同样，$1-p(y=1|x)$ 表示实例属于与结果 0 相关联的类的概率。

朴素贝叶斯分类器提供了一种简单但强大的监督分类技术。该模型假设所有输入属性具有同等的重要性并且彼此独立。尽管这些假设很可能是错误的，但贝叶斯分类器在实践中仍然表现出色。朴素贝叶斯可以应用于包含分类和数值数据的数据集。此外，与许多统计分类器不同，贝叶斯分类器可以应用于包含大量缺失项的数据集。在构建模型之前进行属性选择，通常会显著提高使用朴素贝叶斯的成功机会。

5.6   关键术语

❑ 先验概率。在缺乏支持或拒绝假设的证据的情况下，假设为真的概率。

❑ 贝叶斯分类器。一种利用贝叶斯定理对新实例进行分类的监督学习方法。

❑ 贝叶斯定理。在给定某些证据的情况下，假设为真的概率等于在给定假设的情况下证据为真的概率乘以假设的概率，再除以证据的概率。

❑ 条件概率。用 $P(E|H)$ 表示给定假设 H 的情况下证据 E 的条件概率，具体是指在假设 H 为真的情况下 E 为真的概率。

❑ 自由度。在统计数据计算中，可自由变化的数值的数量。

❑ 密度图。使我们能够可视化连续时间间隔内数据分布的图。

❑ 假阳性率（FPR）。FPR 计算为：特定类别中被错误分类的实例总数除以不属于该类别的实例总数。

❑ 拉普拉斯平滑。一种校正参数，其中对每个属性值的计数都加上 1，以避免零概率。

❑ 最小二乘准则。最小二乘准则最小化实际输出值与预测输出值之间的平方差的总和。

❑ 线性回归。一种统计技术，将因变量的变化建模为一个或多个独立变量的线性组合。

❑ 逻辑回归。一种用于具有二元结果的非线性回归技术。该方程将输出属性的值限制在 0~1。这使得输出值可以表示类成员概率。

❑ 对数比率（logit）。比值 $p(y=1|x)/[1-p(y=1|x)]$ 的自然对数。$p(y=1|x)$ 是由特征向量 x 确定的线性回归方程的值为 1 的条件概率。

❑ 残差。作为实际输出和计算输出之间的差异而计算的误差。

❑ 残差标准误差。预测输出值的平均误差，它被计算为所有残差平方和除以自由度后的平方根。

❑ 显著性水平。我们愿意拒绝实验结果纯粹是偶然的概率。

❑ 简单线性回归。只有一个独立变量的回归方程。

❑ 斜率 – 截距形式。一种形式为 $y=ax+b$ 的线性方程，其中 a 是直线的斜率，b 是 y 轴的截距。

❏ 真阳性率（TPR）。TPR 的计算方法是在一个类别中被正确分类的实例数除以实际属于该类别的实例总数。

练习题

复习题

区分以下各项：

a. 简单线性回归和多元线性回归。

b. 线性回归和逻辑回归。

c. 先验概率、条件概率和后验概率。

R 实验项目

1. 执行脚本 5.1，并键入 attributes(my.slr)。此函数会列出与对象关联的属性。键入 my.slr$ 后跟属性名称，列出 5 个属性的输出。

2. 重复练习（1），但仅使用 hr32 作为唯一的输入变量。

3. 使用 OFCM.csv 数据集重复练习（1），其中 oswest.in 作为唯一的输入变量，oswest.out 作为响应变量。

4. 创建伽马射线暴数据集的多元线性回归模型，如下所示：

a. 构建一个模型，使用 f1、hr32 和 t50 来确定 t90。

b. 使用 anova 函数来确定对平方误差和的减少贡献最小的输入属性。

c. 使用 update 函数从原始模型中删除效率最低的输入属性。

d. 使用 anova 函数来确定使用 update 函数创建的模型所看到的平方误差减少是否显著。

5. 重复脚本 5.5 中的实验，但删除 oswest.out 并添加 LE.wt.out 作为响应变量。说明回归方程系数的显著性，并报告由 mmr.stats 计算的统计数据。输入变量能够准确预测 LE.wt.out 吗？

6. 将包含脚本 5.8 和脚本 5.9 的文件导入 RStudio。在脚本 5.9 中找到以下行：#p.card <- ifelse(p.card > 0.5,2,1)。删除注释并执行脚本 5.8 和脚本 5.9。你将看到，在添加了 ifelse 后，ROC 曲线中的曲线消失了。这是因为 p.card 中的小数值现在都是 1 和 2。

a. 将"患病"类别的临界值 0.5 更改为 0.4，然后更改为 0.3、0.2，最后改为 0.1。记录每次 auc 的值。

b. 重复此过程，但使用 0.6、0.7、0.8，最后使用 0.9 作为临界值。

c. 详细描述这些更改对 auc 值的影响。

7. 重复脚本 5.11，但只使用属性 nine 作为唯一的输入属性。接下来，用属性 twelve 替换属性 nine 来构建第 2 个模型。使用这两个属性作为输入来构建最终模型。哪个模型显示了最好的测试集准确性？

8. 使用脚本 5.8 作为模板来构建和测试两个逻辑回归模型。构建并测试一个模型，仅使用具有显著系数的属性。构建并测试第二个模型，仅使用脚本 5.8 中具有显著偏差分数的属性。比较上述两个模型的测试集准确性，并与原始模型进行比较。

9. 阅读 Spam 数据集的文档（文档位于 Spam.xlsx 的描述表中）。使用数据集的 .csv 版本编写一个脚本，比较 R 的逻辑回归函数和朴素贝叶斯。步骤如下：

   a. 导入 Spam 数据集。

   b. 使用 removeNAS 函数删除任何具有一个或多个缺失属性值的实例。

   c. 使用 2/3 的训练集和 1/3 的测试集来评估每种技术的准确性。

   d. 返回预处理模式，并使用 GainRatioAttributeEval（仅保留 6 个最佳输入属性）。重复步骤（3）。

   e. 报告你的发现。

计算题

1. 使用表 5.3 中包含的数据填写下表中的计数和概率。输出属性是人寿保险促销。

表 5.6

	杂志促销		手表促销		信用卡保险			性别	
人寿保险促销	是	否	是	否	是	否		是	否
是							男性		
否							女性		
比率：是 / 总数							比率：男性 / 总数		
比率：否 / 总数							比率：女性 / 总数		

   a. 使用完成的表格以及朴素贝叶斯分类器来确定以下实例的人寿保险促销值。

   杂志促销 ＝ 是

   手表促销 ＝ 是

   信用卡保险 ＝ 否

   性别 ＝ 女性

   人寿保险促销 ＝ ?

   b. 重复 a 部分，但假设客户的性别未知。

   c. 重复 a 部分，但使用式（5.15）且等式中 $k = 1$ 和 $p = 0.5$，来确定人寿保险促销的值。

2. 考虑下面的混淆矩阵，其中 Yes 表示正类。

		预测的类别	
		是	否
实际的类别	是	30	10
	否	10	70

   a. 计算整体分类准确性。

   b. 计算真实阳性率。

   c. 计算假阳性率。

相关安装包和函数总结

与本章内容相关的安装包和函数与表 5.7 所示。

表 5.7　已安装的包和函数

包名称	函数
base/stats	abline、anova、aov、*c*、cbind、cor、data.frame、df.residual、factor、fitted、glm,head、ifelse、library、lm、order、plot、predict、residuals、round、sample、set.seed、step、summary、table、update
Car	densityPlot、scatterplotMatrix
Caret	train、trainControl
e1071	naiveBayes
graphics	boxplot
RWeka	GainRatioAttributeEval
ROCR	performance、prediction

第 6 章

基于树的方法

本章内容包括：

❏ 决策树算法。

❏ 构建决策树。

❏ 集成技术。

❏ 回归树。

第 5 章重点介绍了监督统计机器学习技术，该技术需要满足一些假设（如正态性和数据独立性）以验证结果。现在，我们将注意力转向了一些不对数据性质做任何假设的监督机器学习算法。

在 6.1 节，我们关注创建决策树的标准方法。在 6.2 节，将应用 Quinlan 的 C4.5 决策树算法的商业版本来分析客户流失数据。6.3 节介绍了 rpart，一种基于树的学习模型，用于构建决策树和回归树。在 6.4 节，介绍了 RWeka 机器学习包，并将其 J48 决策树算法应用于客户流失数据。6.5 节的重点是提高性能的集成技术。本章的最后一节讨论了使用 rpart 构建回归树。

6.1 决策树算法

决策树是一种常用的监督学习结构。已经有多篇文章介绍了关于决策树模型在现实世界问题中的成功应用。我们在第 1 章介绍了 C4.5 决策树模型。在本节中，将更详细地研究 C4.5 用于构建决策树的算法。

6.1.1 一种构建决策树的算法

决策树仅使用那些最能区分要学习的概念的属性来构建。通过从训练集中选择实例的子集来构建决策树。然后，算法使用这个子集来构建一个决策树。剩余的训练集实例用于测试所构建的树的准确性。如果决策树对实例进行了正确的分类，则该过程终止。如果一个实例被错误分类，那么该实例将被添加到所选的训练实例子集中，并构建一个新的树。这个过程持续进行，直到创建了一个对所有未选择的实例进行正确分类的树，或者从整个训练集构建了决策树。本书提供了该算法的简化版本，该版本使用整个训练实例集来构建决策树。算法的步骤如下：

1. 设 T 为训练实例的集合。
2. 选择一个最能区分 T 中实例的属性。
3. 创建一个树节点，其值是所选属性。从该节点创建子链接，其中每个链接代表所选属性的唯一值。使用子链接值将实例进一步细分为子类。
4. 对于步骤 3 中创建的每个子类：
   a. 如果子类中的实例满足预定义的条件，或者该树路径的剩余属性选择集合为空，则为遵循该决策路径的新实例指定分类。
   b. 如果子类不满足预定义的条件，并且至少有一个属性可以进一步细分树的路径，则将 T 设置为当前子类实例集合，并返回步骤 2。

构建决策树时所做的属性选择决定了所构建的树的大小。主要目标是最小化树的级数和节点数，从而最大化数据的泛化。在我们的信用卡促销数据集的帮助下，下一节将详细介绍 C4.5 使用的属性选择方法。

6.1.2　C4.5 属性选择

C4.5 使用了信息论中的一种度量方法来帮助属性选择过程。在树中的每个选择点，C4.5 计算所有可用属性的增益比（gain ratio）。具有最大增益比的属性被选中来拆分数据。下面是计算属性 A 的增益比的公式。

$$\text{GainRatio}(A) = \text{Gain}(A)/\text{Split Info}(A)$$

对于一组 I 个实例，计算 Gain(A) 的公式如下：

$$\text{Gain}(A) = \text{Info}(I) - \text{Info}(I, A)$$

其中 Info（I）是当前所检查的实例集中包含的信息，Info(I, A) 是根据属性 A 的可能结果对 I 中的实例进行区分后的信息。

计算 Info(I)、Info（I, A）和 Split Info(A) 的公式都很简单。对于 n 个可能的类别，计算 Info(I) 的公式为：

$$\text{Info}(I) = -\sum_{i=1}^{n} \frac{\#\text{in class } i}{\#\text{in } I} \log_2 \left(\frac{\#\text{in class } i}{\#\text{in } I} \right)$$

在 I 被划分为 k 个结果之后，Info(I, A) 计算如下：

$$\text{Info}(I, A) = \sum_{j=1}^{k} \frac{\#\text{in class } j}{\#\text{in } I} \text{info(class } j)$$

最后，Split Info(A) 用于增益计算的标准化，以消除具有多个结果的属性选择的偏差。如果不使用 Split Info 的值，那么总是会选择每个实例具有唯一值的属性。再次强调，对于 k 个可能的结果：

$$\text{split Info}(A) = -\sum_{j=1}^{k} \frac{\#\text{in class } j}{\#\text{in } I} \log_2 \left(\frac{\#\text{in class } j}{\#\text{in } I} \right)$$

让我们使用表 6.1 提供的数据来看看如何应用这些公式。在我们的示例中，将人寿保险促销指定为输出属性。为了说明目的，将这些公式应用于整个训练数据集。我们希望开发一个预测模型。因此，输入属性仅限于收入范围、信用卡保险、性别和年龄。属性 ID 的目的是引用表中的项。

表 6.1　信用卡促销数据集

ID	收入范围	人寿保险促销	信用卡保险	性别	年龄
1	40～50 k	否	否	男性	45
2	30～40 k	是	否	女性	40
3	40～50 k	否	否	男性	42
4	30～40 k	是	是	男性	43
5	50～60 k	是	否	女性	38
6	20～30 k	否	否	女性	55
7	30～40 k	是	是	男性	35
8	20～30 k	否	否	男性	27
9	30～40 k	否	否	男性	43
10	30～40 k	是	否	女性	41
11	40～50 k	是	否	女性	43
12	20～30 k	是	否	男性	29
13	50～60 k	是	否	女性	39
14	40～50 k	否	否	男性	55
15	20～30 k	是	是	女性	19

图 6.1 显示了在属性收入范围上进行的顶层拆分的结果。输出属性人寿保险促销的"是"和"否"总数显示在每个分支的底部。尽管这个属性不是拆分表数据的好选择，但它是用来演示上述公式的好选择。

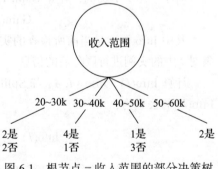

图 6.1　根节点 = 收入范围的部分决策树

首先，计算 Info(I) 的值。因为我们试图确定树的顶层节点，所以 I 包含了表中所有的 15 个实例。鉴于人寿保险促销包含了 9 个"是"的值和 6 个"否"的值，计算如下：

$$\text{Info}(I) = -[9/15 \log_2 9/15 + 6/15 \log_2 6/15] = 0.970\,95$$

收入范围有 4 种可能的结果，Info(I, 收入范围) 的计算如下，

$$\text{Info}(I, \text{收入范围}) = 4/15\,\text{Info}(20\sim30k) + 5/15\,\text{Info}(30\sim40k) +$$
$$4/15\,\text{Info}(40\sim50k) + 2/15\,\text{Info}(50\sim60k) = 0.723\,65$$

其中：

$$\text{Info}(20\sim30k) = -[2/4 \log_2 2/4 + 2/4 \log_2 2/4]$$
$$\text{Info}(30\sim40k) = -[4/5 \log_2 4/5 + 1/5 \log_2 1/5]$$

$$\text{Info}(40 \sim 50k) = -[3/4 \log_2 3/4 + 1/4 \log_2 1/4]$$

$$\text{Info}(50 \sim 60k) = -[2/2 \log_2 2/2]$$

同样：

$$\text{SplitInfo}(收入范围) = -[4/15 \log_2 4/15 + 5/15 \log_2 5/15 + 4/15 \log_2 4/15 + 2/15 \log_2 2/15]$$

$$\approx 1.932\,91$$

现在我们计算增益如下：

$$\text{gain}(收入范围) = \text{Info}(I) - \text{Info}(I, 收入范围)$$

$$\approx 0.979\,05 - 0.721\,93 = 0.257\,12$$

最后，

$$\text{Gain Ratio}(收入范围) = \text{Gain}(收入范围) / \text{SplitInfo}(收入范围)$$

$$\approx 0.257\,12/1.932\,91 = 0.133\,02$$

类别属性信用卡保险和性别的分数以类似的方式计算。现在的问题是，如何应用这些公式来获得数值属性年龄的分数？答案是通过对数值进行排序，并计算每个可能的二分割点的增益比分数来离散化数据。对于我们的示例，年龄首先按如下方式排序。

19	27	29	35	38	39	40	41	42	43	43	43	45	55	55
Y	N	Y	Y	Y	Y	Y	Y	N	Y	Y	N	N	N	N

接下来，为每个可能的分割点计算一个分数。这个过程一直持续，直到获得 45 和 55 之间的分割的分数。通过这种方式，每个分割点都被视为一个具有两个值的独立属性。最后，通过对收入范围、信用卡保险、性别和年龄进行计算，我们发现信用卡保险的增益比分数最高，为 3.610。图 6.2 显示了以信用卡保险为根节点的部分决策树。

这就把我们带到了决策树算法的第 4 步，在这一步中，必须为部分树的两个分支中的每一个做出决策。首先，考虑显示信用卡保险 = 是的分支。沿着这条路径后面的 3 个实例都有人寿保险促销 = 是。因此，应用 4.a 步骤，算法终止这条路径，并标记人寿保险促销 = 是。

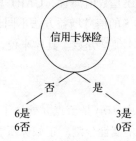

图 6.2　以信用卡保险为根节点的部分决策树

路径信用卡保险 = 否显示了其中有 6 个人寿保险促销 = 是和 6 个人寿保险促销 = 否的实例。因此，应用 4.b 步骤，算法返回到步骤 2，对剩余的 12 个实例应用属性选择。性别是获胜的属性，导致了图 6.3 中显示的决策树。沿着分支，性别 = 女性显示了 6 名女性客户中的 5 名接受了促销。因此，应用 4.a 步骤，路径以标签人寿保险促销 = 是终止。以相同的方式，分支性别 = 男性显示了 6 名男性客户中的 5 名拒绝了促销。因此，应用步骤 4.a，路径以标签人寿保险促销 = 否终止。值得指出的是，性别的两条路径都错误分类了一个实例。由于年龄和收入范围这两个属性仍然可用，因此仍然有可能进一步细分树。但很可能的是，特定分支的非终止的预定义条件之一，需要一个以上剩余的错误分类实例。决策树算法的实现允许用户在树的通用性和训练数据分类准确性之间做出权衡。

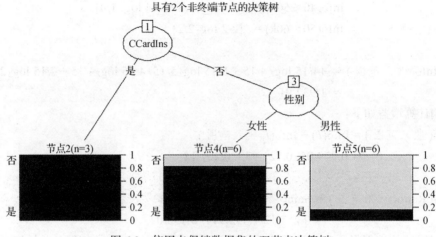

图 6.3　信用卡促销数据集的双节点决策树

6.1.3　构建决策树的其他方法

我们刚刚描述了 C4.5 算法的基础知识。然而，还存在一些其他用于构建决策树的算法。ID3（Quinlan，1986）已经得到了广泛研究，是 C4.5 的前身。

CART（Breiman 等人，1984）是一类基于树的、被称为分类和回归树的方法的缩写。CART 与 C4.5 非常相似，但也有一些不同之处。第一个显著的区别是，不管属性是分类属性还是数值属性，CART 总是对数据执行二拆分。第二个区别是用于属性选择的度量。与 C4.5 的信息增益方法不同，CART 在每个选择点上使用的默认测量是一个被称为基尼（Gini）的不纯度分数。具体来说，

$$Gini = 1 - \sum_{n=1}^{2} (p_i(n))^2$$

其中 $p_i(n)$ 是节点 n 处属于类 i 的实例的分数。决策树下一个拆分选择的属性是导致最小基尼的属性分割。正如你所看到的，当节点 n 上的所有实例都属于相同的类时，总和为 1，从而给出基尼不纯度分数为 0。

第三个区别是，CART 调用测试数据来帮助修剪，并因此概括所创建的二叉树，而 C4.5 仅使用训练数据来创建最终的树结构。最后，CART 是第一个引入回归树的系统。回归树采用决策树的形式，其中叶节点是数值而不是分类值。

CHAID（Kass，1980；卡方自动交互检测）是第三个有趣的决策树构建算法，在 SAS 和 SPSS 等商业统计软件中可以找到。CHAID 与 C4.5 和 CART 的不同之处在于，它仅限于使用分类属性。CHAID 具有统计特点，因为它使用 X^2 统计显著性检验来确定构建决策树的候选属性。在接下来的章节中，我们将尝试 R 版本的 C4.5、C5.0 以及 rpart 包中的 CART 实现。让我们开始吧！

6.2　构建决策树：C5.0

首先从 C5.0 开始构建决策树，C5.0 是 C4.5 的增强版本。C5.0 基于 Quinlan 的商业可

用模型，但缺少完整商业版本的一些功能。图 6.3 中显示的决策树是使用 C5.0 构建的。用于构建图 6.3 中树的语句以及相关输出在脚本 6.1 中列出。在执行脚本 6.1 之前，你必须安装 C50 包。此外，请确保已将 ccpromo.csv 导入到 RStudio 中。

脚本 6.1　一个信用卡促销数据集的 C5.0 决策树

```
> library(C50)

> ccp.C50 <- C5.0(LifeInsPromo ~ ., data = ccpromo,
+                 control=C5.0Control(minCases=2))
> summary(ccp.C50)

Call:
C5.0.formula(formula = LifeInsPromo ~ ., data =
 ccpromo, control = C5.0Control(minCases = 2))

Decision tree:

CCardIns = Yes: Yes (3)
CCardIns = No:
:...Gender = Female: Yes (6/1)
    Gender = Male: No (6/1)

Evaluation on training data (15 cases):

    Decision Tree
  ----------------
  Size      Errors

    3      2(13.3%)    <<

  (a)   (b)    <-classified as
  ----  ----
    5     1    (a): class No
    1     8    (b): class Yes

Attribute usage:

100.00% CCardIns
80.00% Gender

> plot(ccp.C50, main = "A decision tree with two nonterminal
nodes.")
```

6.2.1　信用卡促销的决策树

对 C5.0 的调用显示 LifeInsPromo 为输出属性，并指定在构建树时要考虑所有输入属性。minCases 指示算法考虑在当前路径中，对仍具有至少两个实例的任何树节点进行拆分。summary 函数说明了对 C5.0 的调用，之后我们会看到定义树的语句。终端节点提供了一个分类，指示了遵循给定路径的实例数量，并告诉我们这些实例中有多少个被错误分类。例如，通向 Gender = Female : Yes（6/1）的分支告诉我们，有 6 个实例遵循这条路径，其中一个（实例 # 6）表示错误分类。错误分类的实例满足 CCardIns = No 和 Gender = Female，但显示 LifeInsPromo 的值为 No。

接下来，我们看到对训练数据的评估，它以混淆矩阵的形式呈现。矩阵显示两个训练实例被树错误分类。属性用法（attribute usage）下面的列表说明了用于构建相应决策树的属性。列表顶部的属性与预测结果最相关。最后，plot 函数给出了图 6.3 中显示的树。

在继续看一个更有趣的示例之前，有必要花时间看看 C5.0 提供的选项。简单地看一下 C50 包中给出的 C5.0 文档。最令人感兴趣的是，C5.0 有一种可选的调用格式。为了在脚本 6.1 中使用这种格式，我们可以编写以下代码。

```
ccp.C50 <- C5.0(ccpromo[-4],ccpromo$LifeInsPromo, control=C5.0Control(minCases=2))
```

采用这种格式，首先列出输入数据。请注意，输出属性（第 4 列）已经从数据中删除。接下来列出输出属性，然后是 C5.0 控制语句。

更普遍的是，

```
my.Model <- C5.0(trainData, class, trials=1, costs=null,control=C5.0Control( ))
```

其中 trials、costs 和 control 是可选的。

trials 大于 1 表示多模型方法，称为增强（boosting，见 6.5 节）。costs 允许将不同类型的错误与可变成本关联起来。让我们看一个数据集，在这个数据集上尝试调整 trials 参数和 minCases。

6.2.2 模拟客户流失的数据

MLC++ 机器学习库最初包含的两个人工数据集模拟了电信客户流失。这些数据集包含 19 个输入属性，其中大多数是数值属性。输出属性是流失（churn），可能的值是 "是" 或 "否"。训练数据包括 3333 个客户实例，包含在 churnTrain 中。1667 个实例的测试集位于 churnTest 中。

我们的目标是使用 C5.0 构建一个预测模型，该模型能够确定给定的客户是否有可能流失。正确识别可能流失的候选客户非常重要，因为这样可以提供激励措施，防止这些客户放弃他们的服务。按照我们的解释，将两个数据集都导入并加载脚本 6.2 到 RStudio 中！

6.2.3 使用 C5.0 预测客户流失

脚本 6.2 列出了我们用 C5.0 进行训练 / 测试集实验的最相关的语句和输出。最初，我们使用 minCases 的默认设置值 2，这导致了一个包含 27 个终端节点的树，测试集的准确率为 94.72%，有 78 个流失客户被树错误分类。脚本 6.2 中定义的模型，在 minCases=50 的情况下，显示了图 6.4 中的 8 个终端节点树。较小树的测试集准确率仍然很高，为 93.22%，有 83 个流失客户被错误分类。关于更好理解、更有效但不太准确的树是否是更好的选择的问题，最好的答案是确定观察到的差异是否具有统计显著性。在比较竞争模型时，测试统计学显著性差异是第 9 章的中心主题。

最后，脚本 6.25（此处未显示）可以在第 6 章的 scripts.zip 文件中找到。该脚本显示了，如何使用在脚本 5.13 中首次说明的技术来获得作为概率值的预测。该脚本还说明了如何列出分类错误的特定实例。知道哪些实例被错误分类，通常有助于开发改进的模型。接下来，我们将注意力转向一个众所周知的 CART 的实现。

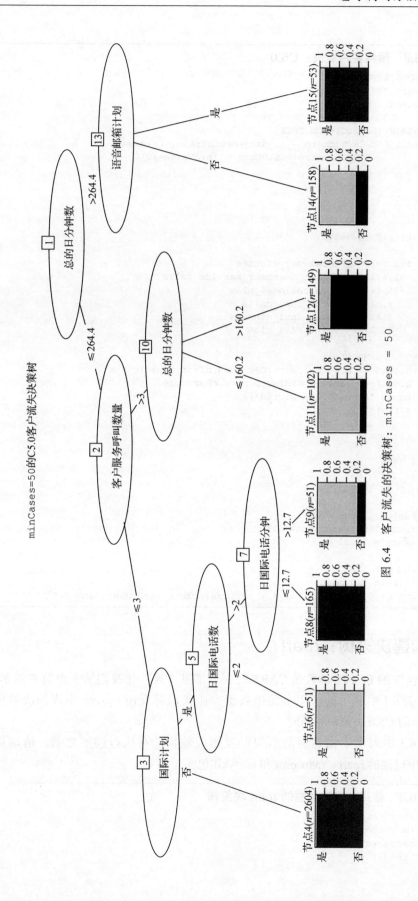

图 6.4 客户流失的决策树：minCases = 50

脚本 6.2   预测客户流失：C5.0

```
> #PREPROCESSING
> library(C50)
> set.seed(100)

> # CREATE THE DECISION TREE
> churn.C50 <-C5.0(churn ~ ., data=churnTrain, trials=1,
+                      control=C5.0Control(minCases=50))
> churn.C50

Tree size: 8


     Attribute usage:

     100.00%      total_day_minutes
      93.67%      number_customer_service_calls
      86.14%      international_plan
       8.01%      total_intl_calls
       6.48%      total_intl_minutes
       6.33%      voice_mail_plan

> # TEST THE MODEL
> churn.pred <- predict(churn.C50, churnTest,type="class")
> churn.conf <- table(churnTest$churn,churn.pred,
+     dnn=c("Actual","Predicted"))
> churn.conf

     Predicted

Actual  yes    no
   yes  141    83
   no    30  1413

> confusionP(churn.conf)
  Correct= 1554 Incorrect= 113
  Accuracy = 93.22 %

> # PLOT THE TREE
> plot(churn.C50,main
+    ="A C5.0 decision tree for customer churn with mincases=50.")
```

6.3   构建决策树：rpart

rpart 包中的 rpart 函数是 CART 的一个常见实现。让我们从一个简单的示例开始，再次使用表 6.1 中显示的信用卡促销数据。让我们看看由 rpart 生成的决策树如何与图 6.3 所示的 C5.0 决策树相匹配。

脚本 6.3 中列出了构建树的语句以及相关输出。在执行脚本之前，请确保安装了 CRAN 库中提供的 rpart、rpart.plot 和 partykit 包。

脚本 6.3   信用卡促销数据的 rpart 决策树

```
> library(partykit)
> library(rpart)
> library(rpart.plot)
> set.seed(100)
```

```
> ccp.rpart <- rpart(LifeInsPromo ~ ., data = ccpromo,
+                    control=rpart.control(minsplit=3),method="class")
> ccp.rpart

node), split, n, loss, yval, (yprob)
      * denotes terminal node

 1) root 15 6 Yes (0.4000000 0.6000000)
   2) Age>=44 3 0 No (1.0000000 0.0000000) *
   3) Age< 44 12 3 Yes (0.2500000 0.7500000)
     6) Gender=Male 6 3 No (0.5000000 0.5000000)
      12) CCardIns=No 4 1 No (0.7500000 0.2500000) *
      13) CCardIns=Yes 2 0 Yes (0.0000000 1.0000000) *
     7) Gender=Female 6 0 Yes (0.0000000 1.0000000) *

> prp(ccp.rpart,main="Decision Tree with Three Non-Terminal Nodes",
+     type=2,extra=104, fallen.leaves=TRUE,roundint=FALSE)

> plot(as.party(ccp.rpart),
+      "A Decision Tree with three Non-Terminal Nodes")

> # Decision tree rules.
> rpart.rules(ccp.rpart, roundint=FALSE)
 LifeInsPromo

        0.00 when Age >= 44
        0.25 when Age <  44 & Gender is   Male & CCardIns is  No
        1.00 when Age <  44 & Gender is   Male & CCardIns is Yes
        1.00 when Age <  44 & Gender is Female
```

6.3.1 信用卡促销的 rpart 决策树

脚本 6.3 中的库语句反映了三个包。在 rpart 包中，能够找到实现 CART 版本的 rpart 函数。rpart.plot 库包含了用于绘制 rpart 决策树的 rpart.plot 和 prp 函数。它还包含了 rpart.rules 函数，用于将 rpart 决策树映射到一组规则。partykit 包允许我们转换 rpart 创建的对象，以便将它作为 party 类型的对象打印出来。

对 rpart 的调用告诉我们，在构建树时要考虑所有的输入属性。此外，必须至少有三个树节点实例才会考虑拆分。如果输出属性是一个因子（这里就是这种情况），那么假定 method = class。

接下来的几行给出了定义决策树的语句。最初，理解书中给出的描述可能是一项挑战。考虑第一行，我们有

```
root 15 6 Yes (0.4000000 0.6000000)
```

这一行告诉我们，在根级别我们有 15 个实例，其中 6 个与最常见的值相反（9 个实例显示人寿保险促销＝是）。括号显示了"否"和"是"的概率分数。接下来的两行如下所示

```
2) Age>=44 3 0 No (1.0000000 0.0000000) *
3) Age< 44 12 3 Yes (0.2500000 0.7500000)
```

请注意，基尼度量选择了年龄作为树的顶部节点，而不是信用卡保险。第 2 行是一个终端路径，并由 * 指示。它告诉我们，有 3 个实例遵循年龄≥44。0 表示 3 个实例都是否。

第 3 行显示 12 个实例遵循年龄 < 44 的路径。人寿保险促销的常见值为"是",有 3 个实例显示"否"。性别被视为下一个属性选择,其中性别 = 女性是一个终端路径。性别 = 男性在 CCardIns 上拆分,其中两个值都是终端值。

用 prp(见图 6.5)和 plot(见图 6.6)获得的图形化呈现的树更容易解释。脚本 6.3 的副本还包括 rpart.plot,它作为第三种方法。prp 和 rpart.plot 提供了一些值得研究的选项。对于 prp,type = 2 将拆分标签放置在每个节点下方。fallen.leaves = TRUE 将所有终端节点放置在树底部的同一级别上,extra = 104 在图中包含概率值。当训练数据中的一个或多个数值属性为严格的整数时,将 roundint 设置为 FALSE 可以避免出现警告。该警告与新显示的数据可能具有小数值有关。最后,rpart.rules 将决策树映射到一组规则。小数值给出了满足每个规则的、具有人寿保险促销 = 是的实例的分数。

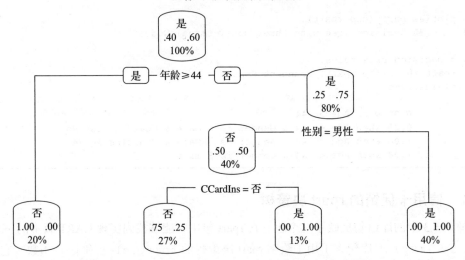

图 6.5   使用 prp 函数创建的三节点的信用卡促销决策树

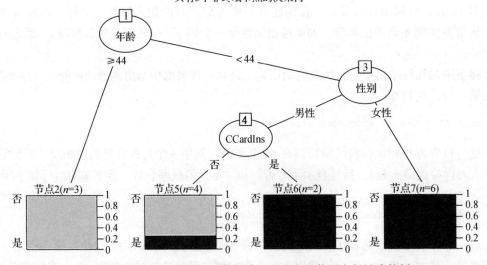

图 6.6   使用 partykit 函数创建的三节点的信用卡促销决策树

根据实验的结果，我们得出结论，C5.0 和 rpart 为信用卡促销数据创建的树是不相同的。这并不奇怪，因为每个模型使用不同的属性选择技术。然而，值得注意的是，在年龄为 44 岁处拆分和 CCardins 拆分的基尼分数是相同的，因为这两个拆分都导致一个包含 3 个实例的终端节点。

在接下来的两节中，我们将 rpart 应用于前文所述的 C50 流失数据。首先，使用训练 / 测试集场景，来展示如何借助 rpart 提供的工具确定最佳模型。之后，将展示 rpart 如何与 caret 包中提供的交叉验证函数配合使用，从而减轻了我们选择最佳模型所需要的大量工作。再次强调，我们的目标是建立一个能够识别可能的流失客户的预测模型。让我们开始吧！

6.3.2 训练和测试 rpart：流失数据

脚本 6.4 为我们的训练 / 测试集场景，提供了最相关的语句和结果输出的列表。默认情况下，rpart 在训练数据上使用 10 折交叉验证来构建其模型。xval 参数（目前设置为其默认值）可用于修改折叠的数量。rpart 使用默认设置创建的包含 121 个节点的树（未显示）。

脚本 6.4 在训练 / 测试场景中使用 rpart：流失数据

```
> #PREPROCESSING
> library(rpart)
> library(rpart.plot)
> library(partykit)
> set.seed(100)


> # CREATE THE DECISION TREE
> churn.rpart <-rpart(churn ~ ., data=churnTrain,
+                 control=rpart.control(xval=10),method ="class")

> churn.pred <- predict(churn.rpart, churnTest,type="class")
> churn.conf <- table(churnTest$churn,churn.pred,dnn=c("Actual",
"Predicted"))

      Predicted
Actual  yes   no
   yes  141   83
   no    34 1409

Accuracy = 92.98 %

> # LIST THE CPTABLE PLOT CP VS. X-VAL ERROR
> churn.rpart$cptable
          CP nsplit rel error    xerror      xstd
1 0.08902692      0 1.0000000 1.0000000 0.04207569
2 0.08488613      1 0.9109731 0.9668737 0.04148888
3 0.07867495      2 0.8260870 0.8778468 0.03982814
4 0.05279503      4 0.6687371 0.6811594 0.03565194
5 0.02380952      7 0.4741201 0.4865424 0.03059918
6 0.01759834      9 0.4265010 0.4906832 0.03071920
7 0.01449275     12 0.3685300 0.5031056 0.03107546
8 0.01000000     14 0.3395445 0.4927536 0.03077897
> plotcp(churn.rpart)
```

```
> # CREATE AND TEST A NEW MODEL
>    churnNew.rpart <- prune(churn.rpart,cp=0.02381)
> # TEST THE NEW MODEL
> churn.pred <- predict(churnNew.rpart, churnTest,type="class")
> churn.conf <- table(churnTest$churn,churn.pred,dnn=c("Actual",
"Predicted"))

> churn.conf
      Predicted
Actual yes   no
   yes 141   83
    no  28 1415

Accuracy = 93.34 %

plot(as.party(churnNew.rpart),
     "A pruned rpart tree for customer churn.")
```

当应用于测试数据时，该模型显示总体准确率为 92.98%，其中所有流失者中的 63% 被正确识别。由于我们的目标是识别可能的流失者，因此这个结果不够理想。此外，由于树的规模如此大，过拟合是可能的。我们能用更小的树取得更好的效果吗？复杂性表格可以帮助我们回答这个问题，它提供了关于不同大小树的有用的错误信息。复杂性表格列在模型摘要中，但也可以用语句 churn.rpart$cptable 显示出来。让我们来看一下脚本 6.4 中所显示的复杂性表格中的信息。

该表格基于树拆分，其中项从零拆分的树开始列出。复杂性参数（cp）代表交叉验证的相对误差率与树大小之间的权衡，其中树大小由节点拆分的数量来测量。xerror 列给出了基于训练数据的交叉验证误差。标记为 xstd 的列是交叉验证误差的标准差（误差的标准差）。请注意，由于相对误差和交叉验证误差都经过了缩放，因此零拆分的树显示的误差为 1。

为了更好地理解表格，我们使用 plotcp 将 cp 与交叉验证相对误差绘制在一起（见图 6.7）。该图和复杂性表格表明，在 7 次节点拆分后，相对误差几乎没有改进。根据这些信息，我们使用 cp=0.02381 的 prune 函数来创建所需大小的修剪树。图 6.8 显示了修剪树的顶层节点，该树包含 59 个节点，而不是 121 个节点。在测试时，修剪树的准确率略有提高，但仍然对 83 名流失者进行了错误分类。总之，整体模型速度（更少的树节点）和准确性已经得到了改善，但仍然需要进一步努力。让我们看看交叉验证和 caret 包是否会得到更好的结果。

脚本 6.5　用 rpart 进行交叉验证：流失数据

```
> # Build and test via a 10-fold cross validation a decision
> # tree using the caret package and the rpart function.

> #PREPROCESSING
> library(caret)
> library(rpart.plot)
> library(rpart)
> library(partykit)
> cv.control <- trainControl(method = "cv",number = 10)
> rpart.cv <- train(churn ~ ., data = churnTrain, method =
+                   "rpart", tuneLength=5, trControl = cv.control)
```

```
> rpart.cv

3333 samples
  19 predictor
   2 classes: 'yes', 'no'

Resampling: Cross-Validated (10 fold)
Summary of sample sizes: 2999, 2999, 3000, 3000, 3000, 3000, ...
Resampling results across tuning parameters:

  cp           Accuracy    Kappa
  0.01863354   0.9252981   0.6625721
  0.05279503   0.9171845   0.6053477
  0.07867495   0.8745851   0.3330197
  0.08488613   0.8676871   0.2518991
  0.08902692   0.8628859   0.2146019

Accuracy was used to select the optimal model using the largest
value.
The final value used for the model was cp = 0.01863354.

> # EVALUATE THE MODEL
> pred.cv <-  predict(rpart.cv, churnTest)
> conf.matrix <- table(churnTest$churn,pred.cv,dnn=c("Actual",
+ "Predicted"))
> conf.matrix

       Predicted
Actual yes   no
   yes 141   83
    no  28 1415

Accuracy = 93.34 %
> # OUTPUT THE BEST TREE
> best.tree <- rpart.cv$finalModel
> plot(as.party(best.tree),
+ "Decision tree: Cross Validation with Caret Package Churn Data")
```

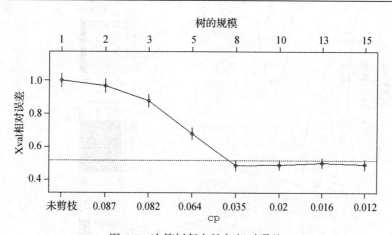

图 6.7   决策树复杂性与相对误差

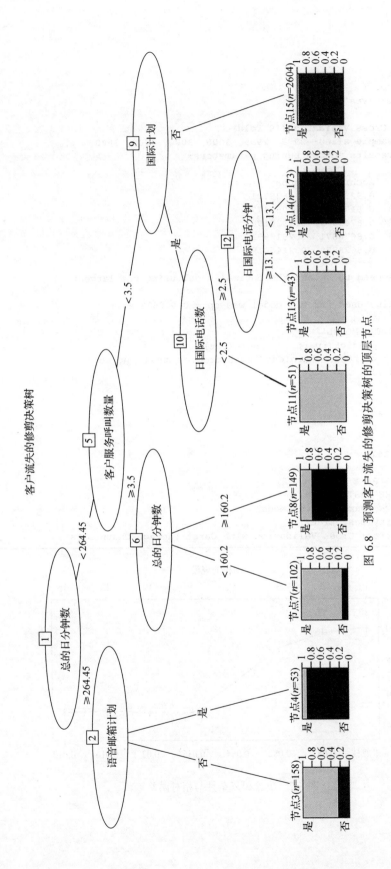

图 6.8　预测客户流失的修剪决策树的顶层节点

6.3.3　交叉验证 rpart：流失数据

第 5 章中的脚本 5.4 向你介绍了如何使用线性回归和 caret 包进行交叉验证。在这里，我们使用相同的技术，但将 lm 替换为 rpart，以预测分类而不是数值结果。脚本 6.5 给出了语句和相关输出，图 6.9 显示了生成的决策树。

脚本 6.5 提供了两个特别有趣的内容。首先，对训练数据进行了 10 折交叉验证（cv）。对于一个包含 3333 个训练样本的训练集，我们有 10 个训练样本，每个样本包含 2999 或 3000 个实例。除了单次 10 折交叉验证外，还有一种方法是重复交叉验证。为了结合这一点，我们使用 method = "repeatedcv" 而不是 "cv"，并包含变量 repeats 来指定要执行的重复交叉验证的次数。

第二个主要关注的问题涉及参数调整。在 caret 包中，有两种调整算法参数的方法。可以使用 tuneLength 自动进行参数调整，也可以通过为网格中的每个参数指定可能的值来手动进行调整。手动调整技术很有趣，但需要更多的工作。在这里，使用 tunelength 变量来指定每个算法参数要尝试的值的总数。将 tuneLength 设置为 5，我们看到复杂度表格中有 5 个条目。每个表格值代表一次 10 折交叉验证的结果。所选的 cp 值基于模型准确性，并给出高于 93% 的测试集正确性分数，其中有 37% 的流失者被错误分类。

在这里，我们只是简单介绍了 caret 包的一些功能。花些时间更详细地了解这个包提供的其他功能是非常值得的。接下来，将介绍 RWeka 的 J48 决策树函数。

6.4　构建决策树：J48

在第 5 章中，我们通过使用 GainRatioAttributeEval 函数介绍了 RWeka 包，来帮助进行属性选择。在这里，我们使用 J48（RWeka 的 C4.5 的 Java 实现）。在我们查看示例之前，请确保你的计算机上已安装了 RWeka 包（CRAN 库）。此外，RWeka 包含几个尚未安装但可供安装的函数（也称为包）。要使用 RWeka 包提供的所有功能，你最终需要创建一个名为 WEKA_HOME 的环境变量。你可以为该变量分配任何有效的路径 / 文件夹名称。由于 J48 已经安装在基本的 RWeka 包中，因此设置环境变量可以稍后进行。

在我们的实验中，将 J48 决策树算法应用于流失数据。脚本 6.6 列出了实验的语句和相关输出。通过实验，确定了 25 是每个叶子的最小实例数（M）的一个不错的选择。WOW(J48) 可以列出 J48 可用的所有控制选项。

脚本 6.6　在训练 / 测试场景使用 J48：流失数据

```
> #PREPROCESSING
> library(RWeka)
> library(partykit)
> set.seed(100)
> # CREATE THE DECISION TREE
> churn.J48 <-J48(churn ~ ., data=churnTrain,
+                 control=Weka_control(M=25))
> churn.J48

J48 pruned tree
------------------
```

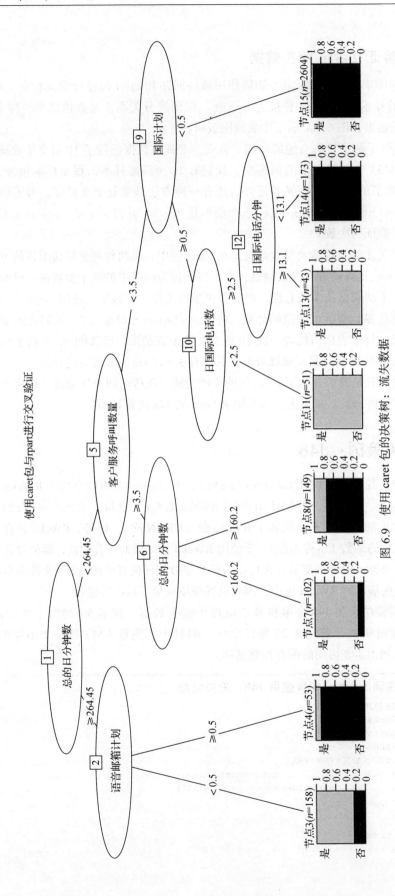

图 6.9 使用 caret 包的决策树：流失数据

```
total_day_minutes <= 264.4
|   number_customer_service_calls <= 3
|   |   international_plan = no
|   |   |   total_day_minutes <= 223.2: no (2221.0/60.0)
|   |   |   total_day_minutes > 223.2
|   |   |   |   total_eve_minutes <= 242.3: no (296.0/22.0)
|   |   |   |   total_eve_minutes > 242.3
|   |   |   |   |   total_eve_minutes <= 267
|   |   |   |   |   |   total_day_minutes <= 239.5: no (25.0/3.0)
|   |   |   |   |   |   total_day_minutes > 239.5: yes (25.0/10.0)
|   |   |   |   |   total_eve_minutes > 267: yes (37.0/9.0)
|   |   international_plan = yes
.......


Number of Leaves  :     15
Size of the tree :      29


=== Confusion Matrix ===

> churn.pred <- predict(churn.J48, churnTest,type="class")
> churn.conf <- table(churnTest$churn,churn.pred,
+                     dnn=c("Actual","Predicted"))
> churn.conf
      Predicted
Actual yes   no
   yes 156   68
   no   30 1413


> confusionP(churn.conf)

Accuracy = 94.12 %
> # PLOT THE MODEL
> plot(as.party(churn.J48),
+      "A J48 decision tree for customer churn")
```

测试集的准确率为 94.12%，与我们之前用同样数据的模型相比表现良好。有 68 个流失者被错误分类也是一个积极的结果。但是，树的大小（未在此处显示）不够理想。最后，如果你更喜欢使用交叉验证来测试模型，可以使用 evaluate_Weka_classifier 函数进行操作。虽然这里没有显示，但你的脚本 6.6 副本中包含了交叉验证。

6.5　用于提高性能的集成技术

当我们做决策时，通常依赖于他人的帮助。以同样的方式，通过组合多个机器学习模型的输出来制定分类决策在直觉上是有道理的。不幸的是，尝试采用多模型方法进行分类的结果参差不齐。这可以部分解释为大多数模型对相同的实例进行了错误分类。然而，多模型方法已经取得了一些成功，其中每个模型都是通过应用相同的机器学习算法来构建的。在本节中，描述 3 种利用相同的机器学习算法来构建多模型（集成）分类器的技术。

这些方法在不稳定的机器学习算法中效果最好。当训练数据发生微小变化时，不稳定算法会显示出模型结构的显著变化。包括决策树在内的许多标准机器学习算法，都显示出具有这种特性。

6.5.1 装袋算法

装袋算法（Bagging）是由 Leo Breiman（1996）开发的一种监督学习方法，它允许多个模型在新实例的分类中拥有相等的投票权。通常，使用相同的挖掘工具来创建要使用的多个模型。这些模型的不同之处在于，从相同的池中选择不同的训练实例来构建每个模型。该方法的工作原理如下：

1. 从训练实例的域中随机抽样多个大小相等的训练数据集。实例是以替换的方式进行抽样的，这允许每个实例出现在多个训练集中。
2. 应用机器学习算法为每个训练数据集构建分类模型。N 组训练数据会产生 N 个分类模型。
3. 为了对未知实例 I 进行分类，将 I 提交给每个分类器。每个分类器都有一票。该实例被放置在获得最多选票的类别中。

装袋算法也可以应用于估计问题，其中预测是数值类型。为了确定未知实例的值，估计的输出被视为所有单个分类器估计的平均值。

6.5.2 提升

由 Freund 和 Schapire（1996）提出的提升（Boosting）更为复杂。Boosting 与装袋算法类似，都使用了多个模型来对新实例的分类进行投票。然而，Boosting 和装袋算法之间有两个主要的区别。具体来说，

❑ 每个新模型都是基于先前模型的结果构建的。最新的模型专注于对那些被先前的模型错误分类的实例进行正确分类。这通常是通过为各个实例分配权重来实现的。在训练开始时，所有实例都被分配相同的权重。在建立了最新的模型之后，那些被模型正确分类的实例的权重被降低。错误分类的实例的权重会增加。

❑ 一旦所有模型都构建完成，每个模型都会根据它在训练数据上的性能分配一个权重。因此，性能更好的模型被允许在未知实例的分类过程中做出更多贡献。

正如你所看到的，Boosting 构建的模型在对训练数据进行分类的能力方面相互补充。如果机器学习算法不能对加权训练数据进行分类，则存在明显的问题。以下是克服此问题的一种方法：

1. 对所有训练数据分配相等的权重，并构建第一个分类模型。
2. 增加错误分类实例的权重，并降低正确分类实例的权重。
3. 通过从先前的训练数据中替换抽样实例来创建一个新的训练数据集。相比于具有较低权重值的实例，具有较高权重值的实例被更频繁地选择。通过这种方式，即使机器学习算法本身不能直接使用实例权重，最难分类的实例将会在后续模型中更频繁地被选择到。
4. 对于每个新模型，重复前面的步骤。

由于错误分类的实例被更频繁地抽样，权重值仍然在模型构建过程中发挥作用。但是，在模型构建过程中，学习算法实际上并不使用权重值。

6.5.3 提升：C5.0 的示例

当 C5.0 中的 `trials` 参数设置大于 1 时，会实现上述提升策略。回到脚本 6.2，将 `trials` 设置为 10 并执行该脚本。

以下是相关的输出：

```
Evaluation on training data (3333 cases):

Trial     Decision Tree
-----     ----------------
     Size      Errors

   0      8   237( 7.1%)
   1      4   442(13.3%)
   2      5   469(14.1%)
   3      4   463(13.9%)
   4     12   923(27.7%)
   5      7   536(16.1%)
   6      7   355(10.7%)
   7      7   472(14.2%)
   8      4   386(11.6%)
   9      8   340(10.2%)
boost        197( 5.9%)   <<

> #Test Set Confusion Matrix

      Predicted
Actual  yes   no
   yes  119  105
   no     6 1437

Accuracy = 93.34 %
```

输出显示了十个树中的每个树在单独使用训练数据时的准确性。`Trial 0`（算法的第 1 步）给出了在没有 Boosting 的情况下获得的树。`Errors` 列显示了将每个新树应用于训练数据时获得的误差。请注意，`Trial 0` 树的性能优于随后创建的每个树。标记为 `boost` 的行显示了当模型联合工作时训练集的准确性，其中每个模型都有一票。在训练数据上，Boosting 模型确实略优于 `Trial 0` 模型。但是，将 Boosting 模型应用于测试数据时，可以看到错误分类的流失客户数量已从 83 增加到 105。

这个简单的实验支持了人们对于多模型方法的了解，即它不一定会提高性能。显然，对 `trials` 变量进行更多的实验可能会得到更好的结果。一般规则是，Boosting 在噪声数据很少的环境中表现最佳。接下来的技术克服了装袋算法和 Boosting 中出现的一些问题。

6.5.4 随机森林

随机森林方法（Breiman，2001）类似于装袋算法，因为它使用一组决策树和多数规则方法。然而，与使用相同属性构建每个树的装袋算法不同的是，随机森林选择随机子集的属性来构建各个树。以下是该方法的步骤：

1. 为随机森林选择决策树的数量 N。
2. 重复以下步骤 N 次：

a. 从训练数据集中随机选择一个需要替换的实例子集。

b. 从已选择的属性集合中随机选择一个属性子集。

c. 使用所选的属性和实例构建一个决策树。

为了说明这个方法，让我们回到第 5 章中描述的信用卡筛选数据集，在那里我们使用贝叶斯分类器来实现这个目标：

> 使用信用卡筛选数据集的实例构建预测模型，该模型能够预测未来接受哪些信用卡申请人、拒绝哪些申请人。对于以前未见数据的预测准确性基准包括总体模型的正确率为 85%、最大错误拒绝值为 10%、最大错误接受值为 5%。

脚本 6.7 列出了实验的语句和编辑后的输出，该实验将 randomForest 函数应用于信用卡筛选数据集。树的数量的默认设置为 500。属性数量的默认设置是输入属性数量平方根的截断。对于 15 个输入属性，默认值为 3。

脚本 6.7 随机森林应用：信用卡筛选数据

```
> library(randomForest)

> #PREPROCESSING
> set.seed(1000)
> # Randomize and split the data for 2/3 training, 1/3 testing
> credit.data <- creditScreening
> index <- sample(1:nrow(credit.data), 2/3*nrow(credit.data))
> credit.train <- credit.data[index,]
> credit.test <-  credit.data[-index,]

> # CREATE THE FOREST

> credit.forest <- randomForest(class ~ ., data=credit.train,
+                               na.action = na.roughfix,
+                               importance=TRUE)
> credit.forest

Call:
 randomForest(formula = class ~ ., data = credit.train, importance
= TRUE,      na.action = na.roughfix)
               Type of random forest: classification
                     Number of trees: 500
No. of variables tried at each split: 3

        OOB estimate of  error rate: 14.78%

Confusion matrix:
   -    + class.error
- 219   37  0.1445312
+  31  173  0.1519608
> # List the most important attributes.
> importance(credit.forest,type=2)
        MeanDecreaseGini     MeanDecreaseGini
one           2.509096 two  15.014976
three        15.980267 four  3.296809
five          3.178326 six  26.621870
seven         8.667658 eight 20.025745
nine         59.669127 ten  10.152847
```

```
    eleven          19.931858 twelve    2.277566
    thirteen         2.193586 fourteen 13.809834
    fifteen         19.308132
> credit.pred <-predict(credit.forest, credit.test)
> credit.perf<- table(credit.test$class, credit.pred,
+ dnn=c("actual", "Predicted"))
> credit.perf
        Predicted
actual    -    +
     - 109   13
     +   6   96
> confusionP(credit.perf)
 Correct= 205 Incorrect= 19
 Accuracy = 91.52 %
```

在对 randomForest 的调用中一个有趣的点是 na.action = na.roughfix。使用此设置，缺失的属性值将被替换为该属性的中位数。如果属性是分类属性，则将缺失值替换为属性的众数（mode，众数是指在属性中出现频率最高的值）。如果存在多个众数，则随机选择一个众数。需要注意的是，具有一个或多个缺失项的测试集实例不会被分类。

第二个有趣的地方是 importance 选项。importance 是 randomForest 对象的一种方法，当给定一个模型时，它会返回一个输入属性列表以及它们重要性的启发式度量。因为随机森林的每个树都使用总属性空间的随机子集，所以这是可能的。森林中表现最好的树的属性获得最高的重要性分数。

请注意，脚本 5.11 中由 RWeka 的 GainRatioAttributeEval 确定的最佳属性与此处显示的重要性排名存在一些差异。然而，这两种方法都将属性 nine 显示在列表的顶部。你可以使用 help(importance) 了解关于两种重要性度量（类型 1 和类型 2）的更多信息。

随机森林算法的步骤 2a 告诉我们，每个树都是使用整个训练数据集的子集构建的。一旦树构建完成后，未使用的实例将被传递给树进行分类。未使用实例的 OOB（out-of-bag）误差率为 14.78%，这是这些未使用实例的分类错误率。对于这些未使用实例的分类所获得的混淆矩阵显示了约 85% 的分类正确性。当缺少测试数据时，OOB 特别有用。

测试集的错误率为 91.52%，这是令人满意的。误报率为 0.107，与贝叶斯分类器（脚本 5.11）的结果相比有所改善，但仍然达不到我们目标声明中设定的 5% 的标准。

随机森林克服了决策树的一些缺点，其中之一是在属性数量远远超过实例数量的领域中进行分类的能力。此外，由于森林中的树是使用不同的属性集构建的，因此有可能确定哪些属性最能够一致地构建准确的树结构。

不足之处在于，随机森林的计算成本很高，可能需要大量内存。此外，由于树的数量庞大，代表森林的产生式规则也难以理解。我们将在第 7 章更详细地研究随机森林生成的规则。

6.6　回归树

回归树代表了一种统计回归的替代方法。回归树之所以得名，是因为大多数统计学家将任何预测数值输出的模型都称为回归模型。本质上，回归树采用决策树的形式，其中树的叶节点是数值而不是分类值。每个叶节点处的值是通过树到达叶节点位置的所有实例的输出属性的数值平均值来计算的。

当要建模的数据是非线性的时候，回归树比线性回归方程更准确。然而，回归树可能会变得非常烦琐。因此，有时将回归树与线性回归结合在一起，形成所谓的模型树。在模型树中，部分回归树的每个叶节点代表一个线性回归方程，而不是属性值的平均值。通过将线性回归与回归树相结合，可以简化回归树结构，减少所需要的树的层次，从而获得准确的结果。

图 6.10 显示了 OFCM 数据集的回归树，该数据集在脚本 5.5 中介绍过。脚本 6.8 显示了对脚本 5.5 的修改，即用 rpart 替换 lm。与以前一样，目标是开发一个能够确定治疗结束时疼痛水平的预测模型。定义回归树的语句提供了至少两个感兴趣的点。首先，治疗前疼痛水平（oswest.in）大于 42 的患者可能会看到不太理想的结果。其次，患者体重可能在治疗成功中发挥作用。此外，10.324 的误差标准差比线性回归模型提高了 15%。由于这个数据集很小，这些结论最好作为假设，并通过进一步的研究来检验。

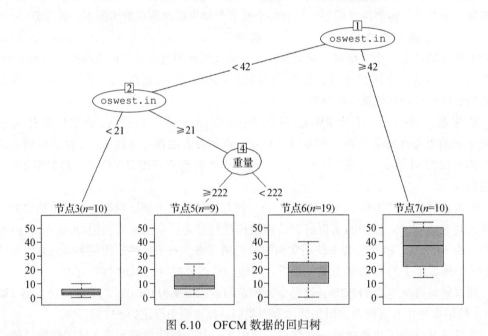

图 6.10   OFCM 数据的回归树

脚本 6.8   OFC 数据的回归树

```
> # Our goal is to build a regression tree to
> # predict the after treatment oswestry value. Only
> # values known at the beginning of treatment are
> # used for input.

> # PREPROCESSING
> library(rpart)
> library(partykit)
> # Remove gender & attributes measured at the end of treatment
>   ofc.data <- OFCM[-c(1,6,8,10)]
```

```
> # Check for correlations
> # round(cor(ofc.data),3)
> set.seed(100)
> osw.rpart <- rpart(oswest.out ~ ., data =ofc.data,na.action=na.omit)
> osw.rpart

n= 48
node), split, n, deviance, yval
      * denotes terminal node

 1) root 48 10623.670 17.58333
   2) oswest.in< 42 38   4285.053 12.84211
     4) oswest.in< 21 10     91.600  3.80000 *
     5) oswest.in>=21 28   3083.857 16.07143
      10) weight>=222 9    456.000 11.33333 *
      11) weight< 222 19   2330.105 18.31579 *
   3) oswest.in>=42 10   2238.400 35.60000 *

> #summary(osw.rpart)
> plot(as.party(osw.rpart))
> output <- (mmr.stats(osw.rpart,ofc.data,ofc.data$oswest.out))

[1] "Mean Absolute Error ="
[1] 8.0738
[1] "Mean Squared Error ="
[1] 106.5855
[1] "Root Mean Squared Error="
[1] 10.324
[1] "Residual standard error="
[1] 10.324
```

6.7 本章小结

决策树具有几个优点：

❑ 决策树易于理解，并能很好地映射到一组产生式规则。

❑ 决策树已成功地应用于实际问题。

❑ 决策树不对数据的性质做出先验假设。

❑ 决策树能够利用包含数值和分类数据的数据集构建模型。

与所有机器学习算法一样，决策树的使用也存在一些问题。具体来说：

❑ 输出属性必须是分类的，并且不允许有多个输出属性。

❑ 决策树算法是不稳定的，因为训练数据的轻微变化可能导致树中的每个选择点处不同的属性选择。这种影响可能很显著，因为属性选择会影响所有后代子树。

❑ 使用数值数据集创建的树可能非常复杂，因为数值数据的属性分割是典型的二分割。

我们在这里没有涉及的一种决策树模型是条件推理树，其中分割是基于通过置换检验（第 10 章）确定的属性重要性。party 包中的 ctree() 函数是 R 的 Rattle 包（第 7 章）中提供的条件推理树实现。

多模型方法（如装袋算法、提升和随机森林）有时可以提高模型的性能。这些方法在不稳定的机器学习算法中效果最好。回归树和模型树为构建具有数值输出的模型提供了其他选项。

6.8 关键术语

- ❑ 装袋算法：一种监督学习方法，允许多个模型在对新实例进行分类时拥有相等的投票权。
- ❑ 提升：一种监督学习方法，允许多个模型参与对新实例的分类。每个模型都有一个相关的权重，用于新实例的分类。
- ❑ 模型树：一种部分回归树，其中树的每个叶节点代表一个线性回归方程，而不是属性值的平均值。
- ❑ 随机森林：一种多数规则方法，使用属性的随机子集构建一组决策树。在新实例的分类中，每个树都有相等的投票权。
- ❑ 回归树：一种决策树，其中树的叶节点是数值而不是分类值。

练习题

复习题

1. 描述随机森林模型的两种重要性。
2. 回归树和模型树的区别是什么？它们有哪些相同之处？
3. 提升和随机森林方法的主要区别是什么？
4. 分别总结 C5.0、rpart（使用训练／测试集情景）、rpart（使用交叉验证）和 J48 在流失数据集上的测试结果。

R 实验项目

1. 使用脚本 6.2 对 trials 参数进行实验，将 trials 参数设置为 10~100 的值，并以 10 为增量。制作一张表格，列出每次实验的结果，显示总体准确性和错误分类的流失客户总数。
2. 考虑脚本 6.2。将 trials 参数设置为练习 1 中流失客户错误分类最少的值。从 minCases=10 开始，以 10 为增量，一直增加到 100。制作一张表格，以显示在每个 minCases 值下创建的树的总体准确性和流失客户错误分类的总数。考虑到你的目标是最小化流失客户的错误分类，请说明 minCases 的最佳选择。
3. 加载脚本 6.7，并使用 ntree 和 mtry 参数对 randomForest 函数设置树的数量和属性的数量进行实验。尝试至少 5 种不同的参数设置。总结你的结果。你能否提高模型测试集的性能？
4. 使用 rpart 和 caret 包对心脏病混合数据集（cardiology-Mixed dataset）进行交叉验证。目标是识别至少有过一次心脏病发作的个体。选择一个包含 200 个实例的随机子集来构建模型。剩下的 103 个实例用于测试模型。至少使用 5 个不同的值来改变 tuneLength 参数。总结你的结果。

5. 使用 cardiologyMixed 数据集、rpart、类似于脚本 6.4 的训练 / 测试集情景，来构建一个用于确定哪些患者患有心脏病的模型。通过使用复杂度表来剪枝所创建的决策树，从而改进你的模型。为未剪枝和已剪枝模型提供测试集的混淆矩阵。

6. 使用脚本 6.25 中的内容（在第 6 章的 scripts.zip 文件中找到），首先识别排序列表中前 10 个被错误预测为不会流失的实例。然后，修改脚本，使用 rpart 而不是 C5.0 来构建预测模型。以同样的方式，将预测输出为概率。被 C5.0 错误分类的前 10 个实例中，有多少个被 rpart 错误分类？你得出了什么结论？

编程项目——处理缺失数据

creditScreening 数据框（creditScreening.csv）包含一些缺失数据的实例。数值或整数类型的缺失值显示为 NA。缺失的分类属性值则为空白。你的任务是使用 rpart 替换缺失的数值或整数项。以下是操作步骤：

1. 通过修改 removeNAS 函数，创建一个名为 saveNAS 的函数，使它在给定一个数据框时，返回一个数据框，其中包含至少有一个数值属性缺失值的所有实例。

2. 调用两个函数，如下所示：

   a. goodDF <- removeNAS(creditScreening)

   b. badDF <- saveNAS(creditScreening)

3. 检查 badDF 的内容。你会注意到属性 two 和 fourteen 是唯一具有缺失值的数值 / 整数类型属性。编写一个脚本，使用 rpart 构建一个回归树，其中输出属性指定为属性 two。

4. 使用 predict 将你的模型应用于 badDF。predict 将估算 badDF 中属性 two 的值。用预测值替换属性 two 的所有缺失值。

5. 重复步骤 3 和步骤 4，但将属性 two 替换为属性 fourteen。

6. 将 goodDF 和 badDF 进行组合，形成一个名为 creditScreeningNew 的新数据框。

相关安装包和函数总结

与本章内容相关的安装包和函数如表 6.2 所示。

表 6.2　安装的软件包与函数

软件包名称	函数
base/ stats	data、library、na.action、na.omit、nrow、plot、predict round、set.seed、sample、summary、table
C50	C5.0
Caret	train、trainControl
party.kit	as.party
randomForest	randomForest
RWeka	J48GainRatioAttributeEval
rpart	rpart
rpart.plot	prp、rpart.plot、rpart.rules

## 第 7 章

基于规则的技术

本章内容包括:

- ❑ 决策树规则。
- ❑ 覆盖规则算法。
- ❑ 关联规则。
- ❑ Rattle 包。

在本章中,我们将继续讨论监督学习,重点关注基于规则的机器学习技术。7.1 节重点介绍了决策树规则。在 7.2 节中,我们概述了一个基本的覆盖规则算法,并将 RWeka 的 JRip 覆盖算法应用于第 6 章介绍的客户流失数据。在 7.3 节中,我们演示了一种生成关联规则的高效技术,并使用 Apriori(RWeka) 关联规则函数,在超市购买记录的客户数据库中查找感兴趣的关系。7.4 节的重点是 Rattle,它是一个图形用户界面(GUI),支持本书中讨论的许多预处理、建模和评估方法。我们使用 Rattle 的界面来生成带有 rpart 的产生式规则,使用 randomForest 函数对客户流失进行建模,并使用 apriori(arules) 函数生成关联规则。

7.1 从树到规则

在第 1 章中,你看到了通过为决策树的每条路径编写一条规则,将决策树映射到一组产生式规则。由于规则往往比树更有吸引力,因此已经研究了基本树到规则映射的几种变体。大多数变体侧重于简化或消除现有规则。为了说明规则简化过程,考虑图 6.6 中的决策树。按照树的一条路径创建的规则如下所示:

IF 年龄 < 44 & 性别 = 男性 & 信用卡保险 = 否

THEN 人寿保险促销 = 否

该规则的前提条件涵盖了 15 个实例中的 4 个,准确率为 75%。让我们通过消除与年龄相关的前提条件来简化规则。简化后的规则形式如下所示:

IF 性别 = 男性 & 信用卡保险 = 否

THEN 人寿保险促销 = 否

通过查看表 6.1，可以看到简化规则的前提条件涵盖了 6 个实例。因为规则的结果涵盖了这 6 个实例中的 5 个，所以简化规则的准确率约为 83.3%。因此，简化规则比原始规则更通用和准确。乍一看，似乎很难相信删除一个条件测试实际上可以提高规则的准确性。然而，更仔细地检查表明了为什么删除测试会得到更好的结果。要了解这一点，请注意，从规则中删除年龄属性相当于从图 6.6 中的树中删除该属性。这样做的话，年龄 ≥ 44 的路径后面的 3 个实例现在必须沿着与年龄 <44 的实例相同的路径前进。年龄 ≥ 44 的这 3 个实例都是人寿保险促销 = 否类的成员。这 3 个实例中有两个是男性且信用卡保险 = 否。这两个实例都满足简化规则的前提条件和结果条件。因此，6 个实例满足了新规则的前提条件，其中 5 个实例的人寿保险促销的值为否。

大多数决策树实现都将规则创建和简化过程自动化。一旦规则被简化或消除，就可以对规则进行排序以最小化错误。最后，选择一个默认规则。默认规则说明了不满足任何已列规则的前提条件的实例的分类。让我们使用垃圾邮件（Spam email）数据集来看看 C5.0 是如何生成决策树规则的。

7.1.1　垃圾邮件数据集

垃圾邮件数据集包含 4601 个实例，其中 2788 个是有效的电子邮件。其余的实例被分类为垃圾邮件。所有 57 个输入属性都是连续的，没有缺失项。输出属性是分类的，其中 0 表示有效的电子邮件。Spam.xlsx 的描述表中给出了关于数据来源和性质的完整描述。这个文件连同 Spam.csv 可以在你的附加材料中找到。

让我们使用 C5.0 构建一个基于规则的模型，它可以区分有效和无效的电子邮件消息。我们的目标是使用这个模型来确定新的电子邮件是发送到用户的收件箱还是被放入垃圾文件夹中。理想的模型特征包括快速处理和高准确度，其中大多数错误是将垃圾邮件分类为有效邮件。换句话说，宁愿让用户从收件箱中删除垃圾邮件，也不愿错过垃圾文件夹中的有效邮件！

7.1.2　垃圾邮件分类：C5.0

首先，请将 Spam.csv 导入 RStudio，并将脚本 7.1 加载到你的 RStudio 编辑器中。脚本 7.1 中显示了语句和相关输出。为了节省空间，注释掉了一些语句。在执行脚本之前，删除注释符号将使你更全面地了解数据。

第一个感兴趣的语句是使用 `rules=TRUE` 调用 C5.0。在这种情况下，C5.0 的输出是一组规则，而不是决策树。脚本 7.1 列出了前 5 个规则。规则的排序是任意的。如果这些规则都不适用，那么实例将被赋予数据中最常见类的分类。在这里可以看到它作为默认类别：0。可以通过改变 `minCases` 的设置来控制生成的规则数量。较大的 `minCases` 值也会降低总体分类的准确性。

脚本 7.1　分析垃圾邮件数据集

```
> library(C50)
> library(partykit)
```

```
> # PREPROCESSING

> # Randomize and split the data for 2/3 training, 1/3 testing
> set.seed(100)
> spam.data <- Spam
> # summary(spam.data)
> # removeNAS(spam.data)
> index <- sample(1:nrow(spam.data), 2/3*nrow(spam.data))
> spam.train <- spam.data[index,]
> spam.test <-  spam.data[-index,]

> # BUILD THE MODEL
> Spam.C50 <- C5.0(Spam ~ ., data = spam.train,
+                  control = C5.0Control(minCases=2),rules=TRUE)
> summary(Spam.C50)

Call:
C5.0.formula(formula = Spam ~ ., data = spam.train, control =
C5.0Control(minCases = 2), rules = TRUE)

Rules:

Rule 1: (424, lift 1.7) Rule 2: (434, lift 1.7)
     X0 <= 0.25              George > 0.08
     George > 0.38           Exclamation <=0.142
     Exclamation <= 0.375    -> class 0 [0.998]
     -> class 0  [0.998]

Rule 3: (95, lift 1.6)     Rule 4: (103, lift 1.6)
     Cs > 0.08              Meeting > 1.1
     -> class 0  [0.990]    -> class 0 [0.990]

Rule 5: (616/8, lift 1.6)
     Remove <= 0.07
     Hp > 0.39
     -> class 0  [0.985]

     -> class 0  [0.984]

Default class: 0

     Attribute usage:

        96.58%     Dollar.Sign
        55.62%     Exclamation
        54.87%     Remove
        50.93%     Hp
        49.23%     George
        47.86%     Capital.Run.Length.Longest
        ........
> #TEST THE MODEL

> pred.C50 <-  predict(Spam.C50, spam.test)
> C50.perf<- table(spam.test$Spam, pred.C50, dnn=c("actual",
+ "Predicted"))
> C50.perf

       Predicted
actual    0    1
     0  894   46
     1   71  523
```

```
> confusionP(C50.perf)
  Correct= 1417 Incorrect= 117
  Accuracy = 92.37 %
```

为了更好地理解规则的准确性，请考虑第 5 条规则，如下所述：

```
Rule 5: (616/8, lift 1.6)
        Remove <= 0.07
        Hp > 0.39
        -> class 0 [0.985]
```

这条规则告诉我们有 616 个实例满足规则的前提条件。在这 616 个实例中，有 8 个属于类别 1。使用拉普拉斯比（$n - m + 1$）/（$n + 2$）计算得到的规则准确度为 0.985，其中 $n = 616$，$m = 8$。提升（lift）是通过将规则准确度（0.985）除以训练数据中该类的相对频率（0.6025）来确定的。具有较大提升值的规则在处理不平衡数据时特别有用，在不平衡数据中分类准确度通常是一个较差的度量标准。

（部分）属性使用（attribute usage）列表的顶部列出的属性与预测结果最相关。92% 的总体准确率是不错的，但将近 5% 的有效电子邮件被错误分类为垃圾邮件。为了减少错误的有效电子邮件分类数量，让我们看看预测概率值。返回到脚本 5.8 有助于设置脚本 7.2 中显示的实验。

脚本 7.2　不同概率值的实验：垃圾邮件数据

```
# DETERMINE PROBABILITIES OF CLASS MEMBERSHIP
> pred.C50 <-  predict(Spam.C50, spam.test,type = "prob")
> pred.C50 <- cbind(spam.test$Spam,pred.C50)
> pred.df  <- data.frame(pred.C50)
> colnames(pred.df)<- c("spam","no","yes")

> # EXPERIMENT & CREATE CONFUSION MATRIX
> spam.results <- ifelse(pred.df$yes > 0.75,2,1) #  >  spam
> spam.pred <- factor(spam.results,labels=c("no","yes"))
> my.conf <- table(spam.test$Spam,spam.pred,dnn=c("Actual",
+ "Predicted"))
> my.conf

     Predicted
Actual  no yes
    0 913  27
    1 110 484

> confusionP(my.conf)
  Correct= 1397 Incorrect= 137
  Accuracy = 91.07 %
```

与脚本 5.8 一样，ifelse 语句为我们提供了一个机会，可以调整将电子邮件分类为垃圾邮件的最小概率值。如果我们使用 0.50，结果将与脚本 7.1 中的结果相同。在这里，将截断要求从 0.50 更改为 0.75。混淆矩阵显示，总体分类准确性保持不变，同时将 5% 的错误的有效电子邮件分类降低到 3% 以下。付出的代价是更多的垃圾邮件进入收件箱。我们显然正走在正确的轨道上。在本章末尾的练习中，提供了一个使用垃圾邮件数据集进行额外研究的机会。在垃圾邮件数据集的附录中也提供了进一步研究的机会。下一节提供了一种不依赖于决策树结构的规则生成方法。

7.2　基本的覆盖规则算法

一类流行的规则生成器使用了所谓的覆盖方法。如果实例满足规则的前提条件，就会被规则覆盖。对于每个类别，目标是创建一组规则，最大化覆盖同一类别内的实例总数，同时最小化覆盖非类别实例的数量。

在这里，我们概述一种基于 PRISM 算法（Cendrowska, 1987）的简单覆盖技术。该方法从单个规则开始，该规则的前提条件为空，其后件作为表示要覆盖的实例的类给出。此时，所有数据集实例的域都被该规则覆盖。也就是说，当执行该规则时，它将每个实例分类为规则后件中指定的类别的成员。为了将规则的覆盖范围限制在该类别内的那些实例，将逐一考虑输入属性值，将其作为规则前提条件的可能添加。对于每次迭代，选择的属性 – 值组合是最能代表该类别内实例的组合。一旦规则的前提条件仅由该类别的成员满足，或者属性列表已经用尽，就会将该规则添加到覆盖规则列表中。添加规则后，由该规则覆盖的实例将从未覆盖实例的池中移除。该过程将继续，直到该类别内的所有实例都被一个或多个规则覆盖。然后，对所有剩余的类别重复该方法。这种通用技术存在几种变体，但覆盖概念是相同的。

在实践中，这里给出的方法只是构建一组有用规则的第一步。这是因为仅基于单个数据集的规则，虽然对数据集内的实例准确，但在应用于更大的群体时可能表现不佳。生成有用的覆盖规则的技巧通常基于增量 – 减小 – 误差 – 修剪的概念。总体思想是将实例按照 2∶1 的比例划分为两组。较大的（grow，生长）集合用于算法的生长阶段，用于生成完美规则。较小的（prune，修剪）集合在修剪阶段被应用，用于从完美规则中移除一个或多个前提条件。

在生长阶段，grow 集用于创建给定类别 C 的完美规则 R。接下来，通过将 R 应用于 prune 集来计算 R 价值的启发式度量，例如分类正确性。之后，每创建一个新规则 R 时，就逐一从 R 中删除规则前提条件，则新规则 R 包含的前提条件比前一个规则少一个。在每次删除时，计算 $R-$ 的新价值分数。只要每个新规则的价值都大于原始完美规则的价值，该过程就会继续。当这个过程结束时，将最高价值的规则添加到类别 C 的规则列表中，并将被该最佳规则覆盖的实例从实例集中移除。只要 grow 集和 prune 集中至少有一个实例仍然存在，就对 C 重复此过程。对数据中所有剩余的类重复整个过程。这种基本技术的增强版本包括一个优化阶段，称为 RIPPER（Repeated Incremental Pruning to Produce Error Reduction，重复增量修剪以减少误差）算法（Cohen，1995），其中的一个变体在 RWeka 软件包中的 JRip 函数中得到实现。让我们看看 JRip 在流失数据集上的表现。

使用 JRip 生成覆盖规则

脚本 7.3 显示了覆盖规则实验的语句和编辑输出。预处理包括检查训练数据和测试数据中是否存在缺失项。在自动将随机化种子设置为 1 之后，对 JRip 的调用创建了 12 个覆盖规则。需要注意的是，规则必须按照给定的顺序执行。

脚本 7.3 列出了前四条规则和最后一条规则。第一条规则正确地识别了 73 个训练集实例中的 72 个。第二条和第三条规则结合在一起，正确地将 126 个实例分类为流失者。第四条规则错误地将 57 个实例中的 8 个分类为流失者。最后一条规则是 12 条规则中的最后一条。前 11 条规则用于识别流失者。最后一条规则覆盖了前 11 条规则未覆盖的所有实例。该规则错误分类了剩余的 2920 个实例中的 87 个，并且简单地声明，如果一个实例不满足规则 1～规则 11 中的任何一条，那么该实例将被分类为非流失者。

脚本 7.3　使用 JRip 生成覆盖规则

```
> #PREPROCESSING
> library(RWeka)

> # Check for NA's but do not delete NA instances.
> x<- removeNAS(churnTrain)
[1] "number deleted"
[1] 0
> Y <-removeNAS(churnTest)
[1] "number deleted"
[1] 0


> # CREATE THE RULE MODEL
> churn.Rip <-JRip(churn ~ ., data=churnTrain)
> churn.Rip

JRIP rules:
===========

(total_eve_minutes >= 214.3) and (voice_mail_plan = no) and
(total_day_minutes >= 263.8) and (total_night_minutes >= 107.3) =>
churn=yes (73.0/1.0)

(international_plan = yes) and (total_intl_calls <= 2) =>
churn=yes (59.0/0.0)
(number_customer_service_calls >= 4) and (total_day_minutes <=
159.4) and (total_eve_minutes <= 231.3) and (total_night_minutes
<= 255.3) => churn=yes (67.0/0.0)

(total_day_minutes >= 221.9) and (total_eve_minutes >= 241.9) and
(voice_mail_plan = no) and (total_night_minutes >= 173.2) =>
churn=yes (57.0/8.0)
......

=> churn=no (2920.0/87.0)

Number of Rules : 12

> summary(churn.Rip)

=== Summary ===

Correctly Classified Instances        3229          96.8797 %
Incorrectly Classified Instances       104           3.1203 %
Kappa statistic                       0.866
Mean absolute error                   0.0596
Root mean squared error               0.1727
Relative absolute error              24.0407 %
```

```
Root relative squared error              49.0463 %
Total Number of Instances                3333

=== Confusion Matrix ===

    a     b    <-- classified as
  396    87  |    a = yes
   17  2833  |    b = no

> # TEST THE RULE MODEL
> churn.pred <- predict(churn.Rip, churnTest)
> churn.conf <- table(churnTest$churn,churn.pred,dnn=c("Actual",
+ "Predicted"))
> churn.conf

        Predicted
Actual  yes   no
   yes  163   61
   no    10 1433

> confusionP(churn.conf)
  Correct= 1596 Incorrect= 71
  Accuracy = 95.74 %
```

摘要语句包含基于训练数据的混淆矩阵。在 483 个流失者中，有 87 个被错误分类为非流失者，这占了训练数据中流失人口的 18% 以上。当规则应用于测试数据时，这个百分比增加到 27% 以上。由于我们主要关注候选流失者的识别，因此 95.74% 的总体测试集正确性得分并不重要。对 JRip 的参数进行实验以及对异常实例进行研究是两种可能的改进途径。在 7.4 节中，我们将看看随机森林方法是否能获得更好的结果。

7.3　生成关联规则

亲和性分析是确定哪些事物相互关联的一般过程。一个典型的应用是市场购物篮分析，其目的是确定顾客在购物过程中可能购买的商品。市场购物篮分析的输出是一组关于顾客购买行为的关联。这些关联以一种特殊的形式给出，称为关联规则。关联规则用于帮助确定适当的产品营销策略。在本节中，我们将描述一种生成关联规则的高效过程。

7.3.1　置信度和支持度

关联规则与传统的分类规则不同，因为在一个规则中作为前提条件出现的属性可能出现在第二个规则的结论中。此外，传统的分类规则通常将规则的结论限制为单个属性。关联规则生成器允许规则的结论包含一个或多个属性值。为了说明这一点，假设我们希望确定在以下 4 种杂货店产品的客户购买趋势中是否存在任何有趣的关系：

- ❑ 牛奶
- ❑ 奶酪
- ❑ 面包
- ❑ 鸡蛋

可能的关联包括以下内容。

1. 如果顾客购买了牛奶，他们也会购买面包。

2. 如果顾客购买了面包，他们也会购买牛奶。

3. 如果顾客购买了牛奶和鸡蛋，他们也会购买奶酪和面包。

4. 如果顾客购买了牛奶、奶酪和鸡蛋，他们也会购买面包。

第一个关联告诉我们，购买牛奶的顾客也很可能购买面包。显而易见的问题是："购买牛奶的事件导致购买面包的可能性有多大？"为了回答这个问题，每个关联规则都有一个关联的置信度。对于这个规则，置信度是在购买牛奶的情况下购买面包的条件概率。因此，如果总共有 10 000 笔客户交易涉及购买牛奶，并且其中的 5000 笔交易也包括购买面包，那么在购买牛奶的情况下，购买面包的置信度为 5000/10 000 = 50%。

现在考虑第二条规则。这条规则给我们的信息和第一条规则一样吗？答案是否定的。对于第一条规则，事务域由所有购买牛奶的客户组成。而对于这条规则，域是所有显示购买了面包产品的客户交易集合。例如，假设我们总共有 20 000 笔涉及面包购买的客户交易，其中 5000 笔还涉及购买牛奶，这说明在购买面包的情况下购买牛奶的置信度为 25%，而第一条规则的置信度为 50%。

尽管第三条和第四条规则更复杂，但思想是相同的。第三条规则的置信度告诉我们，在购买牛奶和鸡蛋的情况下，同时购买奶酪和面包的可能性。第四条规则的置信度告诉我们，在购买牛奶、奶酪和鸡蛋的情况下，购买面包的可能性。

规则置信度值没有提供的一条重要信息是：在所有实例中，有多少实例包含了该规则所涉及的特定属性值的组合。这个统计数据称为规则的支持。支持度就是数据库中包含了特定关联规则中列出的所有项的实例（事务）的最低百分比。在下一节中，你将看到如何使用支持度来限制给定数据集的关联规则的总数。

7.3.2　挖掘关联规则：一个示例

当存在多个属性时，由于每个规则的结果都有大量可能的条件，关联规则的生成变得不合理。已经开发了特殊的算法来高效地生成关联规则。其中一种算法是 Apriori 算法（Agrawal 等人，1993）。该算法生成所谓的项目集。项目集是满足指定覆盖率要求的属性 - 值组合。那些不满足覆盖率要求的属性 - 值组合被丢弃，这使得规则生成过程能够在合理的时间内完成。

使用项目集生成 Apriori 关联规则是一个两步过程：第一步是项目集生成，第二步是使用生成的项目集创建一组关联规则。我们使用表 7.1 中所示的信用卡促销数据库的子集来说明这个想法（收入范围和年龄属性已被删除）。

表 7.1　信用卡促销数据库的一个子集

杂志促销	手表促销	人寿保险促销	信用卡保险	性别
是	否	否	否	男
是	是	是	否	女
否	否	否	否	男

（续）

杂志促销	手表促销	人寿保险促销	信用卡保险	性别
是	是	是	是	男
是	否	是	否	女
否	否	否	否	女
是	否	是	是	男
否	是	否	否	男
是	是	否	否	男
是	是	是	否	女

　　首先，将最小属性值覆盖率要求设置为 4 个项目。创建的第一个项目集的表包含单项集。单项集表示从原始数据集中提取的单个属性－值组合。我们首先考虑杂志促销属性。在检查杂志促销的表值时，我们发现有 7 个实例的值为是，而 3 个实例的值为否。杂志促销 = 是的覆盖率超过了最小覆盖值 4，因此代表一个有效的项目集，应该添加到单项集表中。而杂志促销 = 否的覆盖值为 3，不符合覆盖要求，因此不会被添加到单项集表中。表 7.2 显示了表 7.1 中满足最低覆盖要求的所有单项集值。

表 7.2　单项集

单项集	项目数量
杂志促销 = 是	7
手表促销 = 是	4
手表促销 = 否	6
人寿保险促销 = 是	5
人寿保险促销 = 否	5
信用卡保险 = 否	8
性别 = 男性	6
性别 = 女性	4

　　现在，将单项集组合起来，以创建具有相同覆盖限制的二项集。我们只需要考虑从单项集表中派生的属性－值组合。让我们从杂志促销 = 是和手表促销 = 否开始。有 4 个实例满足这个组合，因此，这将是二项集表（见表 7.3 ）中的第一个条目。然后，考虑杂志促销 = 是和人寿保险促销 = 是。由于有 5 个实例匹配，我们将这个组合添加到二项集表中。现在，让我们尝试杂志促销 = 是和人寿保险促销 = 否。由于只有 2 个匹配项，因此这个组合不是有效的二项集条目。继续这个过程，将得到 11 个二项集表条目。

表 7.3　二项集

二项集	项目数量
杂志促销 = 是 & 手表促销 = 否	4
杂志促销 = 是 & 人寿保险促销 = 是	5
杂志促销 = 是 & 信用卡保险 = 否	5
杂志促销 = 是 & 性别 = 男性	4

（续）

二项集	项目数量
手表促销 = 否 & 人寿保险促销 = 否	4
手表促销 = 否 & 信用卡保险 = 否	5
手表促销 = 否 & 性别 = 男性	4
人寿保险促销 = 否 & 信用卡保险 = 否	5
人寿保险促销 = 否 & 性别 = 男性	4
信用卡保险 = 否 & 性别 = 男性	4
信用卡保险 = 否 & 性别 = 女性	4

下一步是使用二项集表中的属性–值组合来生成三项集。从二项集表的顶部来看，我们的第一个可能性是：

手表促销 = 是 & 手表促销 = 否 & 人寿保险促销 = 是

由于只有 2 个实例满足这三个值，因此不将这个组合添加到三项集表中。然而，有两个三项集满足覆盖标准：

手表促销 = 否 & 人寿保险促销 = 否 & 信用卡保险 = 否

人寿保险促销 = 否 & 信用卡保险 = 否 & 性别 = 男性

由于没有其他成员集的可能性，因此该过程从生成项目集转移到创建关联规则。创建规则的第一步是指定最小的规则置信度。接下来，从二项集表和三项集表生成关联规则。最后，任何不满足最小置信度值的规则都将被丢弃。

两个可能的二项集规则如下所示：

IF 杂志促销 = 是

THEN 人寿保险促销 = 是 (5/7)

IF 人寿保险促销 = 是

THEN 杂志促销 = 是 (5/5)

右侧的分数表示规则的准确性（置信度）。对于第一条规则，总共有 7 个杂志促销 = 是的实例，其中存在 5 个杂志促销和人寿保险促销都为是的实例。因此，在两种情况下，当杂志促销 = 是时，预测人寿保险促销值为是，该规则将出现错误。如果最小置信度设置为 80%，则第一个规则将从最终规则集中被排除。第二个规则说明人寿保险促销 = 是时，杂志促销 = 是。规则置信度为 100%。因此，该规则成为关联规则生成器最终输出的一部分。以下是 3 个可能的三项集规则。

IF 手表促销 = 否 & 人寿保险促销 = 否

THEN 信用卡保险 = 否 (4/4)

IF 手表促销 = 否

THEN 人寿保险促销 = 否 & 信用卡保险 = 否 (4/6)

IF 信用卡保险 = 否

THEN 手表促销 = 否 & 人寿保险促销 = 否 (4/8)

在本章末尾的练习中，要求你为此数据集编写其他关联规则。

7.3.3　一般考虑事项

关联规则特别受欢迎，因为它们能够在大型数据库中找出关系，不受选择单一因变量的限制。然而，在解释关联规则时必须谨慎，因为许多发现的关系往往是微不足道的。

举个例子，假设我们为市场购物篮分析提供了总共 10 000 笔交易。此外，假设所有交易中有 70% 涉及购买牛奶，而 50% 的交易涉及购买面包。根据这些信息，很可能会看到一条如下形式的关联规则：

> *如果顾客购买牛奶，他们也购买面包。*

这条规则的支持度可能远远超过 40%，但请注意，大多数客户都同时购买这两种产品。这条规则并没有为我们提供额外的营销信息，它只告诉我们促销牛奶加面包的购买对我们有利，因为大多数客户都会一起购买这些产品。然而，在关联规则中发现了两种有趣的关系：

❑ 我们对显示特定产品销售量增加的关联规则感兴趣，其中销售量的增加是它与一个或多个其他产品的关联导致的。在这种情况下，可以使用这些信息来帮助推广产品，并通过关联来增加销售额。

❑ 我们还对一些关联规则感兴趣，其特定关联的置信度低于预期。在这种情况下，一个可能的结论是，在关联规则中列出的产品争夺同一市场。

最后，市场购物篮分析通常存储了大量的数据。因此，重要的是要尽量减少关联规则生成器所需的工作。一个好的方案是为项目集覆盖率标准指定一个初始高值。如果需要更多的规则，可以降低覆盖标准，然后重复整个过程。现在是时候进行实验了！

7.3.4　Rweka 的 Apriori 函数

R 提供了几个关联规则包供选择。在这里的实验中，我们使用 RWeka 的 Apriori 关联规则函数。我们将在 7.4 节中看到 arules 包的 apriori 函数。

大多数关联规则生成器（包括 Apriori）仅适用于包含类别（分类）数据的数据集。如果数据集包含数值属性，我们有两种选择。一种选择是在生成关联规则之前删除所有数值属性。另一种选择是将数值属性转换为等价的分类属性。对于第一个示例，我们研究包含在 RWeka 包中的隐形眼镜（contact-lenses）数据集。该数据集包含 24 个实例，具有 4 个分类输入属性和 1 个输出属性，来说明个体是否能够佩戴隐形眼镜。该数据集以标准的 Weka 文件 ARFF 格式存储。脚本 7.4 中的 read 语句读取文件，并将它转换为适合 RStudio 环境的格式。

脚本 7.4　Apriori 规则：隐形银镜数据集

```
> library(RWeka)

> WOW(Apriori)   #Options
-N <required number of rules output>
      The required number of rules. (default = 10)
      Number of arguments: 1.
-M <lower bound for minimum support>
      The lower bound for the minimum support. (default = 0.1)
      Number of arguments: 1.
```

```
>contact.data <- read.arff(system.file("arff",
+ "contact-lenses.arff,package="RWeka"))


> # Set number of rules at 6
> Apriori(contact.data, control= Weka_control(N=6))

Apriori
======

Minimum support: 0.2 (5 instances)
Minimum metric <confidence>: 0.9
Number of cycles performed: 16

Best rules found:

1. tear.prod.rate=reduced 12 ==> contact.lenses=none 12 <conf:(1)

2. spectacle.prescrip=hypermetrope tear.prod.rate=reduced 6 ==>
contact.lenses=none 6  <conf:(1)

3. spectacle.prescrip=myope tear.prod.rate=reduced 6 ==> contact.
lenses=none 6  <conf:(1)

4. astigmatism=no tear.prod.rate=reduced 6 ==> contact.lenses=none
6 <conf:(1)

5. astigmatism=yes tear.prod.rate=reduced 6 ==> contact.
lenses=none 6 <conf:(1)

6. contact.lenses=soft 5 ==> astigmatism=no 5 <conf:(1)

# Set the minimum support at 50%

> Apriori(contact.data, control= Weka_control(M=.5))

Apriori
======

Minimum support: 0.5 (12 instances)
Minimum metric <confidence>: 0.9
Number of cycles performed: 10

Best rules found:

 1. tear.prod.rate=reduced 12 ==> contact.lenses=none 12 <conf:(1)
```

脚本 7.4 显示了将 Apriori 应用于隐形眼镜数据时所看到的语句和相关输出。WOW 函数列出了 Apriori 的可用选项。我们可以选择置信度的下限、为支持度设置下限和上限、使用除置信度之外的指标，并控制要显示的最大规则数量。脚本 7.4 将选项列表限制为实际在此处使用的选项。

对 Apriori 的第一次调用生成 6 个关联规则。前 5 个规则将隐形眼镜作为输出属性。散光是规则 6 中的输出属性。让我们看看第三条规则。

If spectacle-prescrip = myope tear-prod-rate=reduced 6 → contact-lenses= none 6 conf:(1)

规则前提条件中的 6（→符号左边）告诉我们有 6 个数据实例将 myope 和 reduced 显

示为给定属性的值。规则后件中的 6（→符号的右边）告诉我们，这 6 个实例的属性隐形眼镜值为 none，这导致规则的置信度值为 1。所有列出的规则都具有置信度分数 1，意味着每个规则的准确度为 100%。

Apriori 函数不显示规则支持度。但是，WOW 选项列表告诉我们 LowerBound-MinSupport 当前设置为 0.1。如果我们将此值重置为 50%（M=0.5）并第二次运行程序，我们只会看到一条规则。具体来说：

Tear-prod-rate= reduced → contact-lenses = none

让我们将注意力转向一个更有趣的数据集，该数据集是为市场购物篮分析而设计的，它（supermarket.arff）包含了来自新西兰一家超市的实际购物数据。这个数据集不是 RWeka 的一部分，但包含在你的附加材料中。脚本 7.5 显示了 read.arff 函数如何从当前工作目录中读取数据集。

脚本 7.5　Apriori 规则：超市数据

```
> library(RWeka)
> super.data <-read.arff("supermarket.arff")
> super.ap <- Apriori(super.data, control= Weka_control(C = .9,
N=5))
> super.ap

Apriori
=======

Minimum support: 0.15 (694 instances)
Minimum metric <confidence>: 0.9
Number of cycles performed: 17


1. biscuits=t frozen foods=t fruit=t total=high 788 ==>
bread and cake=t 723    <conf:(0.92)
2. baking needs=t biscuits=t fruit=t total=high 760 ==>
bread and cake=t 696    <conf:(0.92)
3. baking needs=t frozen foods=t fruit=t total=high 770 ==>
bread and cake=t 705 <conf:(0.92)
4. biscuits=t fruit=t vegetables=t total=high 815 ==>
bread and cake=t 746    <conf:(0.92)
5. party snack foods=t fruit=t total=high 854 ==>
bread and cake=t
779 < conf:(0.91)
```

整个数据集包含 4627 个实例和 217 个属性。每个实例都显示了一位购物者在一次超市之旅中的购买情况。图 7.1 显示了一个 RStudio 的截屏，其中显示了一小部分数据。使用 View(super.data) 可以让你更全面地查看属性名称和值。

原始的 .arff 文件中包含大量的问号，每个问号代表一个未购买的商品。幸运的是，read.arff 函数将所有的问号都转换为 NA！

有些属性非常广泛，因为它们只是表示在给定部门内的购买情况。其他属性更具体，因为它们的值是单个商品的类型，比如罐装水果。最后一个属性是 total，其值为 high 或 low。如果总账单超过 100 美元，则值为 high。然而，该属性并不一定是非常重要的，因为我们正在寻找以属性 – 值组合为特征的关联规则，以确定哪些商品可能一起购买。

每次购买都用 *t* 表示。第一个列出的顾客购买了一个婴儿用品、一个面包和蛋糕商品、一个烘焙用品商品以及其他一些商品，可以通过移动编辑窗口底部的滚动条或单击屏幕顶部的 Cols 箭头来查看。顾客 2 购买了部门 1 的一个商品，并通过向右移动滚动条看到了购买的其他商品。显然，因为大多数属性值为空，所以大部分数据都非常稀疏。

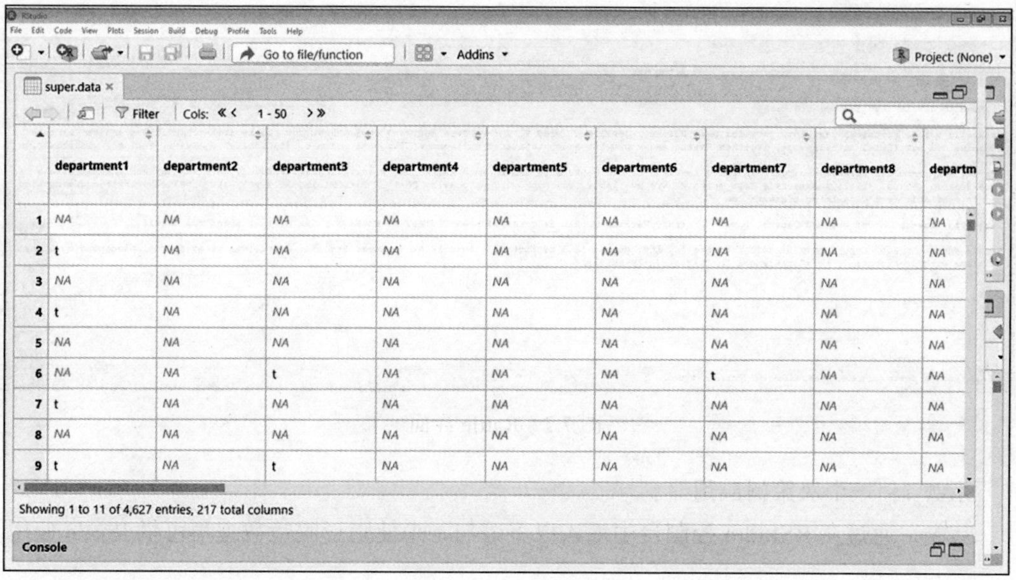

图 7.1　超市数据集

使用脚本 7.5 中的设置来运行 Apriori 函数，会生成 5 条关联规则。很明显，每条规则的结果都是面包和蛋糕。进一步的调查表明，使用默认设置生成的所有规则都具有相同的结果！要查找其他可能感兴趣的规则，需要对一个或多个参数设置进行操作。只需要将最小置信度要求修改为 70%（C = 0.70），就可以将一些新的属性引入到规则中。本章末的练习题中的 R 实验项目 10 要求你进一步在这些数据中进行实验，试图找到有意义的关联。但现在，准备好学习 Rattle 用户界面吧。

7.4　Rattle 用户界面

这一节将介绍 Rattle（R Analytic Tool to Learn Easily），这是一个图形用户界面（GUI），支持可视化数据、预处理数据、构建模型和评估结果，而不需要编写冗长的脚本。首先，必须前往 CRAN 库安装和加载 rattle 包。

一旦安装并加载完 rattle 包，你可以通过在控制台窗口中输入 `rattle()` 来启动 GUI。图 7.2 显示了该界面。使用 Rattle，我们可以加载、探索、转换、聚类和建模数据。Rattle 还包含大量用于模型评估的工具。

学习如何使用 Rattle 的最有效方法是通过一些示例进行实践。通过这些示例，你很快就会发现 Rattle 需要一些未安装在你的计算机上的包。每当 Rattle 询问你是否可以安装缺失的包时，只需要给出肯定的答复，然后让 Rattle 完成工作。让我们以在隐形眼镜数据集上应用 rpart 开始简单的示例。

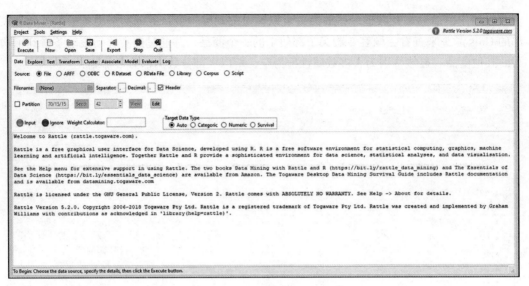

图 7.2　Rattle 界面

示例 1：一个决策树应用

首先，通过在 RStudio 控制台中键入以下语句，来使隐形眼镜数据集可供 Rattle 使用。

```
>contact.data <- read.arff(system.file("arff", "contact-lenses.arff", package =
    "RWeka"))
```

接下来，返回到 Rattle 界面，突出显示 R 数据集按钮。滚动数据名称窗口以找到 contact.data。单击屏幕左上角的执行按钮。这会将数据加载到 Rattle 环境中。图 7.3 显示了结果。

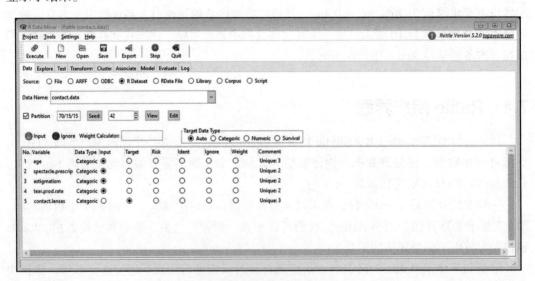

图 7.3　将隐形眼镜数据集加载到 Rattle 中

我们想要构建决策树，但不进行评估。如果需要，取消选中分区（partition），然后单击 Execute（执行）以确认更改。确保指定 contact.lenses 作为目标变量。接下来，单击位于

stop（停止）按钮下方的 Model（模型）。Type（类型）选择 Tree（树）、Traditional（传统）算法，并将 Min Split 更改为 5，单击执行来显示定义树的语句，如图 7.4 所示。单击屏幕右侧的规则，来查看为树生成的规则。图 7.5 提供了通过单击 draw（绘图）获得的决策树的图形表示。

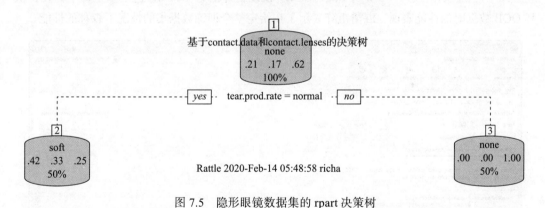

图 7.4　定义隐形眼镜数据集决策树的语句

基于contact.data和contact.lenses的决策树

图 7.5　隐形眼镜数据集的 rpart 决策树

示例 2：随机森林应用

我们的第二个示例是使用客户流失数据集进行的随机森林应用。首先，单击数据→R 数据集。滚动查找 churnTrain，然后单击执行。取消选择分区，然后单击执行，因为我们有一个可用的测试数据集。你的屏幕将如图 7.6 所示。首先列出的 state（变量）是一个具有 51 个唯一值的分类变量。对于此变量，选择忽略，因为随机森林只能处理具有 32 个或更少唯一因子值的分类属性。单击执行以进行更改。

接下来，转到模型，并选择森林。使用所有默认值，单击执行。你的屏幕将如图 7.7 所示。森林中的每个树都是使用自助技术构建的，因此有 1/3 的训练数据可用于测试。

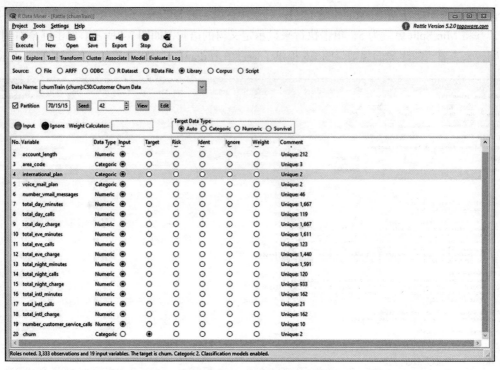

图 7.6　加载到 Rattle 中的流失训练数据

图 7.7 中显示的袋外（Out-of-Bag，OOB）误差估计值为 4.44%，这是基于每个树在提供其 OOB 数据时的性能表现。混淆矩阵表示了在给定整个训练数据集的情况下森林的性能。

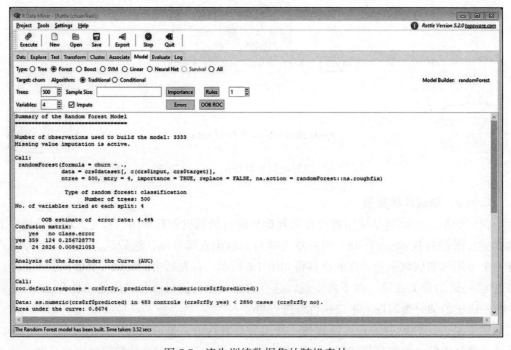

图 7.7　流失训练数据集的随机森林

图 7.7 还显示了规则、错误和 OOB ROC 的选项。单击"错误"（Errors），图 7.8 将出现在 RStudio 屏幕的绘图区域中。图 7.8 告诉我们，即使删除了一半以上的树，OOB 误差率也可能保持不变。

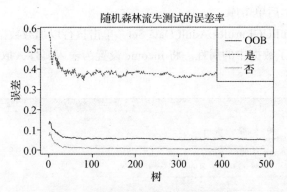

图 7.8　客户流失训练数据的误差率

要查看模型在测试数据上的表现，单击评估（Evaluate；位于 Model 的右侧）。突出显示 R 数据集按钮，滚动以找到 churnTest，然后单击执行（Execute）。图 7.9 显示了将森林模型应用于测试数据后得到的混淆矩阵。0.278% 的假阳性率令人印象深刻。这说明我们不会在非流失客户上花费太多的激励费用。不过，从消极的一面来看，仍然错过了将近 27% 的流失客户。如果识别更多的流失客户是一个主要目标，那么实验随机森林中的树的数量或属性的数量是一个很好的起点。

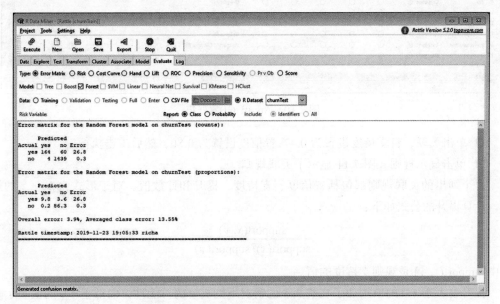

图 7.9　客户流失数据的测试集误差率

示例 3：挖掘关联规则

Rattle 与 arules 包中附带的 apriori 关联规则函数进行交互。让我们看看它在 UCI Adult 数据集中能够发现什么样的关联。该数据集包含 48 842 个个体的人口普查信息，并已格式化供 arules 使用。在进行下面的实验之前，了解一下关于数据性质的信息是值得的。要了解更多信息，请单击 arules 包内的 Adult 链接。

以下是通过 rattle 界面访问数据的方法：

❑ 单击数据，然后单击库。

❑ 滚动查找 AdultUCI:arules:Adult Data Set，单击执行以加载数据。

❑ 图 7.10 列出了数据中的属性。将 income 设置为输入属性，取消选择分区，然后单击执行。

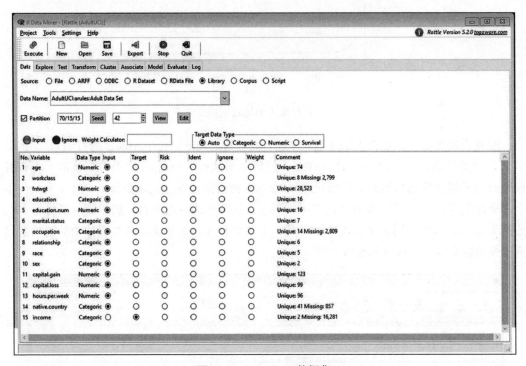

图 7.10　AdultUCI 数据集

❑ 单击关联，将支持度设置为 0.4，置信度设置为 0.80，然后单击执行。

❑ 单击显示规则。图 7.11 显示了关联规则。

每个列出的关联规则都包括置信度、支持度、提升和计数值。对于形式为 $x \rightarrow y$ 的规则，计算提升的公式如下：

$$\frac{\text{support}(x, y)}{\text{support}(x)*\text{support}(y)}$$

其中 support(x, y) 是规则支持度的值。

提升度大于 1.0 的值增加了在购买 x 的情况下购买 y 的可能性，而低于 1.0 的值表示购买 x 降低了购买 y 的可能性。尽管图 7.11 中显示的规则不怎么有趣，但数据集很大，值得进一步实验。

最后，你可以直接在控制台中使用 arules 函数为数据集生成规则，以下是当前数据的一种可能性。

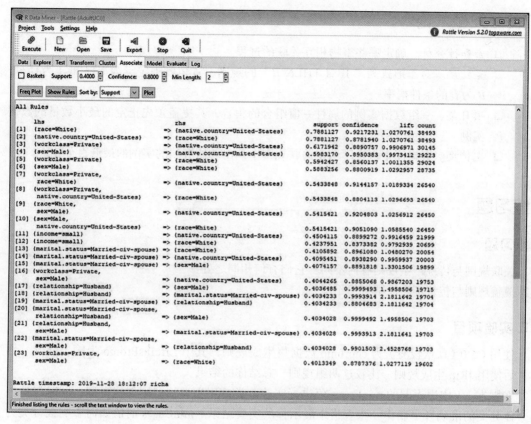

图 7.11　UCI Adult 数据集的关联规则

```
library(arules)
data("Adult")
my.Rules <- apriori(Adult,
+ parameter = list(supp = 0.4, conf = 0.8, target = "rules"))
summary(my.Rules)
inspect(my.Rules)
```

7.5　本章小结

通过为决策树的每条路径编写一条规则，决策树可以很好地映射到一组产生式规则。在某些情况下，可以简化映射的规则，而不会显著降低测试集的准确性。

覆盖规则生成器尝试创建一组规则，这些规则最大化覆盖类内实例的总数，同时最小化覆盖非类实例的数量。关联规则不同于传统的产生式规则，在一个规则中作为前提条件的属性可能在另一个规则中作为结果出现。此外，关联规则生成器允许规则的结果包含一个或多个属性值。由于关联规则更复杂，因此已经开发了特殊技术来高效地生成关联规则。规则的置信度和支持度有助于确定从营销角度来看，哪些发现的关联可能是有趣的。但是，在解释关联规则时必须谨慎，因为许多发现的关系最终都是微不足道的。Rattle 包为我们提供了一个易于使用的 GUI，用于探索、转换、聚类和建模数据。

7.6 关键术语

- ❏ 亲和性分析。确定哪些事物相互关联的过程。
- ❏ 置信度。对于形式为 "IF *A* THEN *B*" 的规则，置信度被定义为当已知 *A* 为真时，*B* 为真的条件概率。
- ❏ 项目集。一组数据实例的属性 – 值组合的集合，其覆盖预先指定的最小数量的数据实例。
- ❏ 支持度。数据库中包含了给定关联规则中列出的所有项的实例的最低百分比。

练习题

复习题

1. 关联规则与传统产生规则有何不同？它们有何相同之处？
2. 覆盖规则与传统产生规则有何不同？

R 实验项目

1. 使用 C5.0（默认设置）为 ccpromo 数据集生成规则，其中 LifeInsPromo 为输出属性。然后使用 JRip 生成规则。比较这两组规则。总结你的结果。

2. 在脚本 7.1 中用不同的 minCases 值进行实验。尝试用更少的规则创建模型，同时保持整体分类的准确性。制作一张表格来展示你的实验结果。minCases 的值如何影响被分类为垃圾邮件的有效电子邮件的数量？

3. 使用脚本 7.2 来实验垃圾邮件的截断值。制作一个表格，显示不同截断值下的总体分类准确性、被分类为垃圾邮件的有效电子邮件数量，以及被分类为有效的垃圾邮件数量。如果目标是将少于 2% 的有效电子邮件放入垃圾箱，应该使用什么值？

4. 使用练习 2 和练习 3 中创建的表格，帮助你实验 minCases 和临界值的各种组合，以获得最佳结果。

5. 使用 RWeka 的 PART 规则生成器重复脚本 7.1 中的实验。确保在脚本 7.1 中包含 RWeka 库。使用 WOW(PART) 来了解 PART 可用的选项。构建模型的初始语句将如下所示：

```
Spam.PART <- PART(Spam ~ ., data = spam.train, control = Weka_control(M=2))
```

用更高的 *M* 值进行实验，来生成更少的规则。尝试建立一个模型，在不影响整体准确性的情况下，减少有效电子邮件的错误分类。

6. 使用第 6 章中介绍的流失（Churn）数据集，重复脚本 7.1 和脚本 7.2 中的实验。目标是构建一个模型，能够识别测试集中潜在流失候选者的最大比例，同时保持合理的总体测试集准确性。从定义一个具体的目标开始。

7. 将 Rattle 的关联规则生成器应用于 ccpromo 数据集。将规则置信度指定为 0.90，最小支持度指定为 0.10。列出你认为最有趣的两条规则，说明它们为什么令人感兴趣。

8. 将 Rattle 的关联规则生成器应用于隐形眼镜数据集。将规则置信度指定为 0.90，最小支持度指定为 0.40。列出你认为最有趣的两条规则，说明它们为什么令人感兴趣。

9. 使用 apriori（arules）编写一个脚本，为 ccpromo 数据集生成规则。由于年龄是数字，你必须在生成规则之前离散化或删除年龄。对支持度和置信度的各种设置进行实验。报告在数据中发现的两三个"有趣"的规则。

10. 将 RWeka 实现的 Apriori 算法对超市数据进行实验。修改置信度和支持度的值，试图找到感兴趣的规则。说出 3 条你认为有趣的规则。指定置信度和支持度，说明为什么对这些规则感兴趣。

11. 使用 JRip 为垃圾邮件数据集创建覆盖规则集。对 JRip 的参数进行实验，使得用最少的规则获得最好的结果。对 C50、PART 和 JRip 创建的规则进行比较。

12. 使用 PART 为流失数据集生成规则。将模型的测试集准确性与 JRip 应用于这些相同数据时看到的结果进行比较。

计算题

1. 使用 ccpromo 数据集的所有实例，验证 C5.0 生成的以下规则的准确性和提升值。

```
Rule 1: (6/1, lift 1.9)
     CCardIns = No
     Gender = Male
     -> class No  [0.750]
```

2. 回答下述问题。

   a. 为图 6.3 中显示的决策树编写产生式规则。

   b. 为图 6.5 所示的决策树编写产生式规则。

3. 使用表 7.1 中的数据，给出以下关联规则的置信度和支持度。

If Gender = Male & Magazine Promotion = Yes then Life Insurance Promotion = Yes

4. 使用表 7.3 中的信息列出 3 条二项集规则。使用表 7.1 中的数据计算每个规则的置信度和支持度值。

5. 为下面的三项集列出 3 条规则。使用表 7.1 中的数据计算每个规则的置信度和支持度值。

Watch Promotion = No & Life Insurance Promotion = No & Credit Card Insurance =No

相关安装包和函数总结

与本章内容相关的安装包和函数如表 7.4 所示。

表 7.4　安装的软件包与函数

软件包名称	函数
arules	apriori、inspect
base/ stats	*c*、cbind、data.frame、factor、ifelse、library、predict、set.seed、sample、summary、table、View
C50	C5.0
randomForest	randomForest
rattle	rattle
rpart	rpart
RWeka	Apriori、JRip、PART、read.arff、WOW

第 8 章

神经网络

本章内容包括：

❑ 前馈神经网络。

❑ 自组织网络。

❑ 神经网络的优点和缺点。

❑ 使用 R 构建神经网络。

神经网络在商业、科学和学术界越来越受欢迎，这是因为神经网络在预测连续的和分类的结果方面，具有已被证实的成功示例。Widrow 等人（1994 年）对神经网络应用做了很好的概述。

尽管存在多种神经网络架构，但我们的讨论仅限于两种比较流行的结构。对于监督分类，将研究使用反向传播训练的前馈神经网络。对于无监督聚类，将讨论 Kohonen 自组织映射（SOM）。

8.1 节向你介绍了神经网络的一些基本概念和术语。神经网络的输入值是 0~1 之间的数值。由于这可能在某些应用中是一个问题，因此我们会详细讨论神经网络的输入和输出问题。在 8.2 节中，提供了监督和无监督神经网络训练的概念概述。神经网络因无法解释其输出而受到批评。8.3 节介绍了一些用于解释神经网络输出的技术。8.4 节列出了所有神经网络都具有的一般优点和缺点列表。8.5 节详细介绍了反向传播和自组织神经网络的训练示例。如果你的兴趣不在于精确理解神经网络如何学习，可以跳过 8.5 节。

在 8.6 节中，你将使用 R 提供的两个软件包来创建和测试监督神经网络模型。8.7 节是关于使用 R 的无监督神经网络聚类。最后一节的重点是股票市场价格和时间序列数据。

8.1 前馈神经网络

神经网络提供了一种试图模拟人脑的数学模型。知识通常被表示为一组相互连接的分层处理器。这些处理器节点经常被称为神经元，以表明与大脑中的神经元的关系。每个节点与相邻层中的多个其他节点具有加权连接。各个节点接收来自连接节点的输入，并使用连接权重以及一个简单的评估函数来计算输出值。

神经网络学习可以是监督的，也可以是无监督的。当一组输入实例在网络中反复传递时，通过修改网络连接权重来完成学习。一旦训练完成，通过网络的未知实例将根据在输出层看到的值进行分类。

图 8.1 显示了一个全连接的前馈神经网络结构，以及一个单一的输入实例 [1.0, 0.4, 0.7]。箭头表示每个新实例通过网络时的流方向。网络是全连接的，因为一个层中的节点连接到下一层中的所有节点。

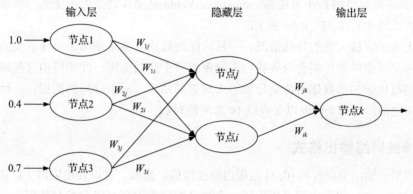

图 8.1　全连接前馈神经网络

在单个实例中找到的输入属性的数量决定了输入层节点的数量。用户指定隐藏层的数量以及特定隐藏层中的节点数量。需要通过实验来确定这些值的最佳选择。在实践中，隐藏层的总数通常限制为两个。根据应用的不同，神经网络的输出层可能包含一个或多个节点。

8.1.1　神经网络输入格式

一个神经网络节点的输入必须是数字，并位于闭区间范围 [0, 1] 内。因此，我们需要一种用数值表示分类数据的方法，还需要一种将超出 [0, 1] 范围的数值数据进行转换的方法。

分类数据转换有几种选择。一种简单的方法是将区间范围分成大小相等的单位。举例来说，考虑属性颜色的可能值为红色、绿色、蓝色和黄色。使用这种方法，我们可以进行如下赋值：红色 = 0.00，绿色 = 0.33，蓝色 = 0.67，黄色 = 1.00。尽管这种技术可以使用，但它显然存在一个明显的缺陷。修改后引入了在转换之前未见的距离度量。在我们的示例中，红色和绿色之间的距离小于红色和黄色之间的距离。因此，似乎红色与绿色更相似，而不是与黄色相似。

将分类数据转换为数值数据的第二种技术，需要为每个分类值创建一个输入节点。再次考虑具有四个值的颜色属性，如前面的示例所示。通过为颜色添加三个额外的输入节点，可以得到如下四种颜色的表示：红色 = [1, 0, 0, 0]，绿色 = [0, 1, 0, 0]，蓝色 = [0, 0, 1, 0]，黄色 = [0, 0, 0, 1]。使用这种方案，每个分类值都变成了一个具有可能值 0 或 1 的属性。很明显，这种方法消除了前一种技术的偏差。

现在让我们考虑将数值数据转换为所需的区间范围。假设我们有 100、200、300 和 400 的值。一种显而易见的转换方法是将所有属性值除以最大的属性值。对于我们的示例，将每个数值除以 400 会得到转换后的值：0.25、0.5、0.75 和 1.0。这种方法的问题是，除非我们至少有一些接近零的值，否则将无法充分利用整个区间范围。对该技术稍做修改即可获得预期结果，如式（8.1）所示，

$$newValue = \frac{originalValue - minimumValue}{maximumValue - minimumValue} \qquad (8.1)$$

其中，newValue 是落在 [0,1] 区间范围内的计算值，originalValue 是要转换的值，minimumValue 是属性的最小可能值，maximumValue 是属性的最大可能值。将该公式应用于上述值会得到 0.0、0.33、0.66 和 1.0。

存在无法确定最大值的特殊情况。一种可能的解决方案是使用一个任意大的值作为除数。除以一个任意的数可能会导致我们未能覆盖整个区间范围。除非应用这些转换技术的变体，否则高度倾斜的数据可能会导致不太理想的结果。对于倾斜的数据，一种常见的方法是在应用之前，对每个值取以 2 或以 10 为底的对数。

8.1.2 神经网络输出格式

神经网络的输出节点表示 [0, 1] 范围内的连续值。然而，可以转换输出为以适应分类的类别值。举例来说，假设我们希望训练一个神经网络来识别可能会参与特别促销活动的新的信用卡客户。我们设计了具有两个输出层节点的网络架构，节点 1 和节点 2。在训练过程中，对于以前参加过促销活动的客户，将该客户的正确输出设置为第一个输出节点值为 1，第二个输出节点值为 0。对于传统上不参加促销活动的客户，该客户的节点 1 和节点 2 的输出分别设置为 0 和 1。一旦训练完成，神经网络将会将节点 1 和节点 2 的输出组合值为 0.9 和 0.2 的新客户，识别为可能会参加促销活动的客户。

由于是节点输出的组合，这种方法有一定的缺点，例如 0.2 和 0.3 没有明确的分类。针对这种情况，已经提出了各种方法。一种方法建议将确定性因素与节点输出值关联起来。一种常用的方法是使用特殊的测试数据集来帮助处理难以解释的输出值。这种方法还允许我们构建一个具有单个输出层节点的神经网络（即使输出是分类的）。一个示例说明了这种方法。

假设我们决定在刚刚讨论的信用卡客户示例中使用单个输出节点。对于可能参与特别促销的客户，将 1 指定为理想输出；对于可能会放弃该优惠的客户，将 0 指定为理想输出。一旦我们已经训练了网络，就可以自信地将 0.8 的输出值分类为可能会利用促销活动的客户。然而，当输出值为 0.45 时，我们该怎么办？特殊的测试数据集有助于解决我们的问题。在将网络应用于未知实例之前，将这个测试集呈现给训练好的网络，并记录每个测试实例的输出值。然后，将网络应用于未知实例。当未知实例 x 显示不易确定的输出值 v 时，我们将 x 分类为在 v 附近或附近聚集的大多数测试集实例所示的类别。

最后，当我们希望使用神经网络的计算输出进行预测时，又面临另一个问题。假设已经训练了一个网络，来帮助我们预测喜欢的股票的未来价格。由于网络的输出给出的结果介于 0 和 1 之间，我们需要一种方法将输出转换为实际的未来股票价格。

假设实际输出值为 0.35。为了确定未来的股票价格，我们需要撤销原始的 [0, 1] 区间转换。这个过程很简单。我们将股票价格的训练数据范围乘以 0.35，并将股票的最低价格

加到这个结果上。如果训练数据的价格范围是 10.00 美元～100.00 美元，则计算如下：

$$(90.00)(0.35) + \$10.00$$

由此得出预测的未来股票价格为 41.50 美元。所有商业和一些公共领域的神经网络软件包都在 [0, 1] 区间范围内执行这些数值转换。这仍然要求我们确保所有初始输入都是数值。

8.1.3　sigmoid 评估函数

在前馈神经网络中，每个节点的目的是接受输入值，并将输出值传递到下一层网络。输入层的节点将输入属性值不变地传递到隐藏层。因此，在图 8.1 中显示的输入实例中，节点 1 的输入为 1.0，节点 2 的输入为 0.4，节点 3 的输入为 0.7。

隐藏层或输出层的节点 n 从前一层连接的节点接收输入，将前一层节点的值合并成单个值，并使用新值作为评估函数的输入。评估函数的输出是节点的输出，它必须是闭区间 [0, 1] 内的数值。

让我们看一个示例。表 8.1 显示了图 8.1 的神经网络的样本权重值。考虑节点 j。为了计算节点 j 的输入，我们确定了每个输入权重与它相应的输入层节点值相乘的总和。也就是说，

节点 j 的输入 == $(0.2)(1.0) + (0.3)(0.4) + (-0.1)(0.7) = 0.25$

因此，0.25 表示节点 j 的评估函数的输入值。

表 8.1　如图 8.1 所示的神经网络的初始权值

W_{1j}	W_{1i}	W_{2j}	W_{2i}	W_{3j}	W_{3i}	W_{jk}	W_{ik}
0.20	0.10	0.30	−0.10	−0.10	0.20	0.10	0.50

评估函数的第一个标准是函数必须输出在 [0, 1] 区间范围内的值。第二个标准是，随着 x 的增加，$f(x)$ 应该输出接近 1 的值。通过这种方式，该函数在网络内传播活动。sigmoid 函数满足这两个标准，并经常用于节点评估。sigmoid 函数的计算方式如下

$$f(x) = \frac{1}{1 + e^{-x}} \qquad (8.2)$$

其中 e 是自然对数的底数，近似为 2.718 282。

图 8.2 显示了 sigmoid 函数的图形。请注意，小于零的 x 值提供了很少的输出激活。对于我们的示例，$f(0.25)$ 评估为 0.562，代表节点 j 的输出。

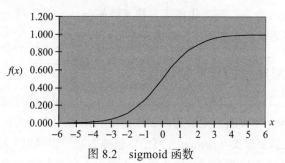

图 8.2　sigmoid 函数

最后，重要的是要注意，每个隐藏层和输出层节点通常都与一个偏置或阈值节点相关联。阈值节点与常规节点的不同之处在于，它们的链接值与其他所有网络权重一样会发生变化，但它们的输入被固定为一个常数值（通常为 1）。在本章的后面，当我们研究 R 的一个神经网络函数时，将介绍阈值节点的目的和功能。

8.2　神经网络训练：概念视角

在本节中，我们讨论了两种训练前馈网络的方法，以及一种用于无监督神经网络聚类的技术。因为我们的讨论有限，所以本节不详细说明算法的工作原理。对于大多数读者来说，这里的讨论足以满足对神经网络学习的好奇心。然而，对于更倾向技术的个人，8.5 节提供了关于神经网络学习的具体细节。

8.2.1　使用前馈网络的监督学习

监督学习包括训练和测试两个阶段。在训练阶段，训练实例会在网络中反复传递，同时修改各个权重值。修改连接权重的目的是为了最小化预测值和实际输出值之间的训练集误差。网络训练会一直持续，直到满足特定的终止条件。终止条件可以是网络收敛到最小总误差值、达到特定时间标准或最大迭代次数。

反向传播学习是最常用于训练前馈网络的方法。对于每个训练实例，反向传播首先通过网络传递实例并计算网络输出值。回想一下，每个输出层节点都会计算一个输出值。为了说明反向传播学习，我们将使用图 8.1 以及图中显示的输入实例。

我们之前确定了图 8.1 中实例的计算输出为 0.52。现在假设与该实例相关联的目标输出为 0.65。显然，计算值和目标值之间的绝对误差为 0.13。然而，当我们试图确定为什么出现误差时，出现了一个问题：我们不知道是哪些网络连接权重导致了错误。在实例下一次通过网络时，只改变其中一个权重可能会为我们提供更好的结果。更有可能的情况是，问题在于两个或更多权重值的某种组合。还有另一种可能性是，误差在某种程度上是由与输出节点相关的每个网络连接共同造成的。

反向传播学习算法假设了最后一种可能性。对于我们的示例，节点 k 的输出误差被传播回网络，与之相关的网络中所有 8 个权重都会发生变化。每个连接权重的变化量是通过一个公式计算的，该公式利用了节点 k 的输出误差、单个节点的输出值以及 sigmoid 函数的导数。该公式有一种平滑实际误差值的方式，从而不会对任何一个训练实例造成过度修正。

在足够多的迭代次数下，反向传播学习技术能够保证收敛。然而，它并没有保证收敛到最优。因此，可能需要多次应用该算法才能获得可接受的结果。

8.2.2　具有自组织映射的无监督聚类

Teuvo Kohonen（1982）在 20 世纪 80 年代早期首次形式化了神经网络的无监督聚类，当时他引入了 Kohonen 特征图。他最初的工作集中在图像和声音的映射上。然而，这种技术已被有效地用于无监督聚类。Kohonen 网络也被称为自组织映射（SOM）。

一个 Kohonen 网络支持两个层。输入层为每个输入属性包含一个节点。输入层的节点与输出层的所有节点之间都具有加权连接。输出层可以采用任何形式，但通常组织为一个二维网格。图 8.3 显示了一个简单的 Kohonen 网络，具有两个输入层和九个输出层节点。

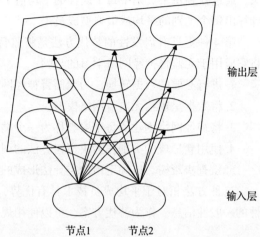

在网络学习过程中，将输入实例呈现给每个输出层节点。当一个实例被呈现给网络时，其权重连接最接近输入实例的输出节点会获胜。该节点通过改变其权重以更接近实例而获得奖励。首先，获胜节点的邻居也会通过修改其权重连接，以更接近当前实例的属性值来获得奖励。然而，在实例多次经过网络后，邻域的大小会减小，最终只有获胜节点会获得奖励。

每次实例通过网络时，输出层节点会记录它们获胜的实例数量。在数据最后一次通过网络时，获胜了最多实例的输出节点会被保存下来。保存的输出层节点的数量对应于数据中被认为存在的聚类数量。最后，将那些与已删除节点聚类的训练实例再次呈现给网络，并用其中一个已保存的节点进行分类。这些节点以及它们关联的训练集实例描述了数据集中的聚类。或者，可以应用测试数据，然后分析由这些数据形成的聚类，以帮助确定所发现的内容的含义。

图 8.3   具有两个输入层节点的 3×3 Kohonen 网络

8.3   神经网络解释

神经网络架构的一个主要缺点是缺乏对所学内容的理解。在这里，我们总结了解决这一缺点的 4 种技术。神经网络解释的第一种技术是将网络架构转化为一组规则。通常，从神经网络中提取规则的算法涉及删除对分类准确性影响最小的带权链接。不幸的是，规则提取方法取得的成功有限。

敏感性分析是第二种技术，已被成功应用于深入了解个体属性对神经网络输出的影响。该方法有几种变体。一般的流程包括以下步骤：

1. 将数据分成一个训练集和一个测试数据集。
2. 用训练数据对网络进行训练。
3. 使用测试数据集创建一个新实例 I。I 的每个属性值都是测试数据中所有属性值的平均值。
4. 对于每个属性，
   （1）改变实例 I 中的属性值，并将修改后的 I 呈现给网络进行分类。
   （2）确定这些变化对神经网络输出的影响。
   （3）通过属性变化对网络输出的影响来衡量每个属性的相对重要性。

敏感性分析允许我们确定单个属性相对重要性的排序。然而，这种方法并没有提供一套明确的规则集来帮助我们更深入地理解学到的内容。

第 3 种作为一种用于无监督聚类的通用解释工具的技术是平均成员技术。使用这种方法，通过找到每个类别中每个属性的平均值（与敏感性分析所做的所有实例的平均值不同），计算出每个类别的平均或最典型成员。

第 4 种更具有启发性的替代方法是将监督学习应用于解释无监督聚类的结果。以下是将它应用于无监督神经网络学习的步骤：

1. 进行必要的数据转换，为无监督神经网络聚类准备数据。
2. 将数据呈现给无监督网络模型。
3. 将神经网络创建的每个聚类称为一个类别，并为每个聚类分配一个任意的类别名称。
4. 使用新形成的类别作为决策树算法的训练实例。
5. 检查决策树，以确定由聚类算法形成的概念类别的性质。

这种方法相对于平均成员技术具有优势，因为它提供了有关形成的聚类的差异和相似性的一般性信息。作为替代方案，可以使用规则生成器来详细描述每个聚类。

8.4 一般考虑事项

构建神经网络的过程既是一门艺术，也是一门科学。一个合理的方法是在变化属性选择和学习参数的同时进行多次实验。以下是影响神经网络模型性能的部分选择列表：

- ❏ 将使用哪些输入属性来构建网络？
- ❏ 网络输出将如何表示？
- ❏ 网络应包含多少个隐藏层？
- ❏ 每个隐藏层中应该有多少节点？
- ❏ 什么情况会终止网络训练？

这些问题没有标准答案。然而，我们可以使用实验过程来帮助我们实现期望的结果。在本章的后面，你将学习如何通过使用 R 的神经网络软件工具来更好地回答这些问题。这里列出了神经网络方法在知识发现方面的优势和劣势。

8.4.1 优势

- ❏ 神经网络在包含大量噪声输入数据的数据集中表现良好。神经网络评估函数（如 sigmoid 函数）可以自然地平滑由异常值和随机误差引起的输入数据变化。
- ❏ 神经网络可以处理和预测数值以及分类结果。然而，分类数据的转换可能会有些棘手。
- ❏ 神经网络在几个领域中一直表现出色。
- ❏ 神经网络既可以用于监督分类，也可以用于无监督聚类。

8.4.2 劣势

- ❏ 对神经网络最大的批评可能是它们缺乏解释其行为的能力。
- ❏ 神经网络学习算法不能保证收敛到最优解。对于大多数类型的神经网络，可以通过调整各种学习参数来解决这个问题。

❑ 神经网络可以很容易地被训练，但它可能在训练数据上表现很好，在测试数据上表现糟糕。这经常发生在训练数据被多次传递到网络，以至于网络在面对以前未见过的实例时无法进行泛化。可以通过持续测量测试集性能来监测这个问题。

8.5 神经网络训练：详细见解

在这里，我们提供了两种流行的神经网络架构在训练过程中如何修改它们的加权连接的详细示例。在第一部分，我们提供了反向传播学习的部分示例，并陈述了反向传播学习算法的一般形式。在第二部分，我们展示了 Kohonen SOM 如何用于无监督聚类。

8.5.1 反向传播算法：一个示例

反向传播是前馈网络最常用的训练方法。反向传播的工作原理是从输出层开始修改权重值，然后通过隐藏层向后移动。这个过程通过示例更容易理解。我们使用图 8.1 中的神经网络、图中显示的输入实例，以及表 8.1 中的初始权重值来执行一次反向传播算法的步骤。

假设指定输入实例的目标输出为 0.68。第一步是将实例输入网络，确定节点 k 的计算输出。我们应用 sigmoid 函数来计算所有输出值，如下面的计算所示：

节点 j 的输入 = (0.2)(1.0) + (0.3)(0.4) + (−0.1)(0.7) = 0.250

节点 j 的输出 = 0.562

节点 i 的输入 = (0.1)(1.0) + (−0.1)(0.4) + (0.2)(0.7) = 0.200

节点 i 的输出 = 0.550

节点 k 的输入 = 0.1 * 0.562 + 0.5 * 0.550 = 0.331

节点 k 的输出 = 0.582

接下来，我们计算在网络输出层观察到的误差。输出层的误差计算如下：

$$\text{Error}(k) = (T - O_k)[f'(x_k)] \tag{8.3}$$

其中，T = 目标输出，O_k = 节点 k 处的计算输出，$(T - O_k)$ = 实际输出误差，$f'(x_k)$ = sigmoid 函数的一阶导数，x_k = 节点 k 处 sigmoid 函数的输入。

式（8.3）显示了实际输出误差乘以 sigmoid 函数的一阶导数。乘法放大了输出误差，迫使在 sigmoid 曲线快速上升点进行更强的修正。在节点 x_k 处，sigmod 函数的导数可以计算为 $O_k(1 - O_k)$。因此，

$$\text{Error}(k) = (T - O_k)O_k(1 - O_k) \tag{8.4}$$

对于我们的示例，$\text{Error}(k)$ 计算如下：

$$\text{Error}(k) = (0.65 - 0.582)(0.582)(1 - 0.582) = 0.017$$

计算隐藏层节点的输出误差更加直观。节点 j 处误差的一般公式如下：

$$\text{Error}(j) = \left(\sum_k \text{Error}(k)W_{jk} \right) f'(x_j) \tag{8.5}$$

其中，$\text{Error}(k)$ = 节点 k 处计算的输出误差，W_{jk} = 节点 j 与输出节点 k 之间的连接权重，$f'(x_j)$ = sigmoid 函数的一阶导数，x_j = 节点 j 处 sigmoid 函数的输入。如式（8.3）所示，其中 $f'(x_j)$

的计算结果是：

$$O_j(1 - O_j)$$

注意，计算出的误差是所有输出节点的总和。对于我们的示例，只有一个输出节点。因此：

$$\text{Error}(j) = (0.017)(0.1)(0.562)(1 - 0.562) = 0.000\,42$$

我们将 Error(i) 的计算留作练习。

反向传播过程的最后一步是更新与各个节点连接的权重。权重调整是使用由 Widrow 和 Hoff 开发的 delta 规则进行的（Widrow 和 Lehr，1995）。delta 规则的目标是最小化平方误差的总和，其中误差被定义为计算输出与实际输出之间的距离。我们将给出权重调整的公式，并用我们的示例来说明这个过程。公式如下：

$$w_{jk}(新) = w_{jk}(当前) + \Delta w_{jk} \qquad (8.6)$$

其中，Δw_{jk} 是添加到当前权重值的值。

最后，Δw_{jk} 计算如下：

$$\Delta w_{jk} = (r)[\text{Error}(k)](O_j) \qquad (8.7)$$

其中，r = 学习速率参数，其中 $1 > r > 0$。Error(k) = 节点 k 处的计算误差，O_j = 节点 j 的输出。

以下是 $r = 0.5$ 时，我们示例中的参数调整。

❑ $\Delta w_{jk} = (0.5)(0.017)(0.562) = 0.004\,8$，$w_{jk}$ 的更新值为 $w_{jk} = 0.1 + 0.004\,8 = 0.104\,8$

❑ $\Delta w_{1j} = (0.5)(0.000\,42)(1.0) = 0.000\,2$，$w_{1j}$ 的更新值为 $w_{1j} = 0.2 + 0.000\,2 = 0.200\,2$

❑ $\Delta w_{2j} = (0.5)(0.000\,42)(0.4) = 0.000\,084$，$w_{1j}$ 的更新值为 $w_{1j} = 0.3 + 0.000\,084 = 0.300\,084$

❑ $\Delta w_{3j} = (0.5)(0.000\,42)(0.7) = 0.000\,147$，$w_{1j}$ 的更新值为 $w_{1j} = -0.1 + 0.000\,147 = -0.099\,853$

我们把与节点 i 相关联的连接的调整作为练习。现在已经看到反向传播是如何工作的，我们陈述一般的反向传播学习算法。

1. 初始化网络
   a. 通过选择输入层、隐藏层和输出层的节点数量来创建网络拓扑结构。
   b. 将所有节点连接的权重初始化为 $-1.0 \sim 1.0$ 的任意值。
   c. 为学习参数选择一个介于 0 和 1.0 之间的值。
   d. 选择终止条件。
2. 对于所有训练集实例：
   a. 将训练实例输入网络。
   b. 确定输出误差。
   c. 使用先前描述的方法更新网络权重。
3. 如果终止条件尚未满足，则重复步骤 2。
4. 在测试数据集上测试网络的准确性。如果准确性低于最佳值，则更改网络拓扑的一个或多个参数，然后重新开始。

终止条件可以表示为训练数据通过网络的总传递次数（也称为伦次）。或者，网络终止可以根据网络内部的学习程度来确定。通常，均方根误差的广义形式被用作网络学习的标准度量。计算均方根误差（RMS）的一般公式为下列值的平方根：

$$\frac{\sum_n \sum_i (T_{in} - O_{in})^2}{ni} \qquad (8.8)$$

其中，n = 训练集实例的总数，i = 输出节点的总数，T_{in} = 第 n 个实例和第 i 个输出节点的目标输出，O_{in} = 第 n 个实例和第 i 个输出节点的计算输出。

正如你所看到的，RMS 只是所有实例输出误差值平均值的平方根。通常的标准是在 RMS 小于 0.10 时终止反向传播学习。上述方法还存在一些变体。一种常见的变体是跟踪训练数据的错误，但只有在所有训练实例都通过网络之后才更新网络的权重连接。无论采用何种方法，通常需要多次迭代才能得到令人满意的结果。

8.5.2　Kohonen 自组织映射：一个示例

为了了解如何进行无监督聚类，我们考虑图 8.3 所示的 Kohonen 特征映射的输入层节点和两个输出层节点。情况如图 8.4 所示。

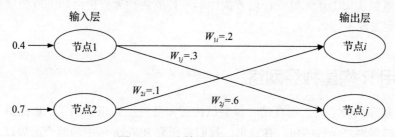

图 8.4　两个输出层节点的连接

回想一下，当一个实例呈现给网络时，会计算对每个输出层节点实例分类的得分。用新实例对输出节点 j 进行分类的得分如下：

$$\sqrt{\sum_i (n_i - w_{ij})^2} \qquad (8.9)$$

其中，n_i 是当前实例在输入节点 i 处的属性值，w_{ij} 是第 i 个输入节点和输出节点 j 相关联的权重。也就是说，权重向量与输入实例的属性值最接近的输出节点是获胜节点。

让我们使用式（8.9），通过输入实例 [0.4, 0.7] 来计算图 8.4 所示的两个输出节点的分数。实例属于输出节点 i 的得分为

$$\sqrt{(0.4 - 0.2)^2 + (0.7 - 0.1)^2} = 0.632$$

同样，实例属于输出节点 j 的得分计算如下：

$$\sqrt{(0.4 - 0.3)^2 + (0.7 - 0.6)^2} = 0.141$$

如你所见，节点 j 是获胜者，因为它的权重向量值更接近呈现实例的输入值。因此，与输出节点相关联的权重向量会被调整，以便奖励赢得实例的节点。用于调整权重向量值的公式如下：

$$w_{ij}(new) = w_{ij}(current) + \Delta w_{ij}$$

其中 $\Delta w_{ij} = r(n_i - w_{ij})$，$0 < r \le 1$。

获胜的输出节点的权重向量在新实例的值方向上进行调整。对于我们的示例，在学习速率参数 $r = 0.5$ 的情况下，节点 j 的权重向量调整如下：

- $\Delta w_{1j} = (0.5)(0.4 - 0.3) = 0.05$
- $\Delta w_{2j} = (0.5)(0.7 - 0.6) = 0.05$
- $w_{1j}(新) = 0.3 + 0.05 = 0.35$
- $w_{2j}(新) = 0.6 + 0.05 = 0.65$

获胜节点指定邻域内的输出层节点也使用相同的公式调整它们的权重。通常，一个正方形网格定义了邻域。网格的中心包含获胜节点。邻域的大小以及学习率 r 在训练开始时指定。这两个参数在多次迭代的过程中线性减小。在到达预设的迭代次数之后，或者在连续迭代中实例的分类不再变化时，学习将会终止。

为了完成聚类，输出节点的连接权重被固定，但除了至多 n 个最具代表性的输出节点之外，所有节点都被删除。然后，原始训练数据或之前未见的测试数据集最后一次通过输出层。如果使用原始训练数据，以前与已删除节点相关联的实例将移至适当的剩余聚类之一。最后，可能使用上述无监督评估方法中的一种或两种来分析由训练或测试数据形成的聚类，以确定发现了什么。

8.6　使用 R 构建神经网络

随着基础知识的掌握，现在是时候尝试构建一些神经网络模型了。R 提供了几个包含了用于训练神经网络函数的包。在这里，我们将研究 RWeka 包中的两个函数以及 neuralnet 包中的 neuralnet 函数。你可以轻松安装 neuralnet 包，因为它存储在 CRAN 库中。

RWeka 包的安装需要一些额外的工作。RWeka 中的神经网络函数非常有用，因为它们自动处理大多数预处理任务，并可用于分类输入数据。

脚本 8.1 提供了必要的代码。我们将使用 multiLayerPerceptron 函数进行反向传播学习，以及使用 Kohonen SelfOrganizingMap 函数进行无监督聚类。如果你不想尝试正确地输入所有内容，那么你只需要使用源代码编辑器加载，并执行补充材料中的脚本代码（脚本 8.1 安装 RWeka 网络包 R 文件）。此外，在退出和重新进入 RStudio 后，你可能需要重新加载 Kohonen 无监督聚类算法（KSOM）和 MultiLayerPerceptron 算法（MLP）。确定这些函数是否可以使用的好方法是在控制台窗口中输入 MLP 和 KSOM，这样做应该会输出一个关于指定函数的摘要语句。如果你收到错误信息而不是摘要，请尝试重新加载一个或两个软件包。这可以通过输入以下命令来完成：

```
>library(RWeka)
>WPM("load-packages", MLP,KSOM)
```

如果出现错误信息，请再次执行脚本 8.1 以重新安装这些包。

脚本 8.1　安装 RWeka 神经网络包

```
>library(RWeka)
```

```
WPM("refresh-cache")
WPM("install-package", "SelfOrganizingMap")
WPM("install-package", "multiLayerPerceptrons")
WPM("list-packages","installed")
KSOM<-make_Weka_clusterer("weka/clusterers/SelfOrganizingMap")
MLP<-make_Weka_classifier('weka/classifiers/functions/
MultilayerPerceptron')
KSOM
MLP
```

　　一旦安装并加载了所有的包，就可以开始实践了。让我们从 MLP 和熟悉的异或（XOR）函数开始。MLP 提供了一个很好的起点，因为它可以自动地将任何分类输入数据转换为等效的数值、标准化输入数据，并轻松处理缺失数据。

8.6.1　异或函数

　　大多数人都熟悉基本的逻辑运算符。常见的运算符包括与、或、蕴含、否定和异或（XOR）。异或函数的定义如表 8.2 所示。你可以将异或函数视为定义了两个类别。一个类别由异或函数输出等于 1 的两个实例表示，第二个类别由异或函数输出等于 0 的两个实例表示。

表 8.2　异或函数

X1	X2	异或（XOR）
1	1	0
0	1	1
1	0	1
0	0	0

　　图 8.5 提供了输出的图形化解释。横轴表示 X1 的值，纵轴表示 X2 的值。在图 8.5 中，异或等于 1 的类别实例由 A 表示。同样，异或等于 0 的类别实例由 B 表示。异或函数特别令人感兴趣，因为它与其他逻辑运算符不同，表示异或函数的点不是线性可分的。如图 8.5 所示，我们无法画一条直线来将 A 类别中的实例与 B 类别中的实例分开。

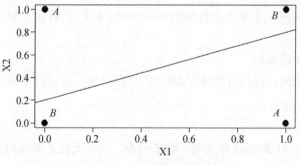

图 8.5　异或函数的图形

　　最早的神经网络被称为感知机网络，由一个输入层和一个单一的输出层组成。异或函数给这些早期的网络造成了困扰，因为它们只有在遇到具有线性可分解的问题时才会收敛。

能够模拟非线性问题的反向传播网络架构的发展，促进了对神经网络技术的新兴趣。

让我们看看使用前馈网络和反向传播学习的监督模型，如何能够对所描述的异或函数建模。我们将遵循一个简单的五步方法：

1. 确定目标。

2. 准备数据。

3. 定义网络架构。

4. 观察网络的训练。

5. 阅读和解释摘要结果。

脚本 8.2 显示了异或函数的训练数据，其中异或是输出属性。

脚本 8.2 异或函数的训练数据

```
> library(RWeka)
> X1<- c(0,1,0,1)
> X2<- c(0,0,1,1)
> XOR<- c(0,1,1,0)
> xor.data <- data.frame(X1,X2,XOR)
> xor.data
```

8.6.2 使用 MLP 建模异或函数：数值输出

对于第一个实验，让我们使用 MLP 创建一个具有数值输出的反向传播神经网络。MLP包含了前面描述的用于节点评估的 sigmoid 函数，可以处理数值和分类输入属性。对于分类属性，网络为每个可能的输入值创建一个单独的输入节点。输出属性也可以是数值的或分类的。如果输出属性是数值的，则网络只需要一个输出节点。然而，如果输出属性是分类的，则输出属性的每个值都会分配一个输出节点。一旦网络建立完成，未知实例将被分类为它对应的输出节点显示最大数值的类。以下是步骤：

第 1 步：确定目标

异或问题的目标很明确。给定两个输入值，每个值都是 1 或 0，我们希望网络输出异或函数的值。

第 2 步：准备数据

可以在附加材料的一个文件中找到脚本 8.2 和脚本 8.3。将包含脚本的文件加载到源代码编辑器中。

第 3 步：定义网络架构

为了定义网络架构，我们需要研究 MLP 的可用选项。你可以使用以下语句查看选项：

```
> library(RWeka)
> WOW(MLP)
```

你的输出将列出 MLP 的所有选项。浏览列表，可以大致了解我们可用的选项。有 4 个选项特别令人感兴趣。让我们更详细地研究每个选项。

❑ 当 G 选项（GUI 参数）设置为 TRUE 时，允许在训练过程之前和过程中可视化网络。图形用户界面（GUI）允许我们控制 L（学习率）、M（动量）和 N（轮次）选项。默认情况下，G 的默认值为 FALSE，这是有原因的。例如，如果进行 10 折交叉验证并将 GUI 参数设置为 TRUE，那么每个子集都会呈现一个新创建的网络，我们必须通过单击接受以继续。此外，值得注意的是，当 GUI 参数为 TRUE 时，我们可以在完成之前通过单击接受来终止网络训练或测试。对于我们的实验，我们希望看到所创建的网络的结构，因此我们将 GUI 参数设置为 TRUE。

❑ H 选项（隐藏层参数）允许指定每个隐藏层中的总节点数以及隐藏层的总数。如果参数值为 4，则为我们提供了一个包含 4 个节点的隐藏层。H =('4', '3') 给出了两个隐藏层，第一个隐藏层有 4 个节点，第二个隐藏层有 3 个节点。决定隐藏层的数量以及每个隐藏层中的节点数量既是一门艺术，也是一门科学。一个常用的通用规则是将类的数量和属性的数量之和除以 2。对于第一个示例，将该字段的值设为 2，以指定一个包含两个节点的隐藏层。

❑ B 选项（nominalToBinaryFilter）为每个可能的名称（分类）输入值创建一个单独的输入节点。这是为了在分类数据时提高性能而设计的。举例来说，如果初始属性是收入，具有类别值高、中、低，那么该过滤器将为这三个值中的每一个创建一个输入节点。也就是说，收入属性实际上会生成 3 个输入节点。如果输入实例的收入属性值为高，神经网络中代表高的输入节点将接收值 1，代表中和低收入的节点会接收值 0。

❑ S 选项（种子参数）为我们提供了改变网络初始权重的值的机会。初始权重分配可能会影响网络的最终准确性。我们将 S 保持在默认值。

第 4 步：观察网络的训练

使用"运行"并逐行执行脚本 8.2 和脚本 8.3。脚本 8.3 的第一行调用了 MLP。控制设置告诉我们 GUI 是开启的，网络将有一个包含两个节点的隐藏层。一旦调用 MLP，将显示图 8.6 中所呈现的定义网络架构的图形表示。图 8.6 显示了轮次（Epoch）和每周期误差（Error per Epoch）的当前参数设置都为零。也就是说，虽然显示了网络架构，但网络训练尚未开始。单击开始以观察网络训练。由于我们的训练集仅包含 4 个实例，因此训练很快就会终止。请注意，轮次的值（Num Of Epoch）现在为 500，这表示训练周期已完成。此外，每周期误差为 0，表示网络已学会了异或函数。若要继续，请单击接受（Accept），GUI 将随之消失。

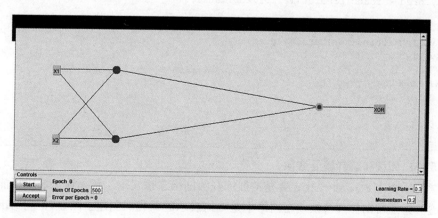

图 8.6　异或功能的体系结构

脚本 8.3 学习异或函数

```
># The call to MLP

> my.xor <- MLP(XOR ~ ., data = xor.data, control
=Weka_control(G=TRUE,H=2))

> # my.xor and summary tell us about the network
> my.xor

Linear Node 0
    Inputs     Weights
    Threshold        1.201946073787422
    Node 1         -3.1277491093719436
    Node 2          3.2211187739315217
Sigmoid Node 1
    Inputs     Weights
    Threshold        1.0017904224497758
    Attrib X1      -1.8668746389034567
    Attrib X2       1.8070925645762244
Sigmoid Node 2
    Inputs     Weights
    Threshold       -3.7081939947579117
    Attrib X1      -3.185559927055833
    Attrib X2       2.7127022622592616
Class
    Input
    Node 0

> summary(my.xor)

=== Summary ===

Correlation coefficient              1
Mean absolute error                  0
Root mean squared error              0
Relative absolute error              0       %
Root relative squared error          0       %
Total Number of Instances            4

> #The training data is also used for testing.
> my.pred <-round(predict(my.xor,xor.data),3)

> # cbind gives us a way to compare actual and predicted outcome.
> my.PTab<-cbind(xor.data,my.pred)
> my.PTab

  X1 X2 XOR my.pred
   0  0   0       0
   1  0   1       1
   0  1   1       1
   1  1   0       0
```

第 5 步：阅读和解释摘要结果

继续使用脚本 8.3，my.xor 会显示训练好的网络连接权重。解释这个输出可能会非常令人困惑。为了帮助你理解权重在网络中是如何表示的，我们创建了图 8.7，它给出了在训练后的、网络中出现的四舍五入的连接权重。首先显示了节点 0，它表示唯一的输出节点。

在线性节点 0 下列出的节点 1 和节点 2 的值分别代表节点 1 到节点 0 以及节点 2 到节点 0 的连接权重。类似地，在 sigmoid 节点 1 下，我们看到了 X1 和节点 1 之间以及 X2 和节点 1 之间的相应连接权重。同样的方案适用于 sigmoid 节点 2 下的值。

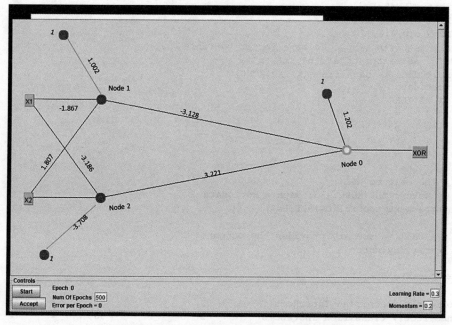

图 8.7　具有关联连接权重的网络体系结构

图 8.7 还显示了与每个节点相关联的额外加权连接。这些权重是脚本 8.3 中列出的四舍五入的阈值。阈值的作用类似于回归方程中的常数项，它作为两个节点之间的另一个连接权重。连接的一端的 1 表示节点输出始终为 1。阈值在学习过程中变化的方式与所有其他网络权重相同。

简单来说，阈值或偏差可以被视为是相关节点的附加值。为了理解这一点，考虑图 8.7 中阈值为 1.002 的节点 1，以及显示 X1 = 1 和 X2 = 0 的实例。sigmoid 函数处理的节点 1 的四舍五入激活值为（-1.867 × 1+1.807 × 0+1.002）= -0.874。类似的推理也适用于与节点 0 和节点 2 相关联的阈值。

回到脚本 8.3，摘要语句显示平均绝对误差和均方根误差的值为零。为了支持这些值，我们使用了 predict 函数。请注意，round 和 cbind 函数用于生成实际值和预测值的表。如果删除 round 函数，输出将更接近网络确定的精确值。

由于训练数据代表了异或函数的所有可能值，我们可以确信，在给定正确的输入值的情况下，我们的网络将总是正确地识别函数的值。你可能还记得，可接受的网络收敛的常见标准是均方根误差小于 0.10。然而，更高的均方根误差值通常也是可以接受的。

8.6.3　使用 MLP 建模异或函数：分类输出

在研究了异或函数的输出是数值的情况后，是时候转向异或输出属性被定义为分类的情况了，脚本 8.4 提供了代码。请注意，带有 1 和 0 的异或已经被带有值 a 和 b 的 XORC

所取代。

脚本 8.4　无隐层异或学习

```
> # XOR with MLP, Categorical Output, and no hidden layer
>library(RWeka)
> X1<- c(0,1,0,1)
> X2<- c(0,0,1,1)
# MLP requires output to be a factor variable
XORC<- as.factor(c("a","b","b","a"))
> xorc.data <- data.frame(X1,X2,XORC)
> xorc.data
  X1 X2 XORC
  0  0   a
  1  0   b
  0  1   b
  1  1   a

> # The call to MLP
> my.xorc <-MLP(XORC ~ ., data = xorc.data,
control=Weka_control(G=TRUE,H=0))

> # A call to summary provides the output.
> summary(my.xorc)

=== Summary ===

Correctly Classified Instances          2               50      %
Incorrectly Classified Instances        2               50      %
Kappa statistic                         0
Mean absolute error                     0.5
Root mean squared error                 0.5001
Relative absolute error                 99.9999 %
Root relative squared error             100.021 %
Total Number of Instances               4

=== Confusion Matrix ===

 a b   <-- classified as
 0 2 | a = a
 0 2 | b = b
```

　　对于第一个实验，让我们验证没有隐藏层的 MLP 不能学习异或函数。这是通过在调用 MLP 之前将 H 设置为 0 来实现的。图 8.8 显示了调用 MLP 所产生的网络配置。让我们再次使用所有参数的默认设置。单击"开始"来开始训练。请注意，在经过 500 个训练周期（轮次）后，网络仍然显示一个大于 0.25 的错误值。单击接受。

　　脚本 8.4 中的 summary 函数显示了错误率信息，以及由训练数据产生的混淆矩阵。很明显，4 个实例都被分类为属于异或输出为 b 的类。这使得我们的分类正确率只有 50%。此外，对 predict(my.xorc, xorc.data) 的调用（未显示）将显示 b b b b。

　　让我们尝试通过增加训练周期来提高性能。再次调用 MLP。在单击开始之前，将轮次数量框中的值设置为 50 000（如果值的变化不明显也不必担心）。你将再次看到网络在大于 0.25 的值处收敛。经过几次实验，很明显，除了添加一个隐藏层之外，你所做的任何更改都是徒劳的。

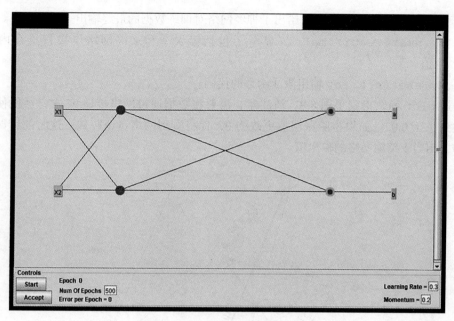

图 8.8   无隐藏层的异或网络结构

为了在 XORC 中取得好结果，我们返回到 5 个步骤过程中的第 3 步，并更改 H 的值。将 H 值更改为 1 或 2，同时将轮次设置为 50 000（或更多），可以减少错误率，这使得 4 个结果中的 3 个分类正确。然而，你会发现，在至少有 3 个隐藏层，并且轮次的数值大约为 2000 时，将使分类正确率达到 100%。

8.6.4   使用 neuralnet 建模异或函数：数值输出

在转向新数据集之前，值得关注 neuralnet 包内的 neuralnet 函数。与 MLP 相比，这个函数很有趣，因为它允许我们更多地控制学习环境。然而，更大的自由是有代价的。与 MLP 不同，处理数据标准化、分类到数值转换、初始化随机化种子和缺失数据等问题不再由内部处理。此外，为分类输出数据创建混淆矩阵的工作现在落在了我们的肩上。

脚本 8.5 提供了当输出为数字时，使用 neuralnet 对异或建模的代码。你可以通过输入 help(neuralnet) 来查看参数和返回值的列表。这里我们看一下最感兴趣的参数。当然，你可以从补充材料中导入代码，但自己创建脚本 8.5 将给你更好的学习体验。也就是说，有必要对脚本 8.5 进行逐行分析。

脚本 8.5 的前几行定义了异或函数的数据框。由于网络的权重被随机初始化，因此 set.seed 函数对于获得一致的结果是必要的。接下来是对 neuralnet 的调用，我们将隐藏层节点的数量设置为 3。错误和激活函数设置为它们的默认值。sse 计算总体均方根误差，logistic 表示 sigmoid 函数。linear.output 参数设置为 FALSE。这告诉我们，输出节点将对它们的输入应用逻辑函数。如果输入和输出属性之间存在线性关系，则应将 linear.output 设置为 TRUE。

summary(my.nnet) 已经被注释掉了。然而，调用 summary 语句将为你提供多个 summary 参数的列表，其中有 3 个值得关注。

❑ my.nnet$net.result 给出了神经网络对训练数据的最终输出。

❑ my.nnet$result.matrix 显示了包括错误率和最终网络连接权重在内的多个值。

❑ my.nnet$act.fct 输出激活函数的代码。

通过 plot 函数得到了图 8.9。请注意，需要将数据通过网络传递 97 次，才能使错误率收敛到小于 0.02。如果将隐藏层值更改为 0，你将看到网络迅速收敛，这时的错误率约为 0.50，相当于猜测网络的输出值。

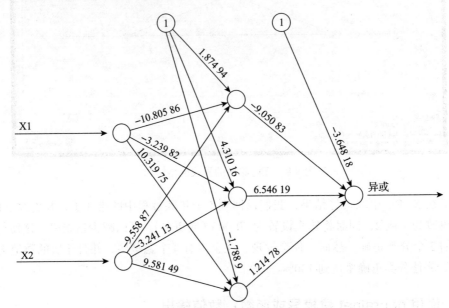

误差：0.017 206 步数：97

图 8.9 使用 neuralnet 函数模拟异或

脚本 8.5 的最后几行展示了如何将训练数据用于 predict 函数来测试网络。cbind 和 round 函数用于以表格格式显示输入和输出。在下一节中，我们使用 neuralnet 对异或的分类输出进行建模。

脚本 8.5 使用 neuralnet 函数模拟异或

```
> # Define the XOR function
> X1<- c(0,1,0,1)
> X2<- c(0,0,1,1)
> XOR<- c(0,1,1,0)
> xor.data <- data.frame(X1,X2,XOR)
> #Load the neuralnet package and set the seed
> library(neuralnet)
> set.seed(1000)
> my.nnet <- neuralnet(XOR ~ .,data=xor.data,hidden=3,err.fct = "sse"
+act.fct = 'logistic', linear.output = FALSE)
> ## summary(my.nnet)
> plot(my.nnet)

> #The training data is also used for testing.
> my.pred <-round(predict(my.nnet,xor.data),3)
```

```
> # Use cbind to make a list of actual and predicted output.
> my.result<-cbind(xor.data,my.pred)
> my.result

  X1 X2 XOR my.pred
   0  0   0   0.008
   1  0   1   0.920
   0  1   1   0.919
   1  1   0   0.146
```

8.6.5　使用 neuralnet 建模异或函数：分类输出

当输出是分类的时，使用 neuralnet 对异或函数建模需要更多的工作。脚本 8.6 详细描述了该方法。有几项需要解释。首先，我们看到 XORC 的 1 和 0 现在是"a"和"b"。调用 neuralnet，显示一个具有 3 个节点的隐藏层。

脚本 8.6　使用 neuralnet 函数模拟 XORC

```
> # Define XORC function

> X1<- c(0,1,0,1)
> X2<- c(0,0,1,1)
> XORC <- c("a","b","b","a")
> xorc.data <- data.frame(X1,X2,XORC)

> #Load the neuralnet package
> library(neuralnet)
> # Use set.seed for a consistent result
> set.seed(1000)

# Build and graph the network model.
> my.nnetc <- neuralnet(XORC ~ .,
+            data=xorc.data,hidden=3,
+            act.fct = 'logistic', linear.output = FALSE)
> plot(my.nnetc)

# my.pred represents the network's predicted values
> my.pred<- predict(my.nnetc,xorc.data)

> # Make my.results a data frame
> my.results <-data.frame(Predicted = my.pred)
> my.results
  Predicted.1 Predicted.2
1  0.99498423  0.00335269
2  0.06280405  0.89770257
3  0.05990612  0.90152348
4  0.89814783  0.12229582

> # Use an ifelse statement to convert probabilities to
> # factor values. Column 1 represents "a"
> # Use column 1 for the ifelse statement.
> my.predList<- ifelse(my.results[1] > 0.5,1,2) #  > .5 is an "a"

> my.predList <- factor(my.predList,labels=c("a","b"))
> my.predList
[1] a b b a
Levels: a b
```

```
> my.conf <- table(xorc.data$XORC,my.predList,dnn=c("Actual","Pred
icted"))
> my.conf
      Predicted
Actual a b
    a 2 0
    b 0 2

Correct= 4 Incorrect = 0
Accuracy = 100 %
```

调用产生的图如图 8.10 所示。错误率小于 0.03 表示结果是阳性的。

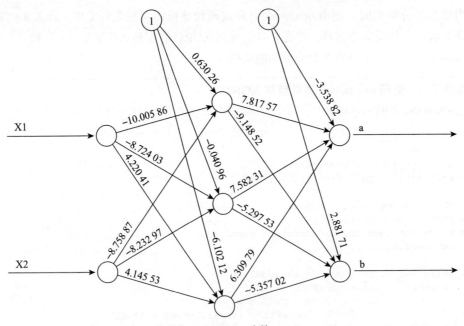

误差: 0.026 531　步数: 89

图 8.10　用神经网络函数对 XORC 进行建模

接下来，预测值存储在 my.pred 中，然后将其构造为数据框。由于有两个类别，数据框 my.results 是一个两列结构，其中每一行显示相应输出节点的数值。标记为 Predicted.1 的列表示 a 类别，Predicted.2 的列显示 b 类别的概率值。要了解这一点，请考虑将 str 函数应用于 xorc.data 的输出。对于 XORC，我们有，

XORC: Factor w/ 2 levels "a","b": 1 2 2 1

回想一下，因子存储为整数值，默认情况下按字母顺序列出级别。

为了创建混淆矩阵，我们使用 ifelse 结构，以及表示 a 的 Predicted.1 列来创建一个 1 和 2 的列表。factor 函数将 1 和 2 转换为相应的因子级别。然后，table 函数使用因子级别来构建混淆矩阵。

最后，将 confusionP 应用于混淆矩阵，以给出预测的准确性水平。既然我们已经了解了 MLP 和 neuralnet 的基础知识，让我们来看一个更有趣的问题。

8.6.6　对卫星图像数据进行分类

卫星图像数据集表示地球表面一部分的数字化卫星图像。训练和测试数据由建立了地面真实实况的 300 个像素组成。卫星图像的地面实况是通过让地面上的人来测量卫星测量的相同事物来建立的（同时进行）。然后将答案进行比较，以帮助评估卫星仪器的性能。

这些数据已被分为 15 个类别：城市、农业 1、农业 2、草坪 / 草地、南部落叶、北部落叶、针叶、浅水、深水、沼泽、灌木沼泽、有树的沼泽、黑色荒地、荒地 1、荒地 2。每个类别包含约 20 个实例。每个像素由 6 个数值表示，它们由电磁波谱的 6 个波段中的多光谱反射率值组成：蓝色（0.45μm～0.52μm）、绿色（0.52μm～0.60μm）、红色（0.63μm～0.69μm）、近红外线（0.76μm～0.90μm），以及两个中红外线（1.55μm～1.75μm和 2.08μm～2.35μm）。输入数据是数值型的。

第 1 步：确定目标

脚本 8.7 显示了建模数据所使用的步骤。我们的目标是构建一个神经网络，可用于监测数据集中定义的区域的土地覆盖变化。一旦确定了可接受的网络架构，就可以使用该模型监测指定区域的重大变化。我们将接受测试集准确度大于或等于 95% 的模型。在达到所需要准确度之后，将使用整个数据集构建最终模型。

脚本 8.7　分类卫星图像数据

```
> library(neuralnet)
> # Use set.seed for a consistent result
> set.seed(1000)
> Sonar2<- Sonar

> # scale the data
> Sonar2 <- scale(Sonar2[-7])
> # Add back the outcome variable
> Sonar2 <- cbind(Sonar[7],Sonar2)

> # call neuralnet to create a single hidden layer of 5 nodes.
> Sonar2.train <- Sonar2[1:150, ]
> Sonar2.test <- Sonar2[151:300, ]
> my.nnet <- neuralnet(class ~ ., data=Sonar2.train,
+ hidden=5,act.fct = 'logistic', linear.output = F)
> plot(my.nnet)
> # my.pred represents the network's predicted values
> my.pred<- predict(my.nnet,Sonar2.test)

> # Place the results in a data frame.
> my.results <-data.frame(Predicted=my.pred)

> # Call pred.subs to create the table needed to make
> # the confusion matrix.
> my.predList <- pred.subs(my.results)

> # Structure the confusion matrix
> my.conf <- table(Sonar2.test$class,my.predList)
> # Add a column of matching class numbers
> cbind(1:15,my.conf)

              1  2 3 4  5  6 7 8 9 10 11 12 13 14 15
agriculture1  1 10 0 0  0  0 0 0 0 0  0  0  0  0  0
```

```
agriculture2   2  0 10 0  0  0  0  0 0 0 0  0  0  0  0  0  0
br_barren1     3  1  0 6  0  0  0  3 0 0 0  0  0  0  0  0  0
br_barren2     4  0  0 0 11  0  0  0 0 0 0  0  0  0  0  0  0
coniferous     5  0  0 0  0 10  0  0 0 0 0  0  0  0  0  0  0
dark_barren    6  0  0 0  0  0 10  0 0 0 0  0  0  0  0  0  0
deep_water     7  0  0 0  0  0  0  8 0 0 0  0  1  0  0  0  0
marsh          8  0  0 0  0  0  0  0 8 0 0  0  0  0  0  0  2
n_decidious    9  0  0 1 0  0  0  0 0 9 0  0  0  0  0  0  0
s_decidious   10  0  0 0  0  0  0  0 0 0 10 0  0  0  0  0  0
shallow_water 11  0  0 0  0  0  0  0 0 0 0 10  0  0  0  0  0
shrub_swamp   12  0  0 0  0  0  0  0 0 0 0  0 10  0  0  0  0
turf_grass    13  0  0 0  0  0  0  0 0 0 0  0  0 10  0  0  0
urban         14  0  0 0  0  0  0  0 0 0 0  0  0  0 10  0  0
wooded_swamp  15  0  0 0  0  0  0  0 0 0 0  0  0  0  0  0 10

Correct= 142 Incorrect= 8
Accuracy = 94.67 %
```

第 2 步：准备数据

将 Sonar 的 .csv 格式导入到 RStudio。除了具有 21 个实例的草坪和 19 个实例的深水外，所有类别都有 20 个实例，均匀分布在数据集的前半部分和后半部分。这为使用一半数据进行训练，剩余一半进行测试提供了依据。如脚本 8.7 所示，其中预处理将数据进行缩放，并定义了训练和测试数据集。

在构建神经网络模型时，了解属性选择的重要性是很有指导意义的。这是因为，不同于决策树等模型，在神经网络算法中，属性选择不是建模算法的一部分，神经网络算法无法事先确定任何给定输入属性的重要性。因此，我们的任务是在预处理阶段进行适当的输入属性选择。在第一个示例中，属性预处理是微不足道的，因为异或是一个明确定义的函数，其中所有实例和属性都是相关的。然而，在卫星图像数据中，情况并非如此。另一方面，神经网络算法非常有弹性，通常情况下，即使属性选择不是最佳的，它们也能够构建有用的模型。第 7 章末尾的练习 7 要求你使用此数据集进行实验，以确定是否应该消除任何输入属性。对于我们的示例，将首先使用所有 6 个输入属性。

第 3 步：定义网络架构

我们将使用 neuralnet 函数来定义用于建模数据的网络。请注意，隐藏层参数设置为 5。鉴于总类别数量，我们通常会使用更大的隐藏层。此数据集的先前测试（Roiger，2016）表明，它定义得非常明确。

第 4 步：观察网络的训练

图 8.11 显示了创建的网络。图中没有显示均方根，但我们可以从 result.matrix 中获取它。也就是说，

```
> my.nnet$result.matrix
                          [,1]
error             2.728610e-02
reached.threshold 9.992989e-03
steps             1.575000e+03
```

这告诉我们网络收敛于均方根值 <0.03。

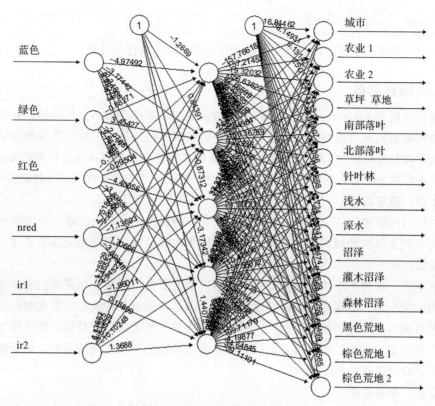

图 8.11　模拟卫星图像数据网络

第 5 步：阅读和解释摘要结果

为了创建混淆矩阵，我们需要一个函数，该函数针对每个测试实例确定获胜节点，并将与该节点匹配的数值因子存储在预测值列表中。此列表中的每个值都是 1～15 的正整数。专门为此任务编写的函数 `pred.subs` 通过将值放入 `my.predList` 中来执行此任务。`table` 函数使用实际类别列表和 `my.predList` 的列表来创建混淆矩阵。`pred.subs` 的源代码可以在 functions.zip 中找到。

继续阅读脚本 8.7，可以看到测试集的准确率为 94.67%，非常接近我们的期望结果。通过使用包含 10 个节点而不是 5 个节点的隐藏层，我们可以做得更好。这样做可以获得 96% 的测试集正确率，除了 5 个测试集实例外，所有的测试集实例都被正确分类。

假设已经实现了创建良好的土地覆盖分类模型的目标，下一步是使用所有的数据来创建并保存最终模型。未来，该模型将用于对特定时期后的相同区域进行分类，以确定任何地区的土地覆盖是否发生了变化。

最后，我们的预处理没有考虑输入属性之间可能的相关性。通过首先移除输出属性并应用 `cor` 函数，可以检查输入属性之间的高相关值。如下所示：

```
>Sonar2 <- Sonar[-7]
>cor(Sonar2)
```

此结果给出了红色、绿色和蓝色之间高于 0.85 的相关值，这表明移除这三个属性中的两个，不会对测试集准确率产生负面影响。以下是一种从数据中删除绿色和红色的简单方法。

```
>Sonar2<- Sonar[,c(-2,-3)]
```

我们把它作为一个练习，由你来确定移除这两个输入属性的效果。

8.6.7 糖尿病测试

糖尿病数据集（Diabetes）包含 768 名女性的信息，其中 268 名女性的糖尿病检测呈现阳性。该数据包括 8 个数值输入属性和 1 个分类输出属性，指示了糖尿病检测的结果。该数据集包含在补充材料中，以 .csv 和 MS Excel 格式提供。你可以在包含数据的 Excel 电子表格的描述页面上了解有关该数据集的更多信息。使用 5 步方法来构建这些数据的模型。

第 1 步：确定目标

我们将目标陈述为一个问题。在给定输入属性的情况下，能否构建一个模型来准确判断数据集中的个体的糖尿病测试是否呈阳性？作为次要目标，该模型应该更多地出现假阳性而不是假阴性。

一般来说，这种类型的诊断模型可以在多种情况下发挥作用。如果我们能够在不进行医学检测的情况下，以很高的准确性确定一个个体是否患有某种疾病，那么就可以避免个体接受昂贵或可能疼痛的检测。此外，所需要的检测可能无法立即获得，而从模型获得的初步结果可以指导初始治疗方案。最后，输入属性和输出属性之间的某种不明显的关系可能有助于更好地理解相关疾病。

第 2 步：准备数据

脚本 8.8 显示了用于建模数据的方法。你会注意到，数据首先被缩放，然后被随机化。训练集包含了 2/3 的实例。相关性测试表明，输入属性之间的相关性均未超过 0.55。所有的输入属性都用于构建初始模型。

脚本 8.8 模拟糖尿病数据

```
> library(neuralnet)
> # scale the data
> sca.dia <- scale(Diabetes[-9])

> # Add back the outcome variable
> sca.dia <- cbind(Diabetes[9],sca.dia)

> # Randomize and split the data for training and testing
> set.seed(1000)
> index <- sample(1:nrow(sca.dia), 2/3*nrow(sca.dia))
> my.Train <- sca.dia[index,]
> my.Test <- sca.dia[-index, ]

> my.nnetc <- neuralnet(Diabetes ~ .,
+              data=my.Train,hidden=6,
+              act.fct = 'logistic', linear.output = FALSE)
> plot(my.nnetc)
> # Make predictions on the test data.
> my.pred<- predict(my.nnetc,my.Test)

> # Make the table needed to create the confusion matrix.
> my.results <-data.frame(Predictions =my.pred)
```

```
> # ifelse converts probabilites to factor values.
> # Use column 1 of my.results for the ifelse statement.
> # Column 1 values are probabilities for tested_negative

> my.predList<- ifelse(my.results[1] > 0.5,1,2) #
>.5="tested_negative"
> # Structure the confusion matrix
> my.predList <- factor(my.predList,labels=c("Neg","Pos"))
> my.conf <- table(my.Test$Diabetes,my.predList,dnn=c("Actual",
"Predicted"))
> my.conf
                      Predicted
Actual              Neg Pos
  "tested_negative" 153  28
  "tested_positive"  33  42


> # Output accuracy
> confusionP(my.conf)

 Correct= 195 Incorrect= 61
 Accuracy = 76.17 %
```

第 3 步：定义网络架构

neuralnet 函数定义了网络，该网络建立了一个包含 6 个节点的单个隐藏层。

第 4 步：观察网络的训练

图 8.12 显示了训练后的网络。网络收敛到的均方根值在 48 以上。

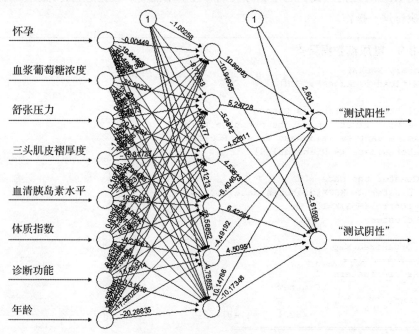

误差: 48.713 714   步数: 3181

图 8.12   模拟糖尿病数据网络

第 5 步：阅读和解释摘要结果

脚本 8.8 显示测试集准确率为 76.17%，假阳性有 28 个，假阴性有 33 个。这些结果不够理想。我们有几种可能的改进方法。一种显而易见的方法是改变隐藏层的设置。作为第二选择，我们可以尝试不同的技术（如集成学习）。属性消除是另一种可能的选择。

一种有趣的方法是，使用无监督聚类来帮助确定输入属性在区分这两个类别方面的表现。我们将在下一节中演示这种方法。

8.7 神经网络聚类在属性评估中的应用

脚本 8.1 向你展示了如何安装 RWeka 的 KSOM 实现。回想一下，我们将变量 KSOM 与实现关联起来。在这里，我们将 KSOM 的一个特征与上一节描述的糖尿病数据集结合起来，以便将 Kohonen 网络形成的聚类与数据中的实际类别进行比较。具体步骤如下：

第 1 步：确定目标

我们将使用无监督聚类来确定糖尿病数据集的输入属性在区分数据中的实际类别方面表现如何。与类别紧密匹配的聚类表明输入属性具有构建预测模型的潜力。如果形成的聚类与类别不匹配，我们将得出结论，即输入属性可能无法准确定义类别的结构。

第 2 步：准备数据

脚本 8.9 描述了聚类过程，该过程用于分析糖尿病数据集的输入属性如何定义结果属性。在调用 KSOM 之前，我们必须删除类别属性。不需要对数据进行标准化，因为 KSOM 会为我们执行这一操作。

脚本 8.9 糖尿病数据聚类

```
> library(RWeka)
> WPM("load-packages",KSOM)

> # Cluster the Diabetes Data
> # We must first remove the output attribute.
> # As we want two classes, we set H=2 and W=1
> diabetes.data <- Diabetes[-9]

> # Cluster the data
> my.cluster <- KSOM(diabetes.data,control =
Weka_control(H=2,W=1))
> my.cluster

Self Organized Map
==================

Number of clusters: 2
                   Cluster
Attribute               0       1
                     (520)   (248)
==================

Pregnancies
  mean               2.0981  7.5081
  std. dev.          1.7667  2.9667
PG.Concentration
  mean             115.5192 132.1653
  std. dev.          30.585  31.9439
```

```
Diastolic.BP
  mean              66.1519   75.2984
  std. dev.         19.771    16.8866
Tri.Fold.Thick
  mean              21.8231   17.8387
  std. dev.         15.0184   17.478
Serum.Ins
  mean              84.3712   70.2137
  std. dev.        110.5879  124.1295
BMI
  mean              31.8046   32.3867
  std. dev.          8.2168    7.1364
DP.Function
  mean               0.4695    0.4769
  std. dev.          0.3408    0.3112
Age
  mean              26.8865   46.5645
  std. dev.          5.619     9.9941

> # Associate a cluster number with each instance
>ids <- my.cluster$class_ids

> # create a data frame of one column
> ids <- data.frame(ids)
> ids

# See the explanation given in your text about how to, in
# general set up the for loop below to give
# appropriate values to ids[i,1].

# The following for loop changes ids with a value of 1 to 2
# and ids with a value of 0 to 1 which for these data is
# the correct assignment.

> for (i in 1:nrow(ids))
+ {      if(ids[i,1] == 1)
+          ids[i,1] <- 2
+        else
+           ids[i,1] <-1
+ }
> #ids

> # Print the confusion matrix
> my.conf <- table(Diabetes$Diabetes,ids[,1],dnn=c("Actual",
+ "Predicted"))
> my.conf
                    Predicted
Actual                0    1
  "tested_negative" 382  118
  "tested_positive" 138  130

> confusionP(my.conf)
  Correct= 512 Incorrect= 256
  Accuracy = 66.67 %
```

第3步：定义网络架构

你可以通过输入 WOW(KSOM) 来查看 KSOM 提供的控制选项。我们感兴趣的选项是 H 和 W。H 设置了网络结构的高度，W 设置了网络结构的宽度。由于数据中有两个类别，我们将高度设置为 2，宽度设置为 1。

第 4 步：观察网络的训练

整个数据集用于对数据进行聚类。聚类完成后，每个实例都将被分配到聚类 0 或 1 中。变量 $class_ids 为我们提供了与每个实例相关联的聚类编号。以下语句将聚类分配列表存储在变量 ids 中，并将 ids 转换为一个单列的 768 行数据框，其中包含了 0 和 1。

```
>ids <- my.cluster$class_ids
>ids <- data.frame(ids)
```

为了创建混淆矩阵，必须将输出属性的因子（1 和 2）与聚类编号（0 和 1）进行匹配。测试阴性（tested-negative）与因子 1 相关联，测试阳性（tested-positive）与因子 2 相关联，因为测试阴性按字母顺序排在第一位。如果聚类 0 与测试阴性匹配，我们必须将 ids 中的所有 0 转换为 1，将所有 1 转换为 2。我们如何知道呢？

在聚类过程中，没有输出属性，因此聚类 0 只是与数据集中的第一个实例相关联。在我们的例子中，除非查看第一个实例的分配类别，否则我们不知道聚类 0 是否与测试阴性或测试阳性匹配。如果第一个实例是异常值，并最终与相反的类别进行聚类，将会出现另一个问题。幸运的是，一些领域知识可以解决这个问题。在检查脚本 8.9 中的均值和标准差数值时，我们发现与聚类 0 中显示的平均年龄相比，聚类 1 中的个体的平均年龄要高得多。由于糖尿病随着年龄的增长而变得更为普遍，我们将聚类 1 与测试阳性类别相关联。脚本中的 for 循环反映了这一观察结果，并将 ids 中的所有 1 更改为 2、所有 0 更改为 1。当完全缺乏领域知识时，我们最初以这种方式修改 ids。如果生成的混淆矩阵看起来"反过来了"，那么我们必须重新评估，并可能通过将所有 0 重新分配为 2、将所有 1 重新分配为 0 来修改循环。对于 3 个或更多的聚类，类似的推理也适用。

第 5 步：阅读和解释摘要结果

my.cluster 内容的缩略列表告诉我们，年龄和怀孕属性的聚类间均值存在差异。其余输入属性的聚类间差异很小。混淆矩阵显示了 138 个假阴性和 118 个假阳性分类。这告诉我们，这些聚类与实际类别不太匹配，在一定程度上解释了先前实验中糟糕的测试集结果。第 8 章末尾的练习题 8 要求你进一步研究这些输入属性的相关性。

8.8 时间序列分析

通常，我们希望分析的数据包含一个时间维度。具有一个或多个依赖时间属性的预测应用称为时间序列问题。时间序列分析通常涉及预测数值结果，如个别股票的未来价格或股票指数的收盘价。适用于时间序列分析的另外 3 个应用包括：

- ❏ 长期跟踪个人客户的使用情况，以确定他们是否可能停止使用信用卡。
- ❏ 预测汽车发动机故障的可能性。
- ❏ 预测国家橄榄球联盟跑卫每周的冲锋码数。

时间依赖性数据分析的大部分工作都是统计工作，局限于预测单个变量的未来值。然而，我们可以使用统计和非统计的机器学习工具来进行单个或多个变量的时间序列分析。幸运的是，可以运用与其他机器学习应用相同的技术来解决时间序列问题。这种做法能否成功，在很大程度上取决于相关属性和实例的可用性，以及问题的难度。让我们来看看时间序列分析的一个有趣的应用。

8.8.1　股市分析

在医学、汽车维修、计算机编程和司法等领域都有专业人士。虽然扎实的教育是成为专家的必经之路，但经验往往起到更大的作用。不幸的是，即使世界上有再多的经验，也不会创造出"专家股市分析师"。问题不仅在于影响股市趋势的变量数量众多，而且在于一个变量值的变化可能会有多种解释。在某种情况下，利率上升会导致股票下跌，因为公司借钱的成本更高。在另一种情况下，同样的利率上涨使股票飙升，因为这意味着经济正在改善。有一点是确定的，不缺乏愿意对任何市场变动情况给出详细的事实分析的"专家"。许多市场分析师非常努力地工作，并且在大多数情况下表现出色。这些人可以分为4大类。

第一类人专注于分析公司的基本面。他们检查公司的财务报表，并与公司代表交谈，以更好地了解公司的未来。第二类人基于最近的市场趋势和交易动向来做出交易选择，这些人被称为技术分析师。这些市场技术分析师使用股票图表、移动平均线、技术支撑水平和标准差来确定特定股票或指数基金的未来走势。第三类人结合了这两种技术，他们有时更多地依赖基本面分析，有时更多地依赖技术分析。还有第四类人，他们被称为"逆向投资者"，他们的决策基于市场情绪。这些人依赖于这样一个事实，即在任何给定的时间，市场要么过于乐观，要么过于悲观。逆向投资者根据市场情绪下注，当大多数人卖出时，他们买入，或者当大多数人买入时，他们卖出。我们的兴趣在于技术分析师群体，他们中的许多人通过机器学习将时间序列分析作为技术工具的一部分。让我们看看他们是如何做到的！

8.8.2　时间序列分析：一个示例

在我们的示例中使用了一个代码为 SPY 的交易所交易基金（ETF）。ETF 是一个可以像股票一样买卖的指数基金。例如，商品指数基金，如 GLD（黄金）或 USO（美国石油）与相应的商品同步交易。VGT 是一个技术指数基金，苹果计算机、微软公司、脸书和谷歌占其持股的 35%。XLF 是一个金融 ETF，主要持有股票的是伯克希尔哈撒韦公司、富国银行和摩根大通集团。一般来说，拥有某个指数基金通常比拥有单只股票更安全，因为一只股票的不利消息不一定意味着该基金持有的所有股票都会遭受灾难。正因如此，过去几年见证了成千上万的 ETF 的诞生。

我们感兴趣的基金是 SPY，它模拟了标准普尔 500 指数的走势。SPY 是市场交易者特别感兴趣的（尤其是市场定时交易者），这至少有两个原因。首先，SPY 的价值通常会随着时间的推移而增加，这意味着如果你持有该基金一段时间，你很可能会赚钱，或者在最坏的情况下，不会亏损初始投资。更重要的是，SPY 会经历上下波动，这使其成为市场交易者的梦想。很多时候，SPY 的价格在一天内会上涨（或者下跌）两个或更多百分点。如果我们能够建立一个模型来确定 SPY 变化的时间和走势，那么获利的可能性是非常大的！

为了开始我们的 SPY 实验，我们制定了一个目标。

　　建立一个时间序列模型，能够在当天市场收盘前 15 到 30 分钟预测 SPY 的下一个交易日的收盘价格。

　　这个目标明确说明了预测是在市场收盘前进行的。通过这种方式，我们可以在市场收盘前做出决策并采取行动。这是非常重要的，因为等到下一个交易日市场开盘再进行交易可能就太晚了。例如，如果 SPY 在下一个交易日表现良好，其第二天的开盘价可能会高于当天的收盘价。因此，等到下一个交易日再购买 SPY 可能会限制我们获利的机会。

　　如果我们的模型被证明是令人满意的，我们将这样使用它：

- 如果模型告诉我们，SPY 显示将在下一个交易日上涨，我们购买该基金。
- 如果模型告诉我们，SPY 将下跌，我们卖出持有的 SPY。
- 如果我们目前没有持有 SPY，而模型指示下一个交易日的收盘价将下跌，我们可以考虑购买标准普尔 500 指数基金 SH 的股票，因为它的价格走势与 SPY 呈反向关系。

　　最后，如果模型能够提供数值输出，我们可以根据预测的移动幅度来做出决策。如果预测的价格波动很小，我们可以考虑简单地持有任何自有股票。

8.8.3　目标数据

　　有多种方法可以获取历史股票数据。在我们的示例中，我们使用了 Yahoo 网站和 quantmod 库的函数来获取 2017 年 1 月 1 日～2020 年 1 月 2 日期间 SPY 的价格。仅使用调整后的收盘价，我们通过将四天时间滞后来直接构建时间序列数据。也就是说，数据的每一行包含当天的收盘价，然后是前四天的基金价格，依此类推。

　　脚本 8.10 显示了获取数据的过程，以及创建时间滞后实例数据集的函数。round(head(my.tsdata),2) 显示的第一行是 2017 年 1 月 3 日～2017 年 1 月 9 日期间 SPY 的收盘价。具体来说，2017 年 1 月 3 日的调整收盘价为 211.55 美元。2017 年 1 月 9 日的收盘价为 212.70 美元。

脚本 8.10　构建时间序列数据

```
> #OBTAIN VALUES FOR THE SPY
> library(quantmod)
> setSymbolLookup(SPY =list(name="SPY",src='yahoo'))
> getSymbols("SPY", from = "2017-01-01", to = "2020-1-31")
[1] "SPY"

> head(SPY)
           SPY.Open SPY.High SPY.Low SPY.Close SPY.Volume SPY.Adjusted
2017-01-03   225.04   225.83  223.88    225.24   91366500     211.5526
2017-01-04   225.62   226.75  225.61    226.58   78744400     212.8111
2017-01-05   226.27   226.58  225.48    226.40   78379000     212.6420
2017-01-06   226.53   227.75  225.90    227.21   71559900     213.4028
2017-01-09   226.91   227.07  226.42    226.46   46939700     212.6984
2017-01-10   226.48   227.45  226.01    226.46   63771900     212.6984

> spy.data <- SPY[ ,6]

> #FUNCTION TO CREATE THE TIME SERIES
```

```
> myts.create <- function(x,C)
+ { # x is the data to use to create the time series
+   # C is the number of columns in the time series
+   ts.df <- NA
+   ts.df <- data.frame("spy"=ts.df)
+   ts.df[1:C]<- 0
+   # Step 1 create the first row
+   j<-1 # Index for ts.df
+   for(i in c(C:1)) # Cth day is the starting position
+   {
+     ts.df[1,j]<- x[i]
+     j<-j + 1
+   }
+
+   # change column names
+   colnames(ts.df) <- c("spy","spy-1","spy-2","spy-3","spy-4")
+
+   # Step 2 create remaining rows
+   jrow <-2  # keeps track of the row number
+   for(i in ((C + 1):length(x)))
+   {
+     ts.df[jrow,1]<- x[i]    # Today's closing
+     # put in the previous closings
+     for(k in (1:(C-1)))
+       {
+         ts.df[jrow,k+1]<- ts.df[jrow-1,k]
+
+       }
+     jrow <- jrow +1
+   }
+   return (ts.df)
+ }
> # CALL THE FUNCTION TO CREATE THE TIME SERIES
> my.tsdata <- myts.create(spy.data,5)

> round(head(my.tsdata),2)

    spy    spy-1  spy-2  spy-3  spy-4
1 212.70 213.40 212.64 212.81 211.55
2 212.70 212.70 213.40 212.64 212.81
3 213.30 212.70 212.70 213.40 212.64
4 212.76 213.30 212.70 212.70 213.40
5 213.25 212.76 213.30 212.70 212.70
6 212.50 213.25 212.76 213.30 212.70
```

8.8.4　时间序列建模

脚本 8.11 显示了建模时间序列的语句。向量 x 包含 770 天期间的收盘价。这些值生成了图 8.13 中显示的 SPY 的图。使用 forecast 包中的 ma 函数生成 3 天移动平均线，以平滑数据点。使用 3 天移动平均线，每个数据点都会被前一个数据点、当前数据点和后一个数据点的平均值替代。

脚本 8.11　预测 SPY 的第二天收盘价

```
> # Script 8.11 Predict the next day closing price of SPY
> library(RWeka)
```

```
> library(forecast)
> # PLOT CHART OF SPY FOR THE GIVEN TIME PERIOD
> x <- my.tsdata[,1]
> # Set maximum and minimum values for plot of moving average
> ylim<- c(min(x),max(x))
> plot(ma(x,3),ylim=ylim, main='SPY Jan. 1,2017 - Jan. 31, 2020')
> myts.data <-my.tsdata

> # USE FIRST nrow(my.tsdata)-1 DAYS FOR TRAINING
> myts.train <- myts.data[1:(nrow(my.tsdata)-1),]
> # DAY nrow(my.tsdata) CLOSE IS TO BE PREDICTED
> myts.test <- myts.data[nrow(my.tsdata),]

> #BUILD THE MODEL
> # The call to MLP
> my.tsModel <- MLP(spy ~ ., data = myts.train, control
=Weka_control(G=TRUE,H=10))

> #PREDICT THE OUTCOME
> my.pred <-round(predict(my.tsModel,myts.test),3)
> # cbind gives us a way to compare actual and predicted outcome
> my.PTab<-cbind(my.pred,myts.test)
> round(my.PTab,2)
```

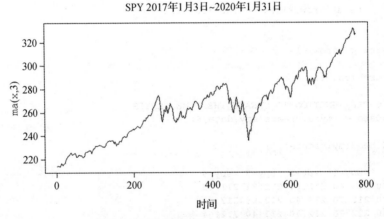

图 8.13   770 天期间 SPY 的收盘价图

接下来，删除日期列，并将前 769 天指定为训练集。我们使用 5000 个轮次来训练神经网络。当测试项呈现给网络时，它预测出了第 770 天的收盘价为 325.60 美元。实际调整后的收盘价为 325.76 美元，表明这是一个准确的预测。

```
        my.pred      spy  spy-1   spy-2   spy-3   spy-4
770      325.6   325.76 324.71  324.98  321.61  326.85
```

8.8.5   一般考虑事项

这个示例让你大致了解了神经网络如何用于建模时间序列数据。然而，使用单一变量的方法仅在股市相对稳定的情况下有效。改进的模型将包含多个时间相关变量。无论如何，在股市账户中使用这个模型来进行交易还为时过早。最后，虽然这里没有详细介绍，但 R

包含了大量非常有用的、可用于时间序列分析的函数。

8.9 本章小结

神经网络是由几个互相连接的处理器节点组成的并行计算系统。单个网络节点的输入限制为数值，其范围在闭区间 [0, 1] 内。因此，在进行网络训练之前，分类数据必须进行转换。

开发神经网络首先需要训练网络以执行所需的计算，然后应用训练过的网络来解决新问题。在学习阶段，训练数据用于修改节点对之间的连接权重，以获得输出节点的最佳结果。

前馈神经网络结构通常用于监督学习。前馈神经网络包含一组分层节点和相邻层节点之间的加权连接。

前馈神经网络通常使用反向传播学习方案进行训练。反向传播学习从输出层开始对权重值进行修改，然后通过网络的隐藏层向后移动。

自组织 Kohonen 神经网络结构是一种常用的无监督聚类模型。自组织神经网络通过让多个输出节点竞争训练实例来学习。对于每个实例，其权重向量与输入实例的属性值最接近的输出节点是获胜节点。因此，获胜节点会修改其关联的输入权重，以更好地匹配当前的训练实例。

围绕神经网络的一个核心问题是它们无法解释所学到的内容。尽管如此，神经网络已成功地应用于解决商业和科学领域的问题。虽然我们已经讨论了最流行的神经网络模型，但已经开发了其他几种架构和学习规则。Jain 等人（1996）为学习更多神经网络提供了一个很好的起点。

8.10 关键术语

- 平均成员技术。一种无监督聚类神经网络解释技术，通过寻找每个类属性的平均值来计算每个聚类的最典型成员。
- 反向传播学习。反向传播是一种用于许多前馈网络的训练方法。反向传播的工作原理是从输出层开始对权重值进行修改，然后通过隐藏层向后移动。
- 偏置或阈值节点。与隐藏层和输出层相关的节点。偏置或阈值节点不同于常规节点，因为它们的输入是一个常数值。在学习过程中，相应的链接权重与所有其他网络权重的变化方式相同。
- delta 规则。一种神经网络学习规则，旨在最小化计算输出和目标网络输出之间的误差平方和。
- 轮次。训练数据通过神经网络的一次完整传递。
- 前馈神经网络。一种神经网络架构，其中一层的所有权重都指向下一个网络层的节点。权重不会作为输入循环回前一层。
- 完全连接。一种神经网络结构，其中网络一层的所有节点都连接到下一层的所有节点。

- ❑ Kohonen 网络。用于无监督聚类的双层神经网络。
- ❑ 线性可分。如果可以绘制一条直线将 A 类和 B 类的实例分开,那么 A 类和 B 类被称为线性可分。
- ❑ 神经网络。由多个相互连接的处理器组成的并行计算系统。
- ❑ 神经元。神经网络处理器节点。多个神经元连接在一起形成完整的神经网络结构。
- ❑ 感知器神经网络。由一个输入层和单个输出层组成的简单前馈神经网络架构。
- ❑ 敏感性分析。一种神经网络解释技术,允许我们确定各个属性的相对重要性的排名顺序。
- ❑ sigmoid 函数。常用的神经网络评估函数之一。sigmoid 函数是连续的,输出值在 0 和 1 之间。
- ❑ 时间序列问题。具有一个或多个时间相关属性的预测应用。

练习题

复习题

1. 绘制完全连接的前馈网络的节点和节点连接,该网络接受三个输入值,具有一个包含五个节点的隐藏层和一个包含四个节点的输出层。
2. 8.1 节描述了两种用于分类数据转换的方法。解释如何使用每种方法将具有可能值 10~20k、20~30k、30~40k、40~50k 等的分类属性"收入范围"转换为数值等效项。哪种方法最适合?
3. 平均成员技术有时用于解释无监督神经网络聚类的结果。列出这种方法的优点和缺点。

计算题

1. 我们已经训练了一个神经网络来预测最喜欢的股票的未来价格。一年期股价区间范围为最低 20 美元,最高 50 美元。
   (1)使用式(8.1)将当前股价 40 美元转换为 0 到 1 之间的值。
   (2)假设我们应用网络模型来预测未来某个时期的新价格。神经网络给出的一个输出价格值为 0.3。将此值转换为我们可以理解的预测价格。
2. 考虑图 8.1 中的前馈网络,以及表 8.1 中所示的权重。将输入实例 [0.5, 0.2, 1.0] 应用于前馈神经网络。具体来说,
   (1)计算节点 i 和 j 的输入。
   (2)使用 sigmoid 函数计算节点 i 和 j 的初始输出。
   (3)使用(2)计算的输出值,来确定节点 k 的输入和输出值。

R 实验项目

1. 使用 MLP 创建一个反向传播网络,对下表所示的三个逻辑运算符中的一个或多个进行建模。由于这些运算符是线性可分的,你可能会假设,与异或运算符不同,我们不需要在

网络架构中使用隐藏层。运行实验以验证或否定此假设。

2. 补码运算符接受单个输入值,并在输入为 0 时输出 1,输入为 1 时输出 0。使用 MLP 或 neuralnet 构建一个反向传播网络,来模拟补码运算。在没有隐藏层的情况下,需要多少个轮次(周期)来训练网络?如果你添加了一个隐藏层,那么训练网络所需的时间会更少吗?

3. 使用 neuralnet 构建具有不同大小的两隐藏层网络,用来建模异或函数的分类版本——XORC。例如,两个隐藏层,第一个隐藏层为 3,第二个隐藏层为 2,写为 hidden=c(3,2)。能否找到具有两个隐藏层的网络,使得在没有任何分类错误的情况下模拟 XORC?

输入 1	输入 2	与	或	蕴含
1	1	1	1	1
0	1	0	1	1
1	0	0	1	0
0	0	0	0	1

4. 重复 R 实验项目的习题 2,但使用 neuralnet 函数构建网络。

5. 使用 MLP 重复卫星图像数据的实验。一种简单的方法是,根据需要对脚本 8.7 进行必要的更改。由于 MLP 在内部进行数据归一化,你可以从定义训练数据集和测试数据集开始。使用下面对 MLP 的调用,它创建了一个由五个节点组成的隐藏层。

```
sonar.model<-MLP(class ~ .,data=sonar.train,control=Weka_control(H=5,G=TRUE))
```

使用 summary(sonar.model) 显示由训练数据创建的混淆矩阵。接下来调用 predict 来确定测试数据的预测。使用 table 函数打印测试数据的混淆矩阵。使用 ConfusionP 来显示测试集的准确性。重复这个实验,但将隐藏层节点的数量更改为 4、3、2、1,最后改为 0。在表格中显示你的结果?你得出了什么结论?

6. nnet 包中的 nnet 函数是 R 中用于开发前馈神经网络的另一个常用函数。安装 nnet 包并阅读有关如何使用 nnet 函数的文档。使用 nnet 复现一个异或实验。

7. 卫星图像实验提到,输入属性之间的相关性测试显示:红色、绿色和蓝色之间的相关性超过 0.85。使用 cor 函数验证这些相关性值。我们知道,除了其中一个以外,其他所有高度相关的输入属性都应该从数据中删除。删除两个高度相关的属性,并使用修改后的数据重复卫星图像实验。报告你的发现。你的报告应包括相关矩阵和由此产生的混淆矩阵。

8. 使用 RWeka 的 InfoGainAttributeEval 对卫星图像数据集进行分析,以确定属性消除对 MLP 的分类准确性的影响。制作一张表格,显示使用最佳五个输入属性、最佳四个属性以及最佳单个属性构建的模型的分类准确性。将你的结果与使用全部(六个)输入属性时所看到的结果进行比较。

9. 使用 neuralnet 函数重复上一题。

10. 本练习使用 CardiologyMixed 数据集,分为两个部分。

a. 使用 MLP 构建一个心脏病分类模型。使用前 200 个实例进行训练，将剩余的实例用作测试数据。尝试不同的隐藏层参数以获得最佳结果。报告测试集结果。详细解释 MLP 如何处理分类数据到数字等效值的转换。

b. 使用 KSOM 对数据进行聚类。按照脚本 8.8 中给出的步骤进行操作。删除 class 属性，并将 H 设置为 2，W 设置为 1，这样就形成了两个类。KSOM 总是将第一个数据实例放入聚类 0 中。对于这个数据，该实例来自患病类别。基于上述，使用下面的代码为 ID 分配正确的值。

```
for (i in 1:nrow(ids))
{    if(ids[i,1] == 0)
        ids[i,1] = 2
    else
    ids[i,1]=1
}
```

这些聚类与定义的类别匹配吗？根据聚类到类别过程创建混淆矩阵，并基于混淆矩阵来回答此问题。

11. 使用 InfoGainAttributeEval 和垃圾邮件数据集，来确定属性消除对 MLP 的分类准确性有何影响。使用前一半数据进行训练，剩余的实例用于测试。通过使用所有输入属性来获取一个基准。然后，重复使用排名前十和前五的"最佳"属性重复训练和测试。每个结果之间的分类准确性有何差异？总结你的发现。请务必说明每个模型中假阴性和假阳性错误百分比之间的差异。就你所发现的情况做一个一般性的陈述。

12. COVID-19 于 2020 年 2 月和 3 月期间对世界股市造成严重冲击。为了理解这一点，重复 8.9 节中描述的时间序列实验，但将 SPY 替换为 Vanguard Total World 股票指数基金 VT。在 2020 年 3 月选择 10 个不同的日期来改变你实验的结束日期。制作一张表格，显示你的模型在每个选择的日期中对 VT 的次日收盘价的预测效果。在这个市场高度波动的时期，你的模型表现如何？

13. 重复 8.9 节中描述的时间序列实验，但将 SPY 替换为 Facebook（FB）、Alibaba（BABA）、Amazon（AMZN）或你最喜欢的上市公司。报告你的模型表现如何。

编程项目

1. 在脚本 8.5 中添加代码，以显示每个实例的实际输出和预测输出之间的绝对差异。你的代码还应计算和打印平均绝对误差和均方根误差。

2. 创建一个打印混淆矩阵的函数。该函数应接受两个参数，第一个是实际的类值，第二个是预测的值。在函数内部调用 confusionP，以便报告给定模型的准确性。以下是该函数的框架：

```
confusion <- function(actual, predicted)
{    table(......)
    confusionP(......)
}
```

相关安装包和函数总结

与本章内容相关的安装包和函数如表 8.3 所示。

表 8.3　安装的软件包与函数

包名称	函数
base / stats	c、cbind、data.frame、ifelse、library、max、min、plot、predict、round、sample、set.seed、scale、table
forecast	ma
quantmod	getSymbols、setSymbolLookup
neuralnet	neuralnet
nnet	nnet
RWeka	GainRatioAttributeEval、MultiLayerPerceptron、Self OrganizingMap、WOW、WPM、make_Weka_classifier、make_Weka_clusterer

第 9 章

正式评估技术

本章内容包括：

❑ 评估工具。

❑ 模型测试集准确性的置信区间。

❑ 比较监督模型。

❑ 评估具有数值输出的监督模型。

在前几章中，我们展示了如何使用测试集错误率、混淆矩阵和接收器操作特性（ROC）曲线来帮助我们评估监督模型。在第 8 章中，你看到了无监督聚类如何用于属性评估。在本章中，我们将继续讨论评估方法，重点关注监督学习的正式评估方法。本章介绍的大多数方法都是统计性质的。这种方法的优势在于，它允许我们将实验结果关联一个置信水平。

我们强调标准统计和非统计方法的实际应用，而不是每种技术背后的理论。我们的目标是为你提供必要的工具，以帮助你清楚地了解哪种评估技术适用于你的数据挖掘应用。本章介绍的方法足以满足大多数感兴趣的读者的需求。附录 B 为那些希望获得更全面的统计评估技术的读者提供了额外的材料。

在 9.1 节中，我们强调了机器学习过程中响应评估的组成部分。在 9.2 节中，我们概述了几个基本的统计概念，如均值和方差分数、标准误差（SE）计算、数据分布、总体和样本以及假设检验。9.3 节提供了一种计算分类器错误率的测试集置信区间的方法。9.4 节展示了如何通过将经典假设检验与测试集错误率一起使用，来比较竞争模型的分类准确性。在 9.5 节中，我们展示了如何评估具有数值输出的监督学习模型。当你阅读并完成本章的示例时，请记住，最佳的评估是通过结合应用统计、启发式、实验和人类分析来实现的。

9.1 应该评估什么

图 9.1 显示了用于创建和测试监督学习模型的主要组成部分。所有这些组成部分在某种程度上都对创建模型的性能有所贡献。当模型未能按预期执行时，一个适当的策略是评估每个组成部分对模型性能的影响。图 9.1 中的各个组成部分都在前面的一个或多个章节中被讨论过。以下是图 9.1 中所示的组件的列表，以及评估时需要考虑其他注意事项。

1. 监督模型。监督模型通常在测试数据上进行评估。需要特别关注的是不同类型的错误分类的成本。例如，我们可能愿意使用一个贷款申请模型，在该模型不接受贷款违约的强有力候选人的前提下，该模型可能拒绝还清贷款的边缘个人。在本章中，我们将向你展示如何计算具有分类输出的监督模型的测试集错误率置信区间，从而为你的评估工具箱增加内容。

2. 训练数据。如果监督模型显示测试集准确性较低，部分问题可能出在训练数据上。使用不能代表所有可能领域实例的集合，或包含大量非典型实例的训练数据所构建的模型不太可能表现良好。最好的预防措施是随机选择训练数据，确保包含在训练数据中的类的分布与总体中所见的分布相符。确保数据适当分布的过程被称为分层。

3. 属性。属性评估的重点是属性如何很好地定义领域实例。在高度相关的输入属性集合中，除一个之外的所有属性都应该从数据中删除。

4. 模型构建器。使用不同的学习技术构建的监督模型往往表现出可比较的测试集错误率。但是，在某些情况下，其中一种学习技术更受欢迎。例如，当训练数据包含大量缺失或噪声数据项时，神经网络往往比其他监督技术表现出色。在9.4节中，我们将向你展示，如何判断使用相同训练数据构建的两个监督学习模型在测试集性能上是否存在显著差异。

5. 参数。大多数数据挖掘模型支持一个或多个用户指定的学习参数。参数设置对模型性能具有显著影响。用于比较不同机器学习技术所构建的监督学习模型的技术，也可以用于比较用相同方法构建的模型，但对一个或多个学习参数使用不同的设置。

6. 测试集评估。测试数据的目的是提供对未来模型性能的度量。测试数据应随机选择，并根据需要应用分层。

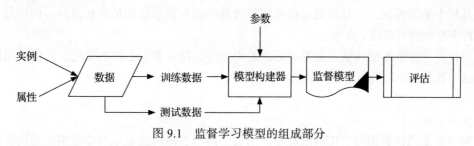

图 9.1   监督学习模型的组成部分

图 9.1 也适用于无监督的聚类，唯一的例外是我们没有包含已知分类实例的测试数据。

9.2   评估工具

统计数据是我们日常生活的一部分。统计研究的结果帮助我们决定如何投资、何时退休等。以下是一些有趣的统计发现：

- 在美国，1.27 亿个家庭中有 60% 的家庭信用卡债务达到或超过 6000 美元。
- 在美国，50% 的成年人不参与股票市场投资。
- 所有重罪犯中，有 70% 来自没有父亲的家庭。
- 每 70 万例死亡中有 1 例死于狗咬伤。
- 妇女成为寡妇的平均年龄是 55 岁。

❑ 大约 70% 的金融专业人员没有超出初始执照和继续教育的要求。

❑ 65 岁以上的成年人中，有五分之一是金融诈骗的受害者。

有时，统计研究的结果必须谨慎地解释。例如，妇女成为寡妇的平均年龄可能是 55 岁，但女性丧偶的中位数年龄可能更高，也更具信息性。最近一则健康保险广告宣称"50% 的美国人因致命疾病而破产。"正确的陈述应该是"50% 的患有致命疾病的美国人破产了！"

像刚才列出的这些发现通常是通过随机抽样收集的。第一项陈述适用于这一类别。要确定每个美国家庭的信用卡债务金额是非常困难的。因此，专家们对个别家庭进行了抽样调查，并根据总人口和误差范围报告了调查结果。正如你将看到的，我们可以将用于统计研究的技术应用于机器学习问题。统计方法的优势在于，它允许我们将置信度与实验结果联系起来。

在探讨若干用于评估和比较模型的统计技术之前，我们将回顾均值、方差和总体分布的基本概念。

9.2.1　单值摘要统计

数值数据的总体是由均值、标准差以及数据中出现的数值的频率或概率分布唯一定义的。均值或平均值（用符号 μ 表示）是通过将数据求和并将总和除以数据项的数量来计算的。

均值表示平均值，而方差（σ^2）代表了均值的离散程度。为了计算方差，我们首先计算与均值差的平方和。这是通过从均值中减去每个数据值，将差值平方，然后将结果添加到累积总和中来实现的。方差是通过将差的平方和除以数据项的数量来获得的。用符号 σ 表示的标准差就是方差的平方根。

当计算一组数据的均值、方差或标准差得分时，符号表示会发生变化。我们采用以下表示法来表示样本均值和方差得分。

样本均值 $= \overline{X}$
样本方差 $= V$

均值和方差是总结数据时有用的统计量。然而，两个总体可能显示出非常相似的均值和方差得分，但它们的个别数据项之间可能存在显著差异。因此，为了全面理解数据，有必要了解总体中数据项的分布情况。在数据量很小的情况下，数据分布很容易获取。然而，对于数据量较大的情况，数据分布通常难以确定。

9.2.2　正态分布

众所周知，一个非常重要的数据分布是正态分布，也称为高斯曲线或正态概率曲线。为了显示正态分布的总体，已经开发了一些有用的统计数据。

正态分布，也称为钟形曲线，是由法国数学家亚伯拉罕·棣·美弗（Abraham de Moivre）于 1733 年在抛掷硬币练习中，通过记录正面和反面的数量时偶然发现的。在他的实验中，他反复抛硬币十次，并记录头像面的平均数量。他发现平均值以及抛出最频繁的头像面的数量都是 5。6 个和 4 个头像面以相同的频率出现，是除 5 个头像面之外出现最频繁的数量。

接下来，3 个和 7 个头像面出现的频率相同，然后是 2 个和 8 个，以此类推。自从最初发现以来，许多现象，比如阅读能力、身高、体重、智商和工作满意度等，都被发现呈正态分布。用于定义连续数据的正态曲线的通用公式由总体均值和标准差唯一确定，并可在附录 B 中找到。

正态曲线的图形如图 9.2 所示。在 x 轴上，在中心位置 0 处显示了算术平均值。均值两侧的整数表示偏离均值的标准差数。举例来说，如果数据呈正态分布，约 34.13% 的值将位于均值和均值上方的一个标准差之间。同样，34.13% 的值位于均值和均值下方的一个标准差之间。也就是说，我们可以预期约 68.26% 的值将落在均值两侧的一个标准差内。

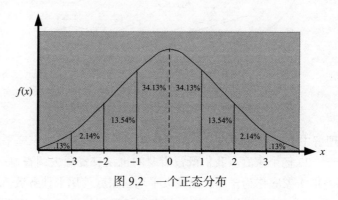

图 9.2　一个正态分布

例如，假设已知某考试分数呈正态分布，均值为 70，标准差为 5。在这种情况下，我们可以预计约 68.26% 的学生的考试分数将在 65 和 75 之间。同样，我们应该看到超过 95% 的学生成绩在 60 和 80 之间。换句话说，我们可以确信，95% 的学生的考试分数都在平均分数 70 的上下两个标准差之间。

由于大多数数据不呈正态分布，你可能会想知道这个讨论与机器学习的相关性。毕竟，即使一个属性被认为是正态分布的，我们仍然必须处理包含多个数字值的实例，其中大多数不太可能呈正态分布。我们对正态分布的讨论有两个目的。首先，一些机器学习技术假设数值属性呈正态分布。更重要的是，正如你将在本章看到的，可以利用正态分布的属性来帮助我们评估机器学习模型的性能。

9.2.3　正态分布与样本均值

大多数感兴趣的总体都相当庞大，使实验分析变得极为困难。由于这个原因，通常在从总体中随机选择的数据子集上进行实验。图 9.3 显示了 3 个样本数据集，每个数据集包含 3 个元素，这些元素是从包含 10 个数据项的总体中取出的。

当从总体中抽样时，我们不能确定样本中值的分布是否是正态的。即使总体是正态分布的，情况也是如此。然而，存在一种特殊情况，我们可以保证正态分布。具体来说，

中心极限定理

对于给定的总体，从相同大小的独立样本的随机集合中取出的均值呈现正态分布。

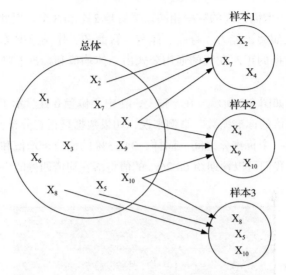

图 9.3　从一个包含 10 个元素的总体中随机抽样

为了更好地理解中心极限定理的重要性，让我们考虑确定美国家庭平均信用卡债务的问题。美国大约有 1.27 亿个家庭。我们既没有时间也没有资源去调查每一个家庭。因此，我们随机抽取 10 000 个家庭作为样本，以获取平均的家庭信用卡债务数。我们将通过报告所得的值作为美国家庭信用卡债务的平均金额来概括我们的发现。一个明显的问题是：我们有多大信心认为从样本数据计算出的平均值是对一般人口的平均家庭信用卡债务的准确估计？

为了帮助回答这个问题，假设我们多次重复这个实验，每次记录一个新的 10 000 个家庭的随机样本的平均家庭信用卡债务。中心极限定理告诉我们，从重复的过程中获得的平均值是正态分布的。用正式的方式表述为任何一个获得的样本均值都是对一般总体均值的无偏估计。而且，对于所有可能的等大小的样本取样本均值，其结果恰好等于总体均值。

现在我们知道，从 10 000 户家庭的初始样本均值计算出的平均信用卡债务是对总体平均值的无偏估计，但我们对计算出的平均值仍然没有信心。虽然我们无法断言计算出的值是一般总体的精确平均债务数，但我们可以使用样本方差来轻松获得计算出的平均值的置信区间。

首先，我们估计总体方差。总体方差由 v/n 估计，其中 v 是样本方差，n 是样本实例的数量。接下来，我们计算标准差。标准差（SE）是所估计的总体方差的平方根。计算 SE 的公式如下：

$$SE = \sqrt[2]{v/n} \tag{9.1}$$

由于样本均值的总体分布是正态分布的，而 SE 是总体方差的估计，因此我们可以提出以下主张：

在 95% 的情况下，任何样本均值都会在总体均值加减两个 SE 之内波动。

对于家庭信用卡债务问题，这意味着我们有 95% 的信心认为，实际平均家庭信用卡债务位于计算样本平均值以上两个 SE 和以下两个 SE 之间的某个地方。对于我们的例子，假设从 10 000 户家庭的样本中得到的平均家庭债务为 6000 美元，标准误差为 100 美元。我们提出的主张告诉我们，我们可以有 95% 的把握认为，实际的美国家庭信用卡债务平均值在 5800 美元到 6200 美元之间。

我们可以使用这种技术以及下一节介绍的假设检验模型，来帮助我们计算测试集错误率的置信区间，比较两个或更多数据挖掘模型的分类错误率，并确定哪些数值属性最能区分各个类。

9.2.4 假设检验的经典模型

你应该记得，假设是关于某事件结果的有根据的猜测。假设检验在科学和医学领域以及一些日常情况中都很常见。让我们来看一个标准的实验设计，它使用一个来自医学领域的假设例子。

假设我们希望确定一种新药 X 疗法的效果，这种药物是为治疗与室内灰尘过敏相关的症状而开发的。在实验中，我们从一组患有过敏的人群中随机选择两组。为了进行实验，我们选择一组作为实验组，另一组被指定为对照组。实验组接受 X 治疗，对照组分发一种糖丸的安慰剂。我们确保个体患者不知道他们所在的组。记录两组中每个患者每天过敏反应总数的平均增加或减少。一段时间之后，我们进行统计测试，以确定两组患者之间的测量参数是否存在显著差异。

通常的流程是对实验结果提出一个有待检验的假设。通常结果以零假设的形式陈述。零假设采取消极观点，因为它断言实验结果发现的任何关系纯粹是偶然的。对于我们的例子，零假设宣称实验结果不会显示两组患者之间的显著差异。我们实验的一个合理的零假设是：

接受 X 治疗的患者和接受安慰剂的患者在每天总过敏反应的均值增加或减少方面没有显著差异。

请注意，零假设指定没有显著差异，而不是没有显著改善。之所以如此，是因为我们没有事先保证 X 治疗不会引起不良反应以及恶化与过敏相关的症状。

一旦实验完成并收集了显示实验结果的数据，我们就会测试结果是否显示了两组患者之间的显著差异。用于测试测量参数的均值之间是否存在显著差异的经典模型（例如我们实验中的模型）是众所周知的 t 检验的一种形式，如下所示：

$$T = \frac{|\bar{x}_1 - \bar{x}_2|}{\sqrt{v_1/n_1 + v_2/n_2}} \tag{9.2}$$

其中，T 是检验统计量，并且 x_1 和 x_2 分别是两个独立 t 样本的样本均值。v_1 和 v_2 是分别与两个样本均值相关的方差。n_1 和 n_2 是相应的样本大小。

分子中的项是两个样本均值之间的绝对差。为了测试均值得分之间的显著差异，将该差异除以均值差异分布的 SE。由于这两个样本是独立的，所以 SE 只是与两个样本均值相关的方差之和的平方根。

为了有 95% 的信心确信两个均值之间的差异不是偶然造成的，等式中的 T 的值必须大于或等于 2（见图 9.2）。该模型是有效的，因为就像从大小相等的独立样本集中获取的均值分布一样，样本均值之间的差异分布也是正态的。

95% 的置信水平仍然容许出现错误。在假设检验中，定义了两种一般类型的错误。类型 1 错误是指，当真实的零假设被拒绝时出现的情况。类型 2 错误是指，当应该被拒绝的零假设被接受时出现的情况。这两种可能性在表 9.1 的混淆矩阵中显示。对于我们的实验，类型 1 错误会让我们误以为 X 治疗对尘土引起的过敏反应平均次数有显著影响，但事实并非如此。我们在犯类型 1 错误时，愿意承担的风险程度被称为统计显著性。类型 2 错误将表明 X 治疗不会影响过敏反应的平均数量，而实际上它具有影响。

表 9.1   零假设的混淆矩阵

	计算出的接受	计算出的拒绝
接受零假设	真接受	类型 1 错误
拒绝零假设	类型 2 错误	真拒绝

上述 t 检验的一个要求是每个平均值都是从独立的数据集计算得出的。幸运的是，t 检验具有多种形式。在机器学习中，通常情况下是借助单个测试数据集来比较模型的。在 9.4 节中，你将看到我们如何对式（9.2）中给出的 t 检验进行细微的修改，以适应我们被限制在一个测试集的情况。

9.3   计算测试集置信区间

训练和测试数据可以由验证数据补充。验证数据的一个目的是帮助我们从同一训练集构建的多个模型中选择一个。一旦训练完成，每个模型都呈现验证数据，最终选择具有最佳分类正确性的模型。验证数据还可以用于优化监督模型的参数设置，以最大化分类的正确性。

一旦验证了监督学习模型，就可以将该模型应用于测试数据进行模型评估。最通用的模型性能度量是分类器错误率。具体而言，

$$\text{分类器错误率}(E) = \frac{\text{测试集错误数}}{\text{测试集实例总数}} \qquad (9.3)$$

计算测试集错误率的目的是提供一个关于模型未来性能的指示。我们有多大信心认为这个错误率是实际模型性能的有效衡量标准？为了回答这个问题，我们可以使用 SE 统计数据来计算模型性能的错误率置信区间。为了应用 SE 度量，我们将分类器错误率视为一个样本均值。尽管错误率实际上是一个比例，但如果测试集实例的数量足够大（比如 $n > 100$），那么错误率可以代表一个均值。

为了确定计算出的错误率的置信区间，我们首先计算与分类器错误率关联的 SE。然后，使用 SE 与错误率来计算置信区间。过程如下：

1. 给定大小为 n 的测试集样本 S 以及错误率 E。
2. 计算样本方差如下：
   $\text{Variance}(E) = E(1 - E)$。
3. 计算 SE，即 $\text{Variance}(E)$ 除以 n 的平方根。

4. 计算 95% 置信区间的上限为 $E + 2(\text{SE})$。

5. 计算 95% 置信区间的下限为 $E - 2(\text{SE})$。

让我们看一个示例，以更好地理解置信区间是如何计算的。假设一个分类器在应用于 100 个测试集实例的随机样本时，显示出 10% 的错误率。我们设置 $E = 0.10$ 并计算样本方差：

$$\text{Variance}(0.10) = 0.10(1 - 0.10) = 0.09$$

对于 100 个实例的测试集，SE 计算如下：

$$\text{SE} = \sqrt{(0.09 / 100)} = 0.03$$

我们可以有 95% 的信心认为实际的测试集错误率介于低于 0.10 的两个 SE 和高于 0.10 的两个 SE 之间。这告诉我们实际的测试集错误率介于 0.04 和 0.16 之间，从而给出了测试集准确度在 84% 到 96% 之间。

如果我们增加测试集实例的数量，就能够减小置信度范围的区间大小。假设我们将测试集大小增加到 1000 个实例。SE 变成了：

$$\text{SE} = \sqrt{(0.09 / 100)} \approx 0.0095$$

在前面的示例中进行相同的计算，测试集准确度范围现在在 88% 到 92%。正如你所看到的，测试数据集的大小对置信区间的范围有显著的影响。这是意料之中的，因为当测试数据集的大小变得无限大时，SE 度量接近于零。脚本 9.1 定义了一个 R 函数，给定测试集错误（或准确性）率和测试集大小，该函数返回 95% 置信区间的上限和下限。

脚本 9.1　计算测试集的置信区间

```
> model.conf <- function(error,n)
+ {
+    # Error is the test set error rate or accuracy.
+    # N represents the number of test set instances.
+    # This function returns the 95% confidence interval.
+    mvar <- error*(1-error)
+    SE = sqrt(mvar/ n)
+
+    # 95% confidence interval
+    up <- error + 2*SE
+    low <- error - 2*SE
+    return (c( up, low))
+    } # End Function

     # The function call. The error rate is 10% and n=100.
> model.conf(.10,100)

[1] 0.16 0.04
```

关于该技术的三个一般性评论如下：

1. 只有当测试数据是从所有可能的测试集实例池中随机选择时，置信区间才有效。

2. 测试、训练和验证数据必须为不相交的集合。

3. 如果可能的话，每个类中的实例应该分布在训练、验证和测试数据中，就像它们在整个数据集中看到的那样。

第1章向你展示了在确定监督学习模型的价值时，测试集错误率只是几个考虑因素之一。为了强调这一点，假设所有信用卡购买中平均有0.5%是欺诈性的。一个旨在检测信用卡欺诈的模型（如果总是声明信用卡购买是有效的）将显示99.5%的准确性。然而，这样的模型是毫无价值的，因为它无法执行其设计的任务。相比之下，以显示高的假阳误报率为代价，但正确检测所有信用卡欺诈案例的模型更有价值。

处理这个问题的一种方式是给错误的分类分配权重。在信用卡的例子中，我们可以将没有检测到信用卡欺诈的错误分类赋予更高的权重，而对将正常信用卡消费不正确地标记为信用卡欺诈的错误分类赋予较低的权重。通过这种方式，如果模型显示出倾向于允许欺诈性的信用卡使用而不被发现，它的分类错误率会增加。在下一节中，我们将向你展示如何使用测试集分类错误率来比较两个监督学习模型的性能。

9.4　比较监督模型

通过应用经典的假设检验范式，我们可以比较使用相同的训练数据构建的两个监督学习模型。再次将模型性能的度量标准设置为测试集错误率。让我们用一个零假设的形式来陈述问题。具体而言，

> 在相同的训练数据上构建的两个监督学习模型 M_1 和 M_2，它们的测试集错误率没有显著差异。

有三种可能的测试集场景：

1. 使用从样本数据池中随机选择的两个独立测试集来比较模型的准确性。
2. 采用相同的测试集数据对模型进行比较。比较是基于成对的、逐个实例的计算。
3. 使用相同的测试数据来比较模型的整体分类正确性。

从统计学的角度来看，最直接的方法是第一种方法，因为我们可以直接应用9.2节中描述的 t 统计。只有当有足够的测试集数据可用时，这种方法才是可行的。对于大型数据集，提取独立的测试集数据的可能性是真实存在的。然而，对于较小规模的数据，单一的测试集可能是唯一的选择。

当应用相同的测试集时，一种选择是对测试集结果执行逐个实例的成对匹配。这种方法在附录B中有描述。在这里我们描述一种比较两种模型的整体分类正确性的更简单的技术。该方法可适用于两个独立测试集（场景1）或单一测试集（场景3）的情况。比较两个分类器模型 M_1 和 M_2 性能的统计量的最一般形式是：

$$T = \frac{\left|E_1 - E_2\right|}{\sqrt{q(1-q)(1/n_1 + 1/n_2)}} \tag{9.4}$$

其中，E_1 = 模型 M_1 的错误率。E_2 = 模型 M_2 的错误率。$q = (E_1 + E_2)/2$。n_1 = 测试集 A 中的实例数量。n_2 = 测试集 B 中的实例数量。

注意，$q(1-q)$ 是使用两个错误率的平均值计算的方差得分。对于大小为 n 的单一测试集，该公式简化为：

$$T = \frac{|E_1 - E_2|}{\sqrt{q(1-q)(2/n)}} \quad\quad (9.5)$$

脚本 9.2 定义了一个函数，其用单个测试集计算 T 值。该脚本可以很容易地推广到两个测试集的情况。使用公式 9.4 或公式 9.5，如果 $T \geqslant 2$，我们可以有 95% 的把握确信 M_1 和 M_2 的测试集性能的差异是显著的。

脚本 9.2　使用相同测试数据比较两个模型

```
> model.Compare <- function (E1, E2, n)
+ {
+   # E1 and E2 are error rates for the two models
+   # n is the number of test set instances
+   # Compute the variance
+   q <- (E1 + E2)/2
+   var <- q* (1 - q)
+
+   # Compute the t value
+   den <- 1 / n
+   P<- abs(E1 - E2)/sqrt(var*2*den)
+
+   return(round(P,3))}

# The function call n=100, E1=20%, E2=30%
> model.Compare(.2,.3,100)

[1] 1.633
```

9.4.1　比较两个模型的性能

让我们看一个例子。假设我们希望比较学习模型 M_1 和 M_2 的测试集性能。我们在测试集 A 上测试 M_1，在测试集 B 上测试 M_2。每个测试集包含 100 个实例。M_1 在集合 A 上获得 80% 的分类准确度，而 M_2 在测试集 B 上获得 70% 的准确度。我们想知道模型 M_1 是否明显优于模型 M_2。计算如下：

- ❑ 对于模型 M_1：$E_1 = 0.20$
- ❑ 对于模型 M_2：$E_2 = 0.30$
- ❑ q 的计算如下：

  $(0.20 + 0.30)/2 = 0.25$
- ❑ 组合方差 $q(1 - q)$ 为：

  $0.25(1.0 - 0.25) = 0.1875$
- ❑ P 的计算如下：

$$T = \frac{|0.20 - 0.30|}{\sqrt{0.1875(1/100 + 1/100)}}$$
$$T = 1.633$$

当 $T < 2$ 时，模型性能的差异被认为不显著。我们可以通过交换两个测试集并重复实验来增加对结果的信心。如果发现初始测试集选择存在显著差异，那么两个 T 值的平均值将用于显著性检验。

9.4.2 比较两个或多个模型的性能

各种形式的 t 检验仅适用于比较成对的竞争模型。解决这个问题的一种方法是使用多个 t 检验。例如，可以使用 6 个 t 检验来比较 4 个竞争模型。不幸的是，在统计学领域一个众所周知的事实是，执行多次 t 检验会增加类型 1 错误的机会。因此，在需要比较两个或多个模型时，通常使用单向方差分析（单因子方差分析，ANOVA）。

单向 ANOVA 使用单个因素来比较一个自变量对连续因变量的影响。例如，假设我们希望测试 3 个年龄组中的个体观看电视小时数是否存在显著差异：

□ 年龄 <= 20

□ 年龄 > 20 并且年龄 <=40

□ 年龄 > 40

在这个例子中，因变量是每周观看电视的小时数，自变量是年龄组。

方差分析使用 F 统计量（在第 5 章介绍）来检测由自变量定义的组之间的显著差异。F 统计量的计算方法是组间方差除以组内方差。对于我们的例子，计算得到的 F 比率表示 3 个年龄组观看电视小时数的方差与每个组内观看小时数的方差之间的比率。

与组内方差相比时，组间方差增加时，F 比值也增加。F 比值越大，测试组的平均值之间存在显著差异的可能性就越大。临界值表确定了 F 比率是否具有统计显著性。

当应用 ANOVA 来测试两个或多个数据挖掘模型的性能差异时，该模型成为自变量。每个测试模型都是自变量的一个实例。因变量是模型的误差率。

尽管 ANOVA 是更强大的测试，但重要的是，当测试 3 个或更多模型时，F 统计量可以告诉我们是否有任何模型在性能上存在显著差异，但并不能精确指出这些差异出现在哪里。

最后，t 检验和 ANOVA 被称为参数统计检验，因为它们对用来描述数据特征的参数（均值和方差）做出某些假设。其中两个假设是，一个样本的选择不影响任何其他样本被包括在内的机会，以及数据取自具有相等方差的正态分布总体。然而，即使这些假设无法完全验证，也经常会被使用。

9.5 数值输出的置信区间

就像输出是分类的时候一样，我们也对一个或多个数值度量的置信区间感兴趣。为了便于说明，我们将使用平均绝对误差。与分类错误率一样，平均绝对误差被视为一个样本均值。样本方差由以下公式给出：

$$\text{variance(mae)} = \frac{1}{n-1} \sum_{i=1}^{n} (e_i - \text{mae})^2 \qquad (9.6)$$

其中 e_i 是第 i 个实例的绝对误差，n 是实例的数量。

接下来，与分类器错误率一样，我们计算 mae 的标准误差 SE，方法是将方差除以样本实例的数量，然后取平方根。

$$\text{SE} = \sqrt{\frac{\text{variance(mae)}}{n}} \qquad (9.7)$$

最后，我们通过从计算得到的 mae 中分别减去和增加两个 SE 来计算 95% 的置信区间，即：

误差上限 = mae + 2SE

误差下限 = mae − 2SE

可以容易地修改 `mmr.stats` 函数，使得其包括 mae 的置信区间（请参见 R 编程练习 1）。最后，如果你对数值模型测试的兴趣超出了我们在这里的讨论范围，可以在附录 B 中找到比较数值输出的监督学习模型的公式和示例。

9.6 本章小结

模型的性能受多个组成部分的影响，包括训练数据、输入属性、学习技术以及学习参数设置等。在某种程度上决定模型性能的每个组成部分都可以作为评估的候选项。

监督模型的性能通常用测试集错误来进行评估。对于具有分类输出的模型，度量标准是测试集错误率，计算方法是测试集错误数与测试集实例总数的比率。对于输出为数值的模型，通常使用均方误差、均方根误差或平均绝对误差等误差度量。

尽管大多数数据不服从正态分布，但从一组相同大小的独立样本中抽取的样本的均值的分布通常服从正态分布。我们可以利用这一事实，将测试集错误率视为样本均值，并应用正态分布的性质来计算测试集错误的置信区间。我们还可以应用经典的假设检验方法来比较两个或多个监督学习模型的测试集错误值，这些统计技术为我们提供了一种将置信度度量与数据挖掘结果相关联的方法。

9.7 关键术语

- 分类器错误率：测试集错误数与测试集实例数之比。
- 对照组：在实验中，未接受治疗的组被测量。对照组作为基准，用于衡量接受实验治疗的组的变化。
- 实验组：在对照实验中接受治疗的组，组内的治疗效果被测量。
- 均值：一组数值的平均值。
- 平均绝对误差：给定一组实例，每个实例都有指定的数值输出，平均绝对误差是每个实例的分类器预测输出与实际输出之间的绝对差值之和的平均值。
- 均方误差：给定一组实例，每个实例都有指定的数值输出，均方误差是分类器预测输出与实际输出之间差的平方和的平均值。
- 正态分布：如果数据的频率图呈现出钟形或对称的特征，则认为数据的分布是正态的。
- 零假设：没有显著差异的假设。
- 均方根误差：均方误差的平方根。
- 样本数据：从一组实例的总体中抽取的单个数据项。
- 标准差：方差的平方根。

❑ 标准误差：样本方差除以样本实例总数的平方根。

❑ 分层：以某种方式选择数据，以确保训练集和测试集中各类别都得到适当的代表。

❑ 统计显著性：犯类型 1 错误时，我们愿意承担风险的程度。

❑ 类型 1 错误：当零假设为真时拒绝零假设。

❑ 类型 2 错误：当零假设为假时接受零假设。

❑ 验证数据：一组数据，用于优化监督模型的参数设置，或帮助从使用相同训练数据构建的多个模型中进行选择。

❑ 方差：每个样本值与均值差的平方的平均值。

练习题

复习题

1. 区分以下术语：

　　a. 验证数据和测试集数据。

　　b. 类型 1 错误和类型 2 错误。

　　c. 对照组和实验组。

　　d. 均方误差和平均绝对误差。

2. 对于以下每种情况，说明类型 1 错误和类型 2 错误。此外，决定一个最佳的模型，它是更倾向于产生更少的类型 1 错误，还是类型 2 错误？为每个答案提供理由。

　　a. 用于预测是否会下雪的模型。

　　b. 用于选择可能购买电视的客户的模型。

　　c. 用于决定可能成为电话营销候选人的模型。

　　d. 用于预测一个人是否应该接受背部手术的模型。

　　e. 用于确定税务申报是否存在欺诈的模型。

3. 当总体服从正态分布时，我们有 95% 以上的把握认为，从总体中选择的任何值都会在总体均值的两个标准差内。任何值落在总体均值两侧的三个标准差内的置信度是多少？

R 实验项目

1. 修改 mmr.stats，使得该函数包括计算和打印平均绝对误差的置信区间。以下是一些帮助：

　　a. 将变量（varTotal）初始化为 0，其目的是维护绝对误差平方的累计总和。

　　b. 使 abs.error 成为一个下标变量，因为必须保存单个错误值来计算方差。

　　c. 在计算平均绝对误差后，创建一个循环来累积平方误差。即，

```
varTotal = varTotal + (abs.error[i] - mae)*(abs.error[i]-mae)
```

　　d. 通过将 varTotal 乘以 1/(n-1) 来计算方差。

　　e. 使用 varTotal 来计算 SE 和误差界限。打印误差的下限和上限。

　　f. 通过执行脚本 5.3 来测试对 mmr.stats 的修改。

2. 修改 `mmr.stats`，使得该函数包括均方根误差和残差标准误差的置信区间。通过执行脚本 5.3 测试对 `mmr.stats` 的修改。

相关安装包和函数总结

与本章内容相关的安装包和函数如表 9.2 所示。

表 9.2　安装的软件包与函数

软件包名称	函数
base / stats	abs、c、function、return、round、sqrt

第 10 章

支持向量机

本章内容包括：

❏ 创建支持向量机（SVM）。

❏ 评估支持向量模型。

❏ 将支持向量机应用于微阵列数据。

支持向量机（SVM）提供了一种独特的方法，用于对线性可分和非线性数据进行分类。第一个 SVM 算法是于 1960 年由 Vladimir Vapnik 和 Alexey Chervonenkis 开发的。然而，SVM 在 1992 年（Boser 等人，1992 年）正式引入研究界后才引起了研究者们的兴趣。SVM 已经应用于多个领域，包括时间序列分析、生物信息学、文本数据挖掘和语音识别。与反向传播神经网络和其他经常创建局部最优模型的技术不同，SVM 能够提供全局最优解。此外，因为 SVM 使用最难分类的实例作为其预测的基础，所以它们不太可能过度拟合数据。

SVM 算法如何工作的基本思想在概念上很简单，但在数学方面可能会有一些挑战。为了帮助解开 SVM 背后的许多谜团，我们采用基于示例的方法。

虽然 SVM 既可用于分类，也可用于数值预测，但我们的重点是创建二元分类模型的 SVM。那些希望深入研究 SVM 更多理论内容的读者可以在教材（Vapnik, 1998 年, 1999 年）和网络上找到丰富的信息。

SVM 工作的关键是超平面。超平面就是比环境空间维度少一维的子空间。要了解这一点，请考虑图 10.1，它显示了一个具有线性可分类的二维空间。第一个类别由星星表示，第二个类别由圆圈表示。在二维空间中，超平面是一条直线。图中显示了两个标记为 h_1 和 h_2 的超平面。显然，有无穷个超平面可以将这两个类别分开。那么，哪个超平面是最佳选择？事实证明，最佳选择是显示类别实例之间最大分离的超平面。这个特定的超平面是唯一的，它被称为最大间隔超平面（MMH）。给定一个包含两个类别的数据集，SVM 算法的任务是找到 MMH。下面看它是如何完成的。

SVM 使用位于类别之间外部边界的实例来寻找最大间隔超平面。为了理解这一点，考虑图 10.2，其中显示了两个超平面，每个超平面都经过为它们各自的类定义外部间隔边界的实例。标记为 h_1 的超平面通过星星类别的两个边界实例，而 h_2 通过圆圈类别的单个边界实例，这些边界实例被称为支持向量。与 MMH 相关的支持向量具有区分类别的最佳机会，因为它们位于最大间隔实例的间隙上。SVM 算法仅使用这些关键的支持向量来构建其模型。所有其他类别实例都是不相关的。以下是 SVM 算法使用过程的一般描述。

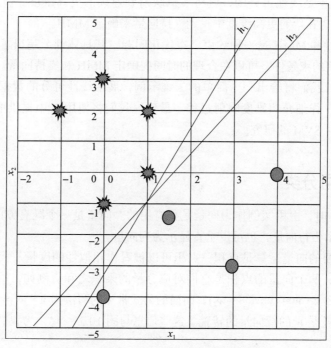

图 10.1　分隔圆圈类和星星类的超平面

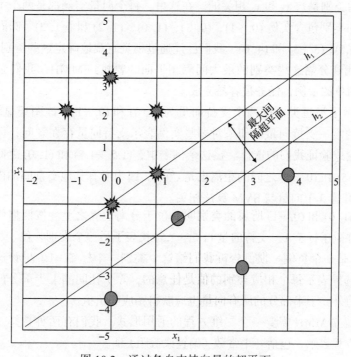

图 10.2　通过各自支持向量的超平面

❑ 确定定义类别的实例在当前维度中是否线性可分。只要类别之间被线性边界分离，就使用支持向量来建立 MMH。

❑ 如果类别不是线性可分的，就将实例映射到连续的更高维度，直到实现线性可分性。同样，在新的更高维度中找到支持向量来确定 MMH。

寻找支持向量和 MMH 是一种约束二次优化问题，其具体细节超出了本书的范围。重要的是，给定某些约束条件，可以在合理的时间内确定 MMH 和支持向量。

在下一节中，我们将给出一个简单的二维示例，展示线性可分的数据。随后，我们将讨论非线性情况，详细介绍维度映射过程。最后，我们将使用 R 中提供的 SVM 软件进行几个实验来完成对 SVM 的研究。

10.1 线性可分类

在讨论 SVM 时，引用实例作为向量是很有用的。向量是一个既有方向又有大小的量。实例可以水平显示为行向量，也可以垂直显示为列向量。

一个特别重要的向量运算是点积。点积可以被看作相似性的度量。代数上，给定两个相同长度的向量，两个向量的点积是它们对应分量的乘积之和。例如，给定 $v = (v_1, v_2)$ 和 $w = (w_1, w_2)$，那么 $v \cdot w = (v_1 w_1 + v_2 w_2)$。前面的公式常见的写法为 $v \cdot w^T = (v_1 w_1 + v_2 w_2)$，其中 v 是行向量，w^T 是 w 的行向量的转置。这些信息与图 10.2 一起，为我们的第一个示例提供了需要的信息。

图 10.2 中的坐标轴标记为 x_1 和 x_2，而不是 x 和 y。原因是 x_1 和 x_2 都是独立的，而与每个向量相关联的类别是与 x_1 和 x_2 相关的。在这里，每个向量实例都是两个类之一的一个成员。星星标记的类别包含实例 $(0, -1)$、$(0, 3)$、$(1, 0)$、$(1, 2)$ 和 $(-1, 2)$。圆圈类别显示实例 $(0, -4)$、$(1.5, -1.5)$、$(3, -3)$ 和 $(4, 0)$。我们已经通过视觉直观地确定这些类别是线性可分的。我们的目标是找到分隔这些类别的最大间隔超平面。要找到 MMH，我们必须找到支持向量。对于这个简单的示例，任务很容易完成。

图 10.2 显示了星星类别的两个支持向量为 $(1, 0)$ 和 $(0, -1)$。该图还显示了 $(1.5, -1.5)$ 作为圆圈类别的唯一支持向量。如果对哪些实例表示支持向量存在疑问，可以使用简单的欧氏距离来确定或验证我们的选择。在这个例子中，$(1.5, -1.5)$ 和 $(1, 0)$ 之间的欧氏距离为 $\sqrt{2.5}$，$(1.5, -1.5)$ 和 $(0, -1)$ 之间的距离也是 $\sqrt{2.5}$。因为所有其他类别间的向量距离都大于 $\sqrt{2.5}$，所以只有这 3 个向量与 SVM 算法相关。

支持向量 $(1, 0)$ 和 $(0, -1)$ 所属的类别明显位于分离边界之上。按照惯例，这个类被标记为正类别，并赋予标签 1。支持向量 $(1.5, -1.5)$ 代表了另一个类别，位于类间隔之下。因此，$(1.5, -1.5)$ 是一个负例。惯例告诉我们给这个类别一个标签 –1。尽管这种标记方案是标准的，但是选择表示每个相应类别的值是任意的，除了让间隔上半部分的所有支持向量获得相同的正值外，下半部分的所有向量也应获得相应的负值。

接下来，建立 MMH 需要一个二维方程的通用形式。我们有两种选择。下面是一个标准的二维线性方程表示，包括一个常数（偏置或截距）项

$$w_0 + w_1 x_1 + w_2 x_2 = 0 \qquad (10.1)$$

其中，x_1 和 x_2 是属性值，w_0、w_1 和 w_2 是待学习的参数。

然而，如果支持向量通过添加一个项进行修改来说明偏置项，我们也可以用支持向量来表示 MMH，如下所示，

$$\sum a_i x_i \cdot x = 0 \tag{10.2}$$

其中，a_i 是与第 i 个支持向量相关联的学习参数，x_i 是第 i 个支持向量，x 是待分类的向量实例。

式（10.2）更适合我们确定 MMH 的需求。为了使用式（10.2），我们首先要为每个支持向量添加一个偏置项 1，以说明公式中的常数项。修改后的类别 1 支持向量现在看起来是 $SV_1 = (1, 1, 0)$ 和 $SV_2 = (1, 0, -1)$。标记为 -1 类别的修改后支持向量是 $SV_3 = (1, 1.5, -1.5)$。已知式（10.2）中的 x 表示待分类的实例，$a_0 = w_0$，$a_1 = w_1$ 和 $a_2 = w_2$ 的赋值确认了式（10.1）和式（10.2）的等价性。

我们还需要另一个等式。具体来说，是构成 MMH 的参数 w_0、w_1 和 w_2 的向量表示这些参数可以用向量表示，

$$w = \sum a_i sv_i \tag{10.3}$$

其中，a_i 的值需要学习，sv_i 表示第 i 个支持向量。有了三个支持向量和上述方程，确定 MMH 的过程就可归结为求解三个未知数的方程组。

考虑增广支持向量 $x = (1, 1, 0)$。使用式（10.2），以及 $(1, 1, 0)$ 位于正 1 表示的超平面上的事实，它必须满足这个条件，

$a_1 (1, 1, 0) \cdot (1, 1, 0)^T + a_2 (1, 0, -1) \cdot (1, 1, 0)^T + a_3 (1, 1.5, -1.5) \cdot (1, 1, 0)^T = 1$

同样，$(1, 0, -1)$ 必须满足

$a_1 (1, 1, 0) \cdot (1, 0, -1)^T + a_2 (1, 0, -1) \cdot (1, 0, -1)^T + a_3 (1, 1.5, -1.5) \cdot (1, 0, -1)^T = 1$

最后，$(1, 1.5, -1.5)$ 位于负例的超平面上，所以它必须满足

$a_1 (1, 1, 0) \cdot (1, 1.5, -1.5)^T + a_2 (1, 0, -1) \cdot (1, 1.5, -1.5)^T + a_3 (1, 1.5, -1.5) \cdot (1, 1.5, -1.5)^T = -1$

计算点积，我们有

$$2a_1 + a_2 + 2.5a_3 = 1$$
$$a_1 + 2a_2 + 2.5a_3 = 1$$
$$2.5a_1 + 2.5a_2 + 5.5a_3 = -1$$

解方程组给出了

$$a_1 = 2, a_2 = 2, a_3 = -2$$

有了 a_1、a_2 和 a_3 的值，我们可以使用式（10.3）来确定 w_0、w_1 和 w_2 的值。

$$(w_0, w_1, w_2) = 2(1, 1, 0) + 2(1, 0, -1) - 2(1, 1.5, -1.5)$$

这给出

$$w_0 = 2, w_1 = -1, w_2 = 1$$

因此，MMH 的方程是

$$2 - x_1 + x_2 = 0 \tag{10.4}$$

图 10.3 显示了 MMH 的方程以及两个边界超平面的方程。使用决策边界方程的一般形式，可以表明两个超平面之间的距离 d 由 $2/\|w\|$ 给出，其中 $\|w\|$ 是 w 的欧几里得范数，定义为 $w \cdot w$ 的平方根。也就是，

$$\| \boldsymbol{w} \| = \sqrt{(W_1^2 + W_2^2 + \cdots + W_n^2)} \qquad (10.5)$$

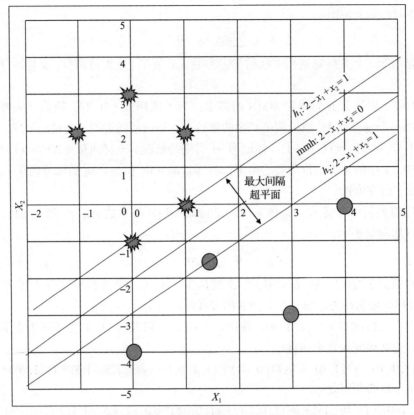

图 10.3　分离星星类别和圆圈类别的最大间隔超平面

在训练过程中，支持向量算法首先在一定的约束条件下，估计两个决策边界的参数。一个明显的约束是最大化间隔。对于我们的示例，式（10.5）告诉我们最大间隔的宽度 = $\sqrt{(w_1^2 + w_2^2)}$，计算结果为 $\sqrt{2}$。

知道支持向量和 MMH 后，我们可以将我们的模型应用于新的实例以进行分类。有两种选择。我们可以将未分类实例的 x_1 和 x_2 的值代入式（10.4）中来使用 MMH。如果结果大于 0，我们将该实例分类为类别 1。如果值为负数，它将被分类到标记为 −1 的类别。或者，我们可以以支持向量的形式使用 MMH 方程，但这次偏置项作为常数项包含在内。具体来说，

$$y = b + \sum a_i \boldsymbol{x}_i \cdot \boldsymbol{x} \qquad (10.6)$$

其中，a_i 是与第 i 个支持向量相关联的学习参数，b 是学习的常数项，$\boldsymbol{x}_i$ 是第 i 个支持向量，$\boldsymbol{x}$ 是待分类的向量实例。

如果 y 是正数，我们将未知实例分类为类别 1。同样，如果 y 被证明为负数，则该实例与标记为 −1 的类别相关联。如果 $y = 0$，则实例位于 MMH 上，并被归类为出现最频繁的类。让我们使用式（10.6）来确定实例 $(0.5, 0)$ 的分类。

为了进行计算，我们从支持向量中去掉偏置项，将 b 的值设置为 2。应用先前计算的

a_1、a_2 和 a_3 的值，我们有，

$$y = 2 + 2[(1, 0) \cdot (0.5, 0)^\mathrm{T}] + 2[(0, -1) \cdot (0.5, 0)^\mathrm{T}] - 2[(1.5, -1.5) \cdot (0.5, 0)^\mathrm{T}]$$

得出 y 的值为 1.5，告诉我们 (0.5, 0) 位于 MMH 之上，并被标记为类别 1。使用式（10.6）对 (0, −5) 进行分类，得到的值为 −3，这告诉我们 (0, −5) 被标记为类别 −1。

使用式（10.6）对支持向量 (1, 0) 进行分类，得到的值为 1。这与预期的结果一样，因为 (1, 0) 位于超平面 h_1 上。同样，将 (1.5, −1.5) 代入式（10.6）得到了 −1 的结果。使用该模型对 (3, 1) 进行分类，得到的值为 0。这告诉我们 (3, 1) 位于 MMH 上。

在我们处理非线性情况之前，显然线性模型是首选的，尤其是如果能够看到可接受水平的准确性。尽管如此，值得注意的是，如果类别在当前维度中几乎是线性可分的，那么轻微修改 SVM 算法可以使其具备创建线性模型的能力。

10.2　非线性情况

支持向量机的优势在于它能够在明显的非线性领域中进行分类。当当前维度空间中的实例不是线性可分时，支持向量机应用非线性映射，将实例转换为一个新的、可能更高的维度。除非变换是由具有某些特殊特征的映射函数来完成的，否则可能会引入不可接受的复杂性。让我们看看为什么会这样。

考虑分别具有属性值 (x_1, x_2) 和 (z_1, z_2) 的二维向量 x 和 z。假设在尝试实现线性之前，函数通过应用映射将当前的二维空间进行变换。

$$(x_1, x_2) \rightarrow (x_1, x_2, x_1^2, x_1 x_2, x_2^2)$$

在进行上述映射之前，每个向量对的点积计算需要进行一次乘法和一次加法。在新空间中，每个向量对 x 和 z 的点积需要 5 次乘法和 4 次加法。具体来说，

$$x \cdot z = (x_1 z_1, x_2 z_2, x_1^2 z_1^2, x_1 x_2 z_1 z_2, x_2^2 z_2^2)$$

一旦建立了模型，模型的应用也需要进行相同的点积计算。然而，通过使用正确类型的映射，可以完全避免这些额外的计算。这个过程需要使用一种特殊的映射函数，称为核函数。为了使函数 K 符合核函数的条件，必须选择映射函数 ϕ，使其满足以下条件。

$$K(x, z) = \phi(x) \cdot \phi(z) \tag{10.7}$$

为了说明具有这种性质的函数，考虑映射 ϕ 并以 $x = (x_1, x_2)$ 作为自变量，

$$\phi(x_1, x_2) = (1, \sqrt{2}x_1, \sqrt{2x_2}, x_1^2, x_2^2, \sqrt{2}x_1 x_2)$$

计算 $\phi(x_1, x_2)$ 和 $\phi(z_1, z_2^\mathrm{T})$ 的点积，并进行因式分解，得到

$$\phi(x_1, x_2) \cdot \phi(z_1, z_2) = (1 + x_1 z_1 + x_2 z_2)^2$$

这告诉我们，如果我们赋予

$$K(x, z) = (1 + x_1 z_1 + x_2 z_2)^2 \tag{10.8}$$

则满足式（10.7）中陈述的性质，K 就符合核函数的条件。更重要的是，它告诉我们点积计算可以在原始空间中进行，而不是在更高维度中进行。式（10.8）的一般形式被称为 n 次多项式核，表示为，

$$K(x, z) = (1 + x_1 z_1 + x_2 z_2)^n \tag{10.9}$$

通常，在训练算法中每个出现 $\phi(x) \cdot \phi(z)$ 点积的位置都可以用 $K(x, z)$ 替代，这对于模型的训练和应用都是成立的。除了多项式函数，还研究了其他几种核函数，其中一些已经内置到 R 可用的支持向量机模型中。

10.3   用线性可分数据进行实验

我们的第一个实验使用 John Platt（1998）的顺序最小优化算法（SMO），该算法包含在 RWeka 包中。SMO 是一个有监督的学习器，它自动地将分类属性转换为二元值，默认情况下会忽略任何具有缺失值的实例，并对所有属性进行归一化。SMO 调用了上面讨论的多项式核，但也可以使用其他核函数。在具有多于两个类的领域中，应用一对一方法。

这个实验的目的是验证上面给出的线性可分示例的正确性。也就是说，我们把 SMO 应用于图 10.1 中给出的数据，并将得到的方程与式（10.4）进行比较。如果是正确的，那么这两个方程应该是匹配的。数据点包含在文件 SVM10.1.csv 中。以下是操作步骤：

❑ 将 SVM10.1.csv 导入 RStudio 环境中。

❑ 使用 str 来确保 SVM10.1 是一个具有因子型输出变量的数据框。

❑ 加载 RWeka 包（RWeka 库）。

❑ 输入 WOW(SMO) 以列出 SMO 的选项。选项（未显示）显示设置 $N = 2$ 将禁用数据归一化。数据归一化是默认规则。然而，由于我们示例的输入属性具有相同的尺度，因此不需要数据归一化。实际上，对于小型数据集进行不必要的归一化可能是有害的。

❑ 加载并执行脚本 10.1 以获得脚本中显示的输出。

脚本 10.1   SMO 应用于图 10.1 中给出的数据

```
> library(RWeka)
> my.svm <- SMO(class ~ x1+x2, data =SVM10.1,control=
+       Weka_control(N=2))

> # Print out the equation of the MMH
> my.svm
SMO
Kernel used:
  Linear Kernel: K(x,y) = <x,y>

Classifier for classes: one, zero

BinarySMO

Machine linear: showing attribute weights, not support vectors.

        1       * x1
+      -1       * x2
-       2

Number of kernel evaluations: 21 (84.783% cached)

> # Output the confusion matrix
```

```
> summary(my.svm)

=== Summary ===

Correctly Classified Instances        9             100     %
Total Number of Instances             9

=== Confusion Matrix ===

 a b   <-- classified as
 5 0 | a = one
 0 4 | b = zero
```

脚本 10.1 中显示的输出清楚地表明，SMO 创建的线性模型与式（10.4）相同。混淆矩阵告诉我们，MMH 正确地对每个数据点进行了分类。在探索本章节末尾练习时，你将学到更多的关于 SMO 的知识。

对于我们的第二个实验，数据集保持不变，但这次我们使用 e1071 包中的 svm 函数来验证我们的结果。在输入脚本 10.2 中看到的对 svm 的调用之前，请务必安装软件包 e1071。

与 SOM 一样，默认情况下会对数据进行归一化。Scale = FALSE 可以禁止这种归一化。此外，由于 svm 的默认核是径向基函数（高斯核函数），所以核指定是必需的。变量 na.action（未显示）默认为 na.omit。也就是说，任何具有一个或多个 NA 值的实例都会被删除。由于我们的数据集非常小，并且不包含缺失项，因此不需要担心 na.action 值的设置。

正如你所看到的，脚本 10.2 显示的输出验证了式（10.4）。在本章的最后几节中，我们将研究一个更有趣的处理非线性数据的问题。

脚本 10.2　svm 应用于图 10.1 中给出的数据
```
> library(e1071)
> my.svm <- svm(class~ .,data =SVM10.1,scale = FALSE,
kernel="linear")
> my.svm

Call:
svm(formula =class ~ ., data = SVM10.1,kernel ="linear", scale
=FALSE)

Parameters:
   SVM-Type:  C-classification
 SVM-Kernel:  linear
       cost:  1

Number of Support Vectors:  3

> coef(my.svm)
(Intercept)          x1            x2
          2          -1             1
```

10.4　微阵列数据挖掘

两名妇女被诊断患有三期乳腺癌，两人都接受了相同的治疗。一名妇女康复后继续生活了 20 年，而第二名妇女在几周内去世。对于大多数男性和女性患癌症的情况来说，这都是一种常见的情况。其中一个原因是，接受相同诊断的两个个体的癌细胞在显微镜下可能看起来相同，但在分子水平上却非常不同。这些分子水平的差异可以导致一位患者的癌症转移，而另一位患者对治疗反应良好。

生物信息学或计算生物学领域的研究人员，出于多种原因研究这些分子水平的差异包括：帮助医生为个体患者制定治疗计划、早期疾病检测、新药研发和治疗结果预测等。关于如何做到这一点的详细讨论远远超出了本书的范围。但是，对这一过程的基本生物学概述将有助于你更好地理解微阵列数据挖掘的内容。

10.4.1　DNA 和基因表达

人类有数万亿个细胞，都起源于一个细胞（受精卵）。细胞有多种类型：皮肤、神经、血液、脑部等。每个细胞都包含制造有机体的完整程序副本，这个程序被称为基因组。基因组以 DNA 编码，代表给定生物体中所有基因的集合。

基因是 DNA 的一个连续的子部分。人类 DNA 含有约 30 000～35 000 个基因。基因通过制造信使 RNA（mRNA）来表达，即被转化为功能性产物，信使 RNA 随后被翻译成蛋白质。也就是说，基因表达充当了控制蛋白质制造的开关。在任何给定的时间点，大约 40% 的人类基因被表达。

微阵列（也被称为 DNA 芯片）能够测量 mRNA 表达的水平。

实际上，微阵列是附着在固体表面的微小 DNA 点的集合。从微阵列获得的特定个体的基因表达水平代表分子水平差异，可用于帮助确定个体患者预后和治疗。

微阵列数据挖掘是分析来自微阵列设备获得的基因表达数据的过程。微阵列数据挖掘与传统数据挖掘的不同之处在于，典型的应用将包含数千个属性（基因），但实例较少。很容易看出，微阵列挖掘的一个核心问题是属性选择 / 消除。让我们看看属性选择的过程。

10.4.2　微阵列数据预处理：属性选择

微阵列数据预处理分为两个阶段。第一阶段独立于数据中的任何类别。

10.4.2.1　独立于类的预处理

常见的第一阶段技术包括阈值处理、标准化和过滤。阈值处理包括设置基因属性的上限和下限值。不在指定边界内的基因不会被分析。最佳的标准化方法是将数据标准化，使其均值为 0，标准差为 1。过滤方法会去除变化不大的基因。例如，将范围小于固定值的基因移除。

10.4.2.2　依赖于类的预处理

第二阶段预处理的目的是为数据中的每个类别开发出一组最佳基因。由于第二阶段预处理与类别相关，因此它仅适用于监督学习。

10.4.2.2.1　封装方法

封装方法按其类内排名的顺序选择每个类别的前 100～200 个基因。使用不同数量的基因为每个类别创建模型。每个模型都使用交叉验证方法进行测试。性能最佳的模型被选择为数据的最终表示。

10.4.2.2.2　排列测试

在少量实例和大量属性的情况下，可能会出现输入基因与输出类别之间的错误正相关。排列测试（有时称为随机化）用于帮助识别这些错误的正相关。这种技术的主要优势在于它能够并行估计多个基因的显著性水平。第二个优势在于，即使在非常小的数据集中也能很好地工作。这种方法在假设有两个类别和一个基因的情况下最容易解释。具体步骤如下所示。

1. 计算反映基因的类间平均表达水平差异的 t 值。

2. 保持实例的当前顺序，但随机排列输出属性。也就是说，每个基因实例被随机分配到两个类别中的一个。

3. 重新计算并记录在步骤 2 中创建的数据集的 t 值。

4. 重复步骤 2 和步骤 3 数百次或数千次。

一旦完成所有的实验后，t 值根据经验排列为升序顺序。如果原始 t 值落在所有 t 值的95% 范围之外，我们可以确信两个类别之间的基因表达水平差异是显著的，其置信水平为95%。

排列测试是一种被广泛接受的方法，用于处理小规模数据集常见的偏斜分布。你可以通过安装 R 的 coin 和 lmPerm 包来尝试排列测试。

10.4.3　微阵列数据挖掘：问题

大多数微阵列应用的主要问题是，需要进行大量预处理才能获得可接受的结果。第二个问题是属性（基因）的数量与实例数量之间的不平衡通常会导致错误分类。第三个问题是可能会收集到噪声数据。当缺乏能够决定结果的显性基因时，第四个问题就出现了。第五个问题是模型通常无法解释其结果。

最后，当属性数量远远超过实例数量时，大多数机器学习技术表现不佳。好消息是，支持向量机是一个例外。这是由于支持向量机不需要大量的训练数据来构建准确的模型，因为它只关注那些位于类别边界上的实例。此外，支持向量机能够处理微阵列应用中经常出现的高维问题。

10.5　微阵列应用

有了这个基本概述，让我们来看一些数据。我们用于实验的数据集（SBRCTDNAData）以 .csv 和 MS Excel 格式存储在你的数据目录中。该数据包含了 88 名癌症患者中代表基因表达水平的 59 个属性。每个实例都描述了儿童期观察到的患有小圆蓝细胞肿瘤（SBRCT）的患者特征。原始数据集（Khan 等，2001）由 2308 个属性组成。研究人员使用了他们的属性减少方法，确定了最重要的 59 个输入属性。数据中定义的肿瘤类型包括伯基特淋巴瘤（BL）、尤因肉瘤（EWS）、神经母细胞瘤（NB）和横纹肌肉瘤（RMS）。这些癌症类型在显微镜下难以区分，没有单一的检测可以精确地区分它们。由于每种类型的预后和治疗方案差异很大，SRBCT 的准确诊断至关重要。请注意，训练数据中的五个实例不属于上述四个类别之一。数据集 MS Excel 版本中的描述表提供了有关数据及其用途的附加信息。

我们的目标是，确定使用 svm 训练的模型能够在多大程度上确定测试数据的肿瘤类型。此外，了解在模型构建过程中使用 59 个属性的子集时，测试集准确性会发生什么变化。

10.5.1　建立基准

脚本 10.3 显示了我们第一个实验的过程和部分输出。在数据准备过程中，数据集中的第一列被删除，因为它为每一行保存了一个唯一的标识符。训练数据包含前 61 个实例，其余实例保留用于测试。对 sbr.perform 的调用会生成一个 8×8 的混淆矩阵（未显示）。

脚本 10.3　支持向量机在 SBRCT 癌症患者数据集中的应用

```
> library(e1071)

> # Prepare the data
> sbr.data <- SBRCTDNAData[,-1]
> sbr.train <- sbr.data[1:61,]
> sbr.test <- sbr.data[62:88,]

> # Build the model
> sbr.model <-svm(Class ~ ., data=sbr.train)
> summary(sbr.model)

Call:
svm(formula = Class ~ ., data = sbr.train)

Parameters:
   SVM-Type:  C-classification
 SVM-Kernel:  radial
       cost:  1

Number of Support Vectors:  51

Number of Classes:  8

Levels:
 BL EWS NB Osteosarcoma Prostate Ca. RMS Sarcoma Sk. Muscle

> # Test the model
> sbr.pred <- predict(sbr.model,sbr.test)
> sbr.perform <- table(sbr.test$Class,
+                      sbr.pred,dnn=c("Actual", "Predicted"))
> sbr.perform

# The 8X8 confusion matrix will display here.

> confusionP(sbr.perform) #Computes accuracy.

  Correct= 21 Incorrect= 6
  Accuracy = 77.78 %
```

我们的实验结果显示，27 个测试集实例中有 21 个（77.78%）被正确识别。如果你检查混淆矩阵，你会看到错误的分类包括：四个 NB 实例被分类为 EWS 实例，以及两个 RMS 实例被赋予 EWS 标签。有了这个基准后，我们使用一个简单的属性消除技术，看看是否可以用更少的输入属性取得更好的效果。

10.5.2　属性消除

首先进行简单的属性消除，按照最有用到最没用的属性进行排名。然后，我们继续使用所有属性构建一个基准模型。消除最无效的一个属性后，构建第二个模型。消除接下来最无效的属性后，构建第三个模型。这个过程一直持续下去，直到只有排名最高的输入属性创建了最终模型。当然，这是一种不考虑输入属性之间相互作用的暴力技术。但是，这种一次一个基因的方法在高维数据中很常见。

属性排名是在 RWeka 中的 GainRatioAttributeEval 属性选择函数的帮助下完成的。GainRatioAttributeEval 通过测量单个属性相对于类的增益比率来评估其价值。

脚本 10.4 显示了第二个实验准备数据的语句和部分输出。首先，将数据集的名称和输出属性提供给 `GainRatioAttributeEval` 函数。`GainRatioAttributeEval` 对每个属性进行排名，并将属性排名放入 `sbr.eval` 中。`sort` 函数按照排名对属性进行排序。由于排名是从低到高的，我们必须指定排名是按降序排列。接下来，应用 sqldf 包中的 `select` 函数来构建一个新的数据集，其中包含输出属性和 30 个最相关的输入属性。最后，新数据集用于创建训练数据和测试数据。

脚本 10.4　基于属性相关性的 SBRCT 数据集排序

```
> library(RWeka)
> library(e1071)
> library(sqldf)

> sbr.eval<- GainRatioAttributeEval(Class ~ ., data=sbr.data)
> sbr.eval <-sort(sbr.eval, decreasing=TRUE)
> sbr.eval

# The top 6 features as ranked by GainRatioAttributeEval.
# Your output will show the rank of all 59 attributes.

    1        2        3        4        5        6

X241412 X784224 X796258 X1469292 X767183 X810057

> sbrdata <- sbr.data # sql doesn't like attributes with decimals

# Create a new dataset having the class attribute and the
# first 30 attributes ranked from most to least relevant.

> newsbr.data <- sqldf("select Class,X241412 ,X784224, X796258,
+                       X1469292, X767183 ,X810057 , X183337,
+                       X814260 , X295985 ,X377461 , X298062,
+                       X769657 , X1435862,X629896 , X461425,
+                       X207274 , X325182 ,X812105 , X43733,
+                       X866702 , X244618 ,X296448 , X297392,
+                       X52076  , X841641 ,X624360 , X357031,
+                       X785793 ,X840942  ,X770394
+              from sbrdata")

# Create the training and test data

> newsbr.train <- newsbr.data[1:61,]
> newsbr.test  <- newsbr.data[62:88,]
```

脚本 10.5 显示了属性消除过程。for 循环显示了模型构建集中在 30 个最佳输入属性上。请注意，for 循环变量 k 被纳入其中，用于创建每个修改后的数据集。在几个 print 语句前面放置了注释符号。删除注释符号以了解有关各个模型的更多信息。

脚本 10.5　使用 SBRCT 数据集进行的属性消除

```
> for (k in 30:2)
+ {
+ # Build the model and examine the summary stats
+ sbr.model <-svm(Class ~ ., data=newsbr.train)
+ # print(summary(sbr.model))
+
+ # Apply the model to the test data and output the confusion
matrix.
+ newsbr.pred <- predict(sbr.model,newsbr.test)
+
+ # create and print the confusion matrix
+ sbr.perform <- table(newsbr.test$Class,newsbr.
pred,dnn=c("Actual", +"Predicted"))

+ # print(sbr.perform)
+ cat("Number of input attributes=",k,"\n")
+ # Compute and print the % correct.
+ confusionP(sbr.perform)
+
+ # Remove the least predictive individual attribute.
+ # Create the new training and test datasets.
+
+ newsbr.data <- newsbr.data[ ,1:k]
+ newsbr.train <- newsbr.data[1:61,]
+ newsbr.test <- newsbr.data[62:88,

# Partial Output List

Number of input attributes= 30
% Correct= 81.48
Number of input attributes= 28
% Correct= 92.59
Number of input attributes= 19
% Correct= 100
Number of input attributes= 18
% Correct= 100
Number of input attributes= 16
% Correct= 92.59
Number of input attributes= 6
% Correct= 81.48
Number of input attributes= 5
% Correct= 62.96
Number of input attributes= 2
% Correct= 55.56
```

部分输出列表显示，通过消除最不相关的输入属性，分类正确率迅速提高。几个模型的分类正确率为 100%。此外，在从 6 个输入属性减少到 5 个后，准确性从 80% 以上下降到 60% 左右。尽管这些结果非常令人鼓舞，但由于测试集的规模较小，我们无法确定测试集准确性的差异是否显著。排列测试是深入了解有关这些差异显著性的合适选择。下面的

练习中提供了有关这些数据的其他实验。

我们对微阵列数据挖掘的简短讨论到此结束。如果你的好奇心超出了这次讨论的范围，可以在下面列出的网站上找到更多的信息。第一个链接是特定于 R 的软件包。

- ❑ http://master.bioconductor.org/
- ❑ https://www.genome.gov/about-genomics
- ❑ https://www.ebi.ac.uk/arrayexpress/

10.6　本章小结

支持向量机（SVM）提供了一种独特的方法，用于对线性可分和非线性数据进行分类。SVM 能够提供全局最优的问题解。此外，由于 SVM 使用最难分类的实例作为其预测的基础，因此它们不太可能过度拟合数据。

即使使用核函数，SVM 的分类时间也无法与决策树和其他几种技术的分类时间竞争。然而，在难以分类的领域中，SVM 的准确性使其成为有价值的分类工具。特别令人感兴趣的是，SVM 在大规模数据中查找异常值的应用。

SVM 还存在一些困难，包括计算复杂性、维度问题（寻找实现线性分离的最小维度）、选择适当的属性以及选择适当的映射函数等问题。SVM 也仅限于具有数值输入的两类问题。

最后一个问题已经得到解决，我们知道了如何将分类属性转换为数值，方法是简单地将每个属性值变成一个二元属性。此外，已经有几种方法处理两类问题的限制。一种常见的方法称为一对全（one-versus-all），它为每个类别构建一个分类器模型。对于 n 个类别，我们有 n 个模型。未知实例被分类为与其最相关的类别。一对一（one-vs-one）方法为每对类别构建一个分类器。对于 n 个类别，总共构建了 $n(n-1)/2$ 个分类器。未知实例被分类为获得最多投票的类别。

R 提供了几个支持向量函数的包。我们的讨论重点是 RWeka 包中的 SMO 函数和 e1017 包中的 SVM 函数。如果你希望研究另一个 SVM 的实现，那么 kernlab 包中的 ksvm 函数是一个可行的选择。

10.7　关键术语

- ❑ 点积。代数上，两个向量的点积是它们对应项的乘积之和。
- ❑ 基因过滤。删除显示变化很小的基因。例如，删除范围小于固定值的基因。
- ❑ 超平面。比其周围空间低一维的子空间。
- ❑ 最大间隔超平面。显示两个类别之间最大分离的超平面。
- ❑ 微阵列。附着在固体表面的微小 DNA 点的集合。
- ❑ 微阵列数据挖掘。分析从微阵列设备获取的基因表达数据的过程。
- ❑ 一对一方法。此方法仅适用于两类问题的模型。当存在两个以上的类别时，该方法为每对类别构建一个模型。
- ❑ 一对全方法。此方法仅适用于两类问题的模型。当存在两个以上的类别时，该方法为每个类别构建一个模型。

- ❑ 排列测试。一种随机化技术,用于帮助识别输入属性和输出之间的错误正相关。输出属性的值将反复地随机分配给输入实例,以便确定哪些输入属性能够显著区分由输出属性定义的类别。
- ❑ 支持向量。与最大间隔超平面相关联的边界实例。
- ❑ 阈值处理。为基因属性设置上限和下限值。不在指定范围内的属性值将被丢弃。

练习题

复习题

1. 区分以下内容:
   a. 一对一和一对全
   b. 线性和非线性支持向量机。
2. 解释 SMO 和 svm 如何处理分类数据。阅读每个函数的文档以获取帮助。
3. 阅读 SMO 的文档,描述 `na.action` 设置 `na.omit` 和 `na.fail` 之间的区别。

R 实验项目

1. 修改脚本 10.1 和脚本 10.2 中的代码以允许数据归一化。对于每个会话,使用计算得到的最大间隔超平面方程来确定点是否被正确分类。你得出什么结论?
2. 使用 Excel 打开 DNA Lung Cancer.xlsx 并阅读关于数据的描述。将 DNALungCancer.csv 加载到 RStudio 中。删除记录名称列。使用前 103 条记录创建一个训练集,使用其余记录创建一个测试集。使用 svm 和训练数据一起构建你的分类器。将你的模型应用于测试数据。对于你的结果撰写一个简短的总结。包括混淆矩阵以及模型准确性的 95% 测试集置信区间限制。
3. 重复脚本 10.4 和脚本 10.5 中给出的实验,但在实验中包括所有 59 个属性。写一份报告,其中包括一个表格,显示前 10 个模型的分类正确性。该表格还应包括每个模型使用的输入属性数量。在你的报告中,包括关于个体模型是否倾向于做出相同的不正确的测试集分类的说明。
4. 重复脚本 10.4 和脚本 10.5 中的实验,但将属性选择限制为 20 个最不相关的属性。你的第一个模型由 20 个最不相关的属性创建,你的第二个模型由 19 个属性创建,其中删除了最不相关的属性。这个过程一直持续,直到使用 20 个最不相关的属性中的最佳属性创建最终模型。对你的发现进行总结,其中包括 GainRatioAttribute 函数对于确定该数据集的属性相关性方面的有用程度的批判性分析。
5. 重复练习 3,但使用 RWeka 的 InfoGainAttributeEval 函数来评估属性。GainRatio-AttributeEval 的属性排序是否与 InfoGainAttributeEval 确定的顺序相同或相似?
6. 使用 hist 函数创建 SBRCTData 中由 GainRationAttributeEval 函数确定的三个最具预测性和三个最不具预测性基因的直方图图表。比较直方图图表。你能得出一些一般性的结论吗？

7. 在本练习中，你需要将 SMO 应用于 SensorData.csv，该文件具有代表三个类别的 2212
个实例。对于两个以上类别的问题，SMO 使用上面描述的一对一技术。这些实例包含由
专门从事航空产品的公司收集的传感器数据。

　a. 使用 Excel 打开 SensorData.xlsx 并阅读数据的描述。

　b. 将 SensorData.csv 导入 Rstudio。随机化数据。使用随机数据集中三分之二的实例创建
一个训练集。使用其余的实例创建测试数据集。使用 SMO 构建并测试一个表示上述
三个类的模型。报告你的结果。

　c. 使用你选择的属性选择技术，创建一个包含三个最相关输入属性和输出属性的新数据
集，重复你的实验。

　d. 这两个模型的准确性之间是否存在显著差异？

计算题

1. 使用代数验证式（10.8）是否满足式（10.7）中规定的条件。

2. 假设星星类包含实例 (0, 0)、(0, 3) 和 (1, 0)。另外，假设圆圈类显示实例 (4, 2)、(4, -1)、
(5, 1) 和 (4.5, 0)。

　a. 使用简单的欧几里得距离列出并验证每个类别的支持向量。

　b. 使用本章描述的方法确定最大间隔超平面。展示你用于获得结果的方程组。

　c. 使用禁用数据归一化的 SMO 或 svm 验证你的结果。

相关安装包和函数总结

与本章内容相关的安装包和函数如表 10.1 所示。

表 10.1　安装的软件包与函数

软件包名称	函数
base / stats	cat、for、library、predict、print、sort、summary、table
RWeka	SOM、GainRatioAttributeEval
e1071	svm
sqldf	sqldf

第 11 章

无监督聚类技术

本章内容包括：

❑ 用 k 均值聚类进行划分。

❑ 凝聚聚类。

❑ 概念聚类。

❑ 期望最大化。

❑ 评估。

在第 8 章，我们展示了如何使用神经网络方法进行无监督聚类。在本章中，我们将介绍几种其他无监督聚类技术。你不必详细研究每种技术来获得对聚类的整体理解。因此，本章的每一节都是独立的。

尽管这些技术通常被认为是统计技术，但只有期望最大化（EM）算法对数据的性质做出了限制性假设。

在 11.1 节中，我们说明了 k 均值聚类算法如何将实例划分为不相交的聚类。11.2 节的重点是凝聚聚类。Cobweb 增量分层聚类技术是 11.3 节的主题。在 11.4 节中，我们展示了 EM 算法如何使用经典统计技术来执行无监督聚类。11.5 节介绍使用 R 进行无监督聚类。

11.1 k 均值聚类算法

k 均值聚类（k-means）算法（Lloyd，1982）是一种用于数值数据的简单而有效的统计聚类技术。为了帮助你更好地理解无监督聚类，让我们看看 k 均值聚类算法如何将一组数据分为不相交的聚类。以下是该算法的步骤：

1. 为要确定的聚类总数 k 选择一个值。

2. 在数据集中随机选择 k 个实例（数据点），这些是初始的聚类中心。

3. 使用简单的欧几里得距离将其余实例分配到距离它们最近的聚类中心。

4. 使用每个聚类中的实例来计算每个聚类的新均值。

5. 如果新的均值与上一次迭代的均值相同，则进程终止。否则，使用新均值作为聚类中心，重复步骤 3～步骤 5。

该算法的第一步需要初步决定我们认为数据中存在多少个聚类。接下来，该算法随机选择 k 个数据点作为初始的聚类中心。然后，将每个实例放入与其最相似的聚类中。相似性可以用多种方式定义，最常使用的相似性度量是简单的欧几里得距离。

一旦所有实例都被放入适当的聚类中，通过计算每个新聚类的均值来更新聚类中心。实例分类和聚类中心计算的过程将继续进行，直到算法的一次迭代显示聚类中心没有变化，也就是直到步骤 3 中没有实例会更改聚类分配。

11.1.1　使用 k 均值聚类的示例

为了阐明这个过程，我们通过一个包含两个数值属性的部分示例来进行说明。尽管大多数真实数据集包含多个属性，但无论属性数量多少，方法都是相同的。在示例中，我们使用表 11.1 中所示的 6 个实例。为简单起见，分别将这两个属性命名为 x 和 y，并将这些实例映射到一个 x-y 坐标系上。映射如图 11.1 所示。

表 11.1　k 均值聚类的输入值

实例	X	Y
1	1.0	1.5
2	1.0	4.5
3	2.0	1.5
4	2.0	3.5
5	3.0	2.5
6	5.0	6.0

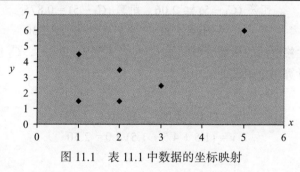

图 11.1　表 11.1 中数据的坐标映射

作为第一步，我们必须选择 k 的值。假设我们怀疑存在两个不同的聚类。因此，我们将 k 的值设置为 2。该算法随机选择两个点来代表初始的聚类中心。算法选择实例 1 作为第一个聚类中心，实例 3 作为第二个聚类中心。下一步是对其余实例进行分类。

回想一下，计算点 $A(x_1, y_1)$ 和点 $B(x_2, y_2)$ 之间的欧几里得距离的公式：

$$距离(A-B)=\sqrt{(x_1-x_2)^2+(y_1-y_2)^2}$$

当 $C_1 = (1.0, 1.5)$、$C_2 = (2.0, 1.5)$ 时，算法的第一次迭代的计算如下，其中 $C_i - j$ 是从点 C_i 到表 11.1 中实例 j 所表示的点的欧几里得距离。

$$距离\ (C_1 - 1) = 0.00 \quad 距离\ (C_2 - 1) = 1.00$$
$$距离\ (C_1 - 2) = 3.00 \quad 距离\ (C_2 - 2) \cong 3.16$$

$$距离 (C_1 - 3) = 1.00 \quad 距离 (C_2 - 3) = 0.00$$
$$距离 (C_1 - 4) \cong 2.24 \quad 距离 (C_2 - 4) = 2.00$$
$$距离 (C_1 - 5) \cong 2.24 \quad 距离 (C_2 - 5) \cong 1.41$$
$$距离 (C_1 - 6) \cong 6.02 \quad 距离 (C_2 - 6) \cong 5.41$$

在算法的第一次迭代之后，我们得到了 C_1 包含实例 1 和 2，C_2 包含实例 3、4、5 和 6 的聚类分配。

下一步是重新计算每个聚类的中心。

对于聚类 C_1：

$$x = (1.0 + 1.0)/2 = 1.0$$
$$y = (1.5 + 4.5)/2 = 3.0$$

对于聚类 C_2：

$$x = (2.0 + 2.0 + 3.0 + 5.0)/4.0 = 3.0$$
$$y = (1.5 + 3.5 + 2.5 + 6.0)/4.0 = 3.375$$

因此，新的聚类中心是 $C_1 = (1.0, 3.0)$ 和 $C_2 = (3.0, 3.375)$。由于聚类中心已经发生变化，算法必须执行第二次迭代。

第二次迭代的计算结果如下：

$$距离 (C_1 - 1) = 1.50 \quad 距离 (C_2 - 1) \cong 2.74$$
$$距离 (C_1 - 2) = 1.50 \quad 距离 (C_2 - 2) \cong 2.29$$
$$距离 (C_1 - 3) \cong 1.80 \quad 距离 (C_2 - 3) = 2.125$$
$$距离 (C_1 - 4) \cong 1.12 \quad 距离 (C_2 - 4) \cong 1.01$$
$$距离 (C_1 - 5) \cong 2.06 \quad 距离 (C_2 - 5) = 0.875$$
$$距离 (C_1 - 6) = 5.00 \quad 距离 (C_2 - 6) \cong 3.30$$

第二次迭代产生修改后的聚类分配，即 C_1 包含实例 1、2 和 3，C_2 包含实例 4、5 和 6。接下来，我们计算每个聚类的新中心。

对于聚类 C_1：

$$x = (1.0 + 1.0 + 2.0)/3.0 \cong 1.33$$
$$y = (1.5 + 4.5 + 1.5)/3.0 = 2.50$$

对于聚类 C_2：

$$x = (2.0 + 3.0 + 5.0)/3.0 \cong 3.33$$
$$y = (3.5 + 2.5 + 6.0)/3.0 = 4.00$$

这次迭代也显示了聚类中心的变化。因此，该过程继续第三次迭代，其中 $C_1 = (1.33, 2.50)$、$C_2 = (3.33, 4.00)$。我们将第三次迭代的计算留给读者作为练习。

这些计算除了展示算法的工作原理外，几乎没有其他意义。事实上，对于初始聚类中心的每种备选方案，可能会看到不同的最终聚类分配。不幸的是，这是 k 均值聚类算法普遍存在的一个问题。也就是说，尽管该算法保证将实例聚类到稳定状态，但不能保证稳定状态是最优的。

k 均值聚类算法的最优聚类通常被定义为，实现实例和它们相应聚类中心之间误差平方的总和最小的聚类。对于给定的 k 值，找到全局最优的聚类几乎是不可能的，因为我们必须使用初始聚类中心的替代选择来重复该算法。即使对于几百个数据实例，多次运行 k 均值聚类算法也是不切实际的。相反，通常的做法是选择一个终止条件，例如最大可接受的误差平方值，并执行 k 均值聚类算法，直到获得满足终止条件的结果。

表 11.2 显示了对表 11.1 中的数据重复应用 k 均值聚类算法产生的三种聚类。图 11.2 显示了最频繁出现的聚类。这种聚类如表 11.2 中的结果 2 所示。请注意，根据最小平方误差值确定的最佳聚类是结果 3，其中坐标为（5, 6）的单个实例形成自己的聚类，其余实例形成第二个聚类。

表 11.2　k 均值聚类算法（$k = 2$）的几个应用

结果	聚类中心	聚类中的点	误差平方
1	(2.67, 4.67) (2.00, 1.83)	2、4、6 1、3、5	14.5
2	(1.5, 1.5) (2.75, 4.125)	1、3 2、4、5、6	15.94
3	(1.8, 2.7) (5, 6)	1、2、3、4、5 6	9.60

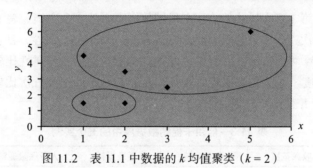

图 11.2　表 11.1 中数据的 k 均值聚类（$k = 2$）

11.1.2　一般考虑事项

k 均值聚类方法易于理解和实现。然而，有一些问题需要考虑：

❑ 该算法仅适用于实数值数据。如果数据集中有一个分类属性，我们必须舍弃该属性，或者将属性值转换为等价的数值。一种常见的方法是为每个分类属性值创建一个数值属性。

❑ 我们需要为要形成的聚类数量选择一个值。如果我们做了一个糟糕的选择，这显然是一个问题。解决这个问题的一种方法是使用不同的 k 值多次运行算法。这样，我们更有可能"感觉"到数据中可能存在多少个聚类。

❑ 当数据中存在的聚类大小大致相等时，k 均值聚类算法效果最佳。如果最佳解由不相等大小的聚类表示，则 k 均值聚类算法不太可能找到最佳解。

❑ 没有办法判断哪些属性在确定形成的聚类方面具有重要意义。因此，一些不相关的属性可能会导致不太理想的结果。

❑ 缺乏对已形成聚类的性质的解释，这使我们需要承担很大一部分解释工作。然而，我们可以使用监督机器学习工具来深入了解无监督聚类算法形成的聚类的性质。

尽管存在这些限制，k 均值聚类算法仍然是一种很受欢迎的统计技术。

11.2　凝聚聚类

凝聚聚类是一种很受欢迎的无监督聚类技术。k 均值聚类算法要求用户指定要形成的聚类的数量，而凝聚聚类从假设每个数据实例代表自己的聚类开始。该算法的步骤如下：

1. 首先，将每个数据实例放入一个单独的分区中。
2. 直到所有实例都属于一个单一的聚类：
   （1）确定两个最相似的聚类（距离最小）。
   （2）将（1）中选择的两个聚类合并为一个单一的聚类。
3. 选择由步骤 2 中的迭代之一形成的聚类作为最终结果。

让我们看看凝聚聚类如何应用于信用卡促销数据库！

11.2.1　凝聚聚类：一个示例

表 11.3 显示了第 1 章中描述的信用卡促销数据库中的 5 个实例。表 11.4 提供了在算法步骤 2（1）的第一次迭代中计算的实例相似性分数。对于分类属性，计算实例之间的相似性分数时，首先计算两个实例之间属性值匹配的总数，然后，将属性比较的总数除以这个总数，得到相似性度量。例如，比较 I_1 与 I_3，我们有四个匹配和五次比较，这为我们提供了在表 11.4 的 I_3 行 I_1 列中所看到的值 0.80。

表 11.3　信用卡促销数据库中的五个实例

实例	收入范围	杂志促销	手表促销	人寿保险促销	性别
I_1	40～50k	是	否	否	男
I_2	25～35k	是	是	否	女
I_3	40～50k	否	否	否	男
I_4	25～35k	是	是	是	男
I_5	50～60k	是	否	是	女

表 11.4　凝聚聚类：第一次迭代

	I_1	I_2	I_3	I_4	I_5
I_1	1.00				
I_2	0.20	1.00			
I_3	0.80	0.00	1.00		
I_4	0.40	0.80	0.20	1.00	
I_5	0.40	0.60	0.20	0.40	1.00

步骤 2（2）需要合并在第一次迭代中形成的两个最相似的聚类。由于表组合 I_3 行 I_1 列和 I_4 行 I_2 列分别显示最高的相似性分数，因此我们可以选择将 I_1 与 I_3 或 I_2 与 I_4 合并。我们选择合并 I_1 与 I_3。因此，在步骤 2（2）的第一次迭代之后，我们有三个单实例聚类（I_2,

I_4，I_5）和一个包含两个实例（I_1 和 I_3）的聚类。

值得注意的是，我们还可以将该表表示为一个相异矩阵，在这种情况下，属性匹配不计入相异分数。如果我们选择相异，我们将合并具有最低表分数的实例或聚类。

接下来，我们需要一种方法来计算聚类与聚类之间的相似性分数。存在几种可能性。在我们的示例中，我们使用单个表计算中涉及的所有实例的平均相似性。也就是说，为了计算包含 I_1 和 I_3 的聚类与具有 I_4 的聚类合并的分数，我们将逐一比较这两个聚类中所有实例的属性值（共 15 次比较操作），将两个聚类中匹配的属性值个数（7）除以总的比较次数（15）得到相似性分数为 0.47。这个相似性分数在表 11.5 的 I_1I_3 列中的 I_4 行中可以看到。请注意，该表给出了算法的第二次迭代的所有相似性分数。

表 11.5　聚集聚类：第二次迭代

	I_1I_3	I_2	I_4	I_5
I_1I_3	0.80			
I_2	0.33	1.00		
I_4	0.47	0.80	1.00	
I_5	0.47	0.60	0.40	1.00

在前面的操作中，我们可以选择将 I_1 与 I_3 合并，或者将 I_2 与 I_4 合并。当出现像这样的任意选择时，不同的选择可能导致不同的聚类。因此，明智的做法是运行多个聚类迭代，然后使用下面概述的一种方法来选择最佳聚类。

表 11.5 告诉我们，算法的下一次迭代将合并 I_4 与 I_2。因此，在步骤 2 的第三次迭代之后，我们有三个聚类：第一个包含 I_4 和 I_2，第二个包含 I_1 和 I_3，最后一个只有 I_5。各个聚类的合并将继续进行，直到所有实例都属于一个聚类。

最后一步是最困难的，它需要选择最终的聚类。可以应用几种统计和启发式方法。以下是在大多数情况下效果良好的 3 种简单启发式技术。具体来说，

1. 调用用于形成聚类的相似性度量，并将各个聚类内的平均相似性与数据集中所有实例的总体相似性进行比较。总体或域相似性就是在算法的最后一次迭代中看到的分数。一般来说，如果各个聚类相似性分数的平均值高于域相似性，那么我们就有证据表明该聚类是有用的。由于该算法的几个聚类结果在一定程度上满足需求或分析目标，因此这种技术最适用于消除聚类，而不是选择最终结果。

2. 作为第二种方法，我们将比较每个聚类内的相似性与不同聚类之间的相似性。例如，给定三个聚类 A、B 和 C，我们通过计算三个分数来分析聚类 A。一个分数是聚类 A 中实例的内部相似性。第二个分数是通过计算聚类 A 的所有实例与聚类 B 的实例结合时的相似性分数得到的。第三个分数是通过将聚类 C 的实例与聚类 A 的实例结合而获得的相似性值。我们希望看到聚类内相似性计算的最高分数。与第一种技术一样，该算法的几个聚类可能都具有所期望的质量。因此，该技术也最适合用于消除聚类，而不是选择最终结果。

3. 与前述技术结合使用的一个有用的度量方法是，检查每个保存的聚类生成的规则集。例如，假设最初执行了算法的 10 次迭代。接下来，通过使用前述技术中的一种方法消除了 10 个聚类中的 5 个。为了应用当前的方法，我们将每个聚类呈现给一个规则

生成器，并检查从各个聚类中创建的规则。基于精确度和覆盖率，选择显示最佳规则集的聚类作为最终结果。

如果可以对数据做出某些假设，也可以应用统计分析来帮助确定哪个聚类提供了最佳结果。用于选择最佳划分的一种常见统计检验是贝叶斯信息准则，也被称为 BIC。BIC 要求聚类呈正态分布。假设最初其中任何一个模型没有优势或被偏好（Dasgupta 和 Raftery，1998），BIC 提供了一个模型相对于另一个模型的胜算。

11.2.2 一般考虑事项

凝聚聚类通过迭代地合并成对的聚类来创建聚类层次结构。尽管我们在这里讨论有限，但存在多种计算聚类相似性分数和合并聚类的过程。当数据是实数值时，定义实例相似性的度量方法可能是一个挑战。一种常见的方法是使用简单的欧几里得距离。

凝聚聚类的广泛应用是它作为其他聚类技术的前奏。例如，k 均值聚类算法的第一次迭代需要选择初始聚类的均值。在通常情况下，选择是以随机或任意的方式进行的。然而，初始选择会对最终聚类的质量产生显著影响。因此，为了增加获得最佳最终聚类的机会，我们首先应用凝聚聚类，创建与 k 均值聚类算法相同的的聚类数量的初始聚类结构。接下来，计算由凝聚技术产生的聚类均值，并将均值分数用作第一个 k 均值聚类的初始中心点（Mukherjee 等，1998）。

11.3 概念聚类

概念聚类是一种无监督的聚类技术，它采用增量学习来形成概念的层次结构。概念层次结构采用树形结构的形式，其中根节点代表概念概括的最高层级。因此，根节点包含了所有领域实例的摘要信息。特别令人感兴趣的是树的基本级节点。在概念树的第一层或第二层，一个适当的聚类质量度量形成了这些基本级节点。以下是标准的概念聚类算法。

> 1. 创建一个聚类，第一个实例作为唯一成员。
> 2. 对于每个剩余的实例，在树的每个级别上执行下述两个操作之一。
> （1）将新实例放入现有聚类中。
> （2）创建一个新的概念聚类，其中所呈现的实例作为唯一成员。

该算法清晰地展示了聚类过程的增量性质。也就是说，每个实例以顺序的方式呈现给现有的概念层次结构。接下来，在层次结构的每个级别上，使用一个评估函数来决定是将实例包括在现有聚类中，还是创建一个新的聚类，其中该实例是新聚类的唯一成员。在下一节中，我们将描述一个著名的基于概率的概念聚类系统所使用的评估函数。

11.3.1 测量类别效用

Cobweb（Fisher，1987）是一种概念聚类模型，它将知识存储在概念层次结构中。Cobweb 接受属性 - 值格式的实例，其中属性值必须是分类的。Cobweb 的评估函数已被证明能够在人类分类层次结构中确定那些心理上被认为是首选或基本级别的概念层次。该评估函数是一种称为类别效用的度量的泛化。类别效用函数度量了如果将特定对象放入给定类别中，该对象的正确属性 – 值预测的"预期数量"的增益。

类别效用的公式包括三个概率。其中一个度量是在属于类别 C_k 的情况下，属性 A_i 具有值 V_{ij} 的条件概率，表示为 $P(A_i = V_{ij} \mid C_k)$。这是属性 – 值的属性值预测概率的正式定义。如果 $P(A_i = V_{ij} \mid C_k)$ 的值等于 1，我们可以确定类别 C_k 的每个实例都将 V_{ij} 作为属性 A_i 的值。属性 A_i 具有值 V_{ij} 被称为定义类别 C_k 的必要条件。第二个概率 $P(C_k \mid A_i = V_{ij})$ 是在属性 A_i 具有值 V_{ij} 的情况下，实例属于类别 C_k 的条件概率。这是属性预测概率的定义。如果 $P(C_k \mid A_i = V_{ij})$ 的值等于 1，我们知道如果 A_i 的值为 V_{ij}，那么包含这个属性 – 值对的类别一定是 C_k。属性 A_i 具有值 V_{ij} 被称为定义类别 C_k 的充分条件。根据这些定义，我们看到属性 – 值的属性值预测概率是一个类内度量，而属性 – 值的属性预测概率是一个类间的度量。

这 3 个概率度量被组合，并对 i、j 和 k 的所有值求和，以描述划分质量的启发式度量。具体来说，

$$\sum_K \sum_i \sum_j P(A_i = V_{ij})P(C_k \mid A_i = V_{ij})P(A_i = V_{ij} \mid C_k) \tag{11.1}$$

概率 $P(A_i = V_{ij})$ 允许频繁出现的属性值在衡量划分质量时发挥更重要的作用。使用划分质量的表达式，类别效用的定义如下所示：

$$\frac{\sum_{k=1}^{K} P(C_k) \sum_i \sum_j P(A_i = V_{ij} \mid C_k)^2 - \sum_i \sum_j P(A_i = V_{ij})^2}{K} \tag{11.2}$$

第一个分子项是先前描述的划分质量表达式，通过应用贝叶斯规则以另一种形式陈述。第二项表示在没有任何类别知识的情况下，正确猜测属性值的概率。除以 k（总类别数）允许 Cobweb 考虑已形成的聚类的总数的变化。

11.3.2　概念聚类：一个示例

为了说明 Cobweb 用于构建概念层次结构的过程，请考虑图 11.3 所示的层次结构，该层次结构是由 Cobweb 用表 11.6 中的实例创建的。假设我们有一个新实例需要放入层次结构中，该实例在根节点 N 处进入层次结构，并且更新 N 的统计信息以反映新实例的添加。当实例进入层次结构的第二级时，Cobweb 的评估函数从 4 个操作中选择一个。如果新实例与 N_1、N_2 或 N_4 中的一个足够相似，则实例被合并到首选节点中，并通过选择的路径进入层次结构的第二级。作为第二选择，评估函数可以确定新实例足够独特，是否值得创建一个新的第一级概念节点。在这种情况下，该实例将成为第一级概念节点，分类过程终止。

表 11.6　用于概念聚类的数据

	尾部	颜色	核
I_1	1	亮色	1
I_2	2	亮色	2
I_3	2	暗色	2
I_4	1	暗色	3
I_5	1	亮色	2
I_6	1	亮色	2
I_7	1	亮色	3

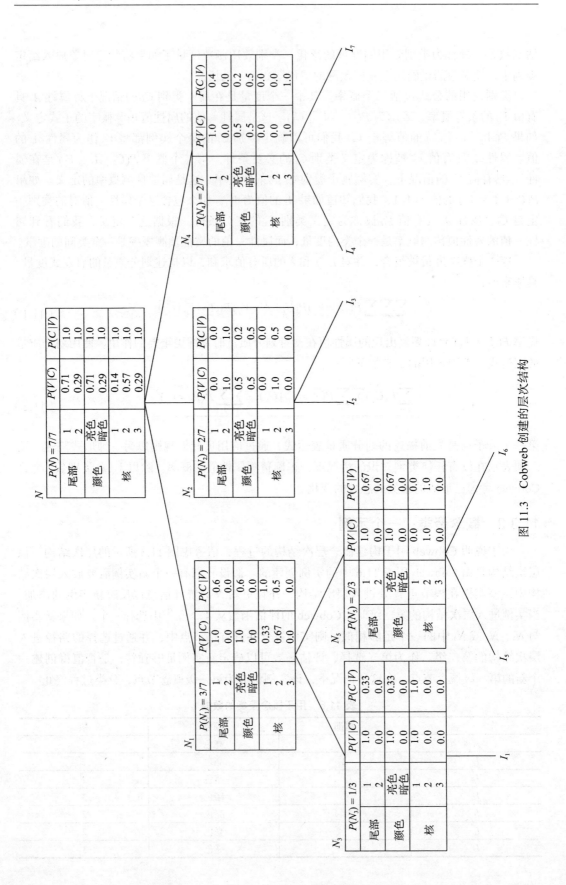

图 11.3 Cobweb 创建的层次结构

Cobweb 允许另外两种选择。在一种情况下，系统考虑将得分最高的两个节点合并成一个单一节点。最后一种可能实际上是从层次结构中删除得分最高的节点。最后两种选择是为了帮助修改非最优层次结构，这些层次结构可能是由倾斜的实例表示引起的，即连续呈现了几个高度相似的实例。如果选择了其中任何一个，则处理合并或删除操作，并且新实例将再次被呈现给经过修改的层次结构以进行分类。该过程在概念树的每个级别上都会继续，直到新实例成为一个终端节点。

最后要注意的是，所有属性值预测和属性预测的分数都是相对于父节点计算的。例如，N_5 中核 = 2 的属性值预测分数为 1.0，这反映了这样一个事实，即所有并入 N_1 并具有核 = 2 的实例都遵循了从 N_1 到 N_5 的路径。

11.3.3　一般考虑事项

尽管我们的讨论仅限于 Cobweb，但其他几个概念聚类系统已经开发出来。Classit（Gennari 等，1989）是一种概念聚类系统，它使用 Cobweb 基本算法的扩展来构建概念层次结构并对实例进行分类。这两个模型非常相似，唯一的区别是 Classit 的评估函数是对于实值属性的 Cobweb 类别效用的等效转换。因此，每个概念节点存储属性均值和标准差，而不是属性 - 值概率。

与 Cobweb 类似，Classit 同样具有吸引力，因为它的评估函数已被证明能够始终确定人类分类层次结构中的心理首选级别。此外，Cobweb 和 Classit 都能很好地解释它们的行为，因为每个树节点都包含某种抽象级别上的完整概念描述。

概念聚类系统也存在一些不足。概念聚类系统的一个主要问题是实例的排序会对聚类结果产生显著影响。实例的非代表性排序可能导致不太理想的聚类结果。类似 Cobweb 和 Classit 等的聚类系统使用特殊操作来合并和拆分聚类，试图克服这个问题。然而，这些技术的结果并不是在所有情况下都是成功的。

11.4　期望最大化

期望最大化（EM）算法（Dempster 等，1977）是一种利用有限的高斯混合模型的统计技术。混合是 n 个概率分布的集合，其中每个分布代表一个聚类。混合模型为每个单独的数据实例分配一个概率（而不是一个特定的聚类），表示它具有某个指定聚类的一组属性值的概率。混合模型假设所有属性都是独立的随机变量。

EM 算法与 k 均值聚类过程类似，都会重新计算一组参数，直到达到所期望的收敛值。在最简单的情况下（$n = 2$），假设概率分布是正态分布，数据实例由单个实值属性组成。尽管该算法可以应用于具有任意数量实值属性的数据集，但我们在这里的讨论仅限于这种最简单的情况，并在下一节提供一个一般性示例。使用两类别、一个属性的场景，该算法的任务是确定 5 个参数的值。具体来说，

❏ 聚类 1 的均值和标准差。

❏ 聚类 2 的均值和标准差。

❏ 聚类 1 的采样概率 P（聚类 1 中的实例数除以域实例的总数）。因此，聚类 2 的概率

为 $(1 - P)$。EM 使用的一般过程如下：

1. 猜测上述 5 个参数的初始值。
2. 直到达到指定的终止条件为止：
   a. 使用正态分布的概率密度函数（式（5.16））来计算每个实例的聚类概率。在两个聚类的情况下，有两个概率分布公式，每个公式都具有不同的均值和标准差值。
   b. 使用步骤 2(a) 中分配给每个实例的概率分数来重新估计 5 个参数。

当测量聚类质量的公式不再显示显著增加时，该算法终止。聚类质量的一种度量是数据来自由聚类确定的数据集的可能性。可能性计算很简单。对于每个数据实例，首先对该实例属于两个聚类中的每一个的条件概率进行求和。这样，每个实例都有一个相关联的概率分数得分。接下来，将求和的概率分数相乘，计算似然值。较高的似然分数代表了更优的聚类。EM 具有坚实的统计基础，以它及与 k 均值聚类算法的相似性，使其成为最常被引用的聚类算法之一。

EM 保证会收敛到最大似然分数。但是，最大值可能不是全局最优的。因此，可能需要多次应用该算法才能获得最佳结果。由于算法选择的初始均值和标准差分数会影响最终结果，因此通常会先应用替代技术（如凝聚聚类）然后，EM 使用由初始技术确定的聚类的均值和标准差值作为初始参数设置。

EM 存在解释结果不足的问题，因此，我们建议的方法是使用监督模型来分析无监督聚类的结果。下一节提供了使用 k 均值聚类划分聚类和分层凝聚聚类的聚类实验。

11.5　使用 R 进行无监督聚类

监督学习和无监督聚类相互补充，因为每种方法都可以用于评估相反的策略。使用监督学习来评估无监督聚类特别有吸引力，因为该过程与用于对数据进行聚类的算法无关。

11.5.1　用于聚类评估的监督学习

在我们的第一个示例中，我们使用监督学习来帮助解释通过将 k 均值聚类算法应用于第 5 章描述的伽马射线暴数据子集所获得的聚类的含义。回想一下，这些数据已经进行了对数归一化预处理。以下是该过程：

1. 将数据呈现给聚类算法。
2. 将每个形成的聚类指定为一个类别。
3. 选择一个具有解释能力的监督学习算法来建立类别的模型。
4. 使用第（3）步中创建的模型来帮助解释和分析形成的聚类。

脚本 11.1 显示了该实验的步骤以及编辑后的输出。为了简化解释，除了 t50 和 hr32 之外的所有数据都从原始数据中删除了。

脚本 11.1　解释伽马射线暴数据聚类的决策树

```
> # Create a dataset with T50 and HR32
> T50Hr32.data<- Grb4u[, c(4,6)]
```

```
> #head(T50Hr32.data)
> set.seed(1000)

> # Cluster the data
> grb.km <- kmeans(T50Hr32.data,centers = 3)

> grb.km$size

   433 453 293

> # show centers
> round(grb.km$centers,3)

    hr32    t50
1  0.405   0.551
2  0.423   1.414
3  0.735  -0.839

> # Plot the individual clusters
> plot(T50Hr32.data[grb.km$cluster==1,],col="red",ylim=c(-3,3))
> points(T50Hr32.data[grb.km$cluster==2,],col="blue")
> points(T50Hr32.data[grb.km$cluster==3,],col="green")

> class <- as.factor(grb.km$cluster)
> T50Hr32.data2<- cbind(class,T50Hr32.data)
> library(rpart)
> rpart.model <- rpart(class ~ ., data = T50Hr32.data2,
+ method ='class', control=rpart.control(minsplit = 2), model=TRUE)
> # Plot the tree
> library(rpart.plot)
> rpart.plot(rpart.model
```

该脚本告诉我们，经过预处理的数据被呈现给 kmeans 函数，其中 kmeans 函数带有形成三个聚类的指令。组件 grb.km$size 显示了每个聚类中实例的数量，grb.km$centers 给出了各个聚类的中心，以及 grb.km$cluster 提供了与每个实例相关联的各个聚类编号的列表。

脚本中未显示的另外三个组件提供了计算经常引用的聚类质量度量的方法，该度量是通过将总平方和（grb.km$totss）除以内部平方和（grb.km$withins）得出的，其中 betweenss = totalss - withins。这个值越接近 1.0，我们就越有信心认为聚类以有意义的方式区分数据。计算这个值得出的结果是 0.81。这个值支持了这样一个假设，即聚类以有意义的方式捕捉了数据的结构。你可以通过输入 grb.km 来获取聚类中所有可用的组件列表。

在检查了聚类的大小和中心之后，我们发现了三个定义明确的聚类。第 1 个聚类代表软短射线爆发，第 2 个聚类代表软长射线爆发，第 3 个聚类包含非常坚硬的短射线爆发。图 11.4 以图形方式呈现了每个聚类。points 函数允许我们逐个将这些聚类添加到图中。要让这三个聚类都出现在图中，需要设置 ylim。我们看到有几个实例可能是离群点。

接下来，将聚类编号的列表转换为因子变量类，然后将其与原始数据绑定。最后，rpart 使用这些聚类创建了图 11.5 中显示的决策树。

决策树告诉我们，该聚类构建了长射线爆发（t50≥0.99）的一个单一区分。其余 62%

的实例再次通过 T50 进行划分。爆发的硬度在树的构建中不起作用。然而，聚类 2 和聚类 3 之间的硬度存在明显的差异，其中聚类 3 代表最短和最坚硬的爆发。

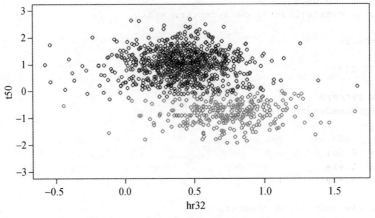

图 11.4　伽马射线爆数据的 k 均值聚类

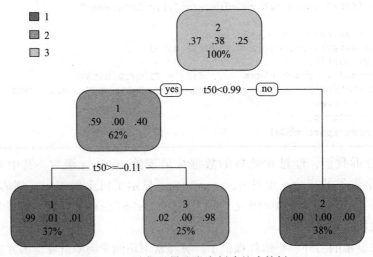

图 11.5　从伽马暴聚类中创建的决策树

11.5.2　用于属性评估的无监督聚类

在第 8 章中，我们将无监督神经网络聚类应用于 768 个实例数据集，其中 268 个个体实例代表糖尿病检测呈阳性的女性。我们的目标是评估这些输入属性对于监督学习的相关性。我们最初的结论是，这些输入属性不能清晰地代表输出属性。在这里，我们通过应用 k 均值聚类算法来帮助验证或反驳我们之前的结论，从而重新审视这个数据集。

脚本 11.2 给出了这些步骤和编辑后的输出。有几个值得关注的地方。首先你会注意到输出属性从数据中移除，然后对数据进行了归一化。将聚类映射到类别的模型准确率（67.45%）与在相同数据上使用 Kohonen 聚类的结果（见第 8 章，8.7 节）保持一致。调用 aggregate 函数按照实例对应的聚类号对实例进行分组，然后在聚合数据上应用均值。未编辑的脚本还将 sd 应用于聚合值。

脚本 11.2　糖尿病数据聚类

```
> # Scale the data and set the seed.
> dia.data <- scale(Diabetes[,-9])
> set.seed(100)

> # Perform the K-Means clustering
> dia.km <- kmeans(dia.data,centers = 2)

> # Construct the confusion matrix
cluster.as.char <- ifelse(dia.km$cluster==2,
+ "tested_positive","tested_negative")
> con <-table(Diabetes$Diabetes,cluster.as.char)
> con
```

	1	2
	cluster.as.char	
	tested_negative	tested_positive
"tested_negative"	374	126
"tested_positive"	124	144

```
> confusionP(con)
  Correct= 518
Incorrect= 250
Accuracy = 67.45 %

> # Convert means to pre-scaled values
> round(aggregate(Diabetes[-9],by =list(dia.km$cluster),FUN =
mean),2)
```

Group.1	Pregnancies	PG.Concent	D.BP	Tri.F	Ser.In	BMI	DP.F	Age
1	2.08	113.70	64.81	21.87	83.67	31.51	0.47	26.48
2	7.09	134.16	77.03	18.07	72.66	32.89	0.47	45.72

```
> # Total sum of squares
> round(dia.km$totss,2)
  6136

> # total within sum of squares
> round(dia.km$tot.withinss,2)
  5122.13

> # betweenss = totalss - totalwithinss
> round(dia.km$betweenss,2)
  1013.87

> # betweenss / totalss
> round(dia.km$betweenss / dia.km$totss,2)
  0.17
```

最重要的是 betweenss/totalss 的值。四舍五入的值 0.17 强烈表明聚类没有反映出属性中可测量的结构。这支持了我们之前的观点，即输入属性集不能区分这两个类别。

尽管这种属性评估方法很简单，但根据聚类技术的不同，可能需要多次迭代才能进行评估。例如，通过应用 k 均值聚类形成的聚类受到初始选取的聚类均值的影响很大。在单次迭代中，算法可能会经历不太理想的收敛。对于非最优收敛，单个聚类可能包含来自多个类别的混合实例。这反过来会给我们一个关于监督学习的领域效力的错误印象。

由于无监督评估仅基于训练数据，因此优质的聚类不能保证在测试集实例上具有可接受的性能。因此，该技术是其他评估方法的补充，最有价值的是用于识别监督模型失败的理由。一般规则是，我们看到这种方法的值与训练数据中包含的预定义类别的总数之间存在反比关系。

11.5.3 凝聚聚类：一个简单的示例

脚本 11.3 显示了对表 11.1 中的数据应用凝聚聚类的步骤和编辑后的输出。dist 函数创建了 hclust 对数据进行聚类时所需的相异矩阵。脚本中显示的矩阵包含 15 个值，其中每个值是一对数据点之间的欧几里得距离。对 hclust 的调用显示，我们正在使用完全链接方法来定义两个聚类之间的距离。该方法将两个聚类之间的距离定义为，一个聚类中的一个点与第二个聚类中的一个点之间的最大距离。其他常见的选项包括平均联接和单链接。平均链接计算一个聚类中每个点与第二个聚类中每个点之间的平均距离。单链接将距离定义为一个聚类中的一个点与第二个聚类中的一个点之间的最短距离。在脚本 11.5 中我们使用了一种可以对具有分类和混合数据类型的数据集进行聚类的技术。

脚本 11.3　表 11.1 中数据的凝聚聚类

```
> x1 <- c(1,1,2,2,3,5)
> x2 <- c(1.5,4.5,1.5,3.5,2.5,6)
> table11.1.data <- data.frame(x1,x2)

> # Compute and print the dissimilarity matrix.
> ds<-dist(table11.1.data, method='euclidean')

> round(ds,3)

      1       2       3       4       5
2 3.000
3 1.000 3.162
4 2.236 1.414 2.000
5 2.236 2.828 1.414 1.414
6 6.021 4.272 5.408 3.905 4.031

> # Cluster and plot the data.
> my.agg<- hclust(ds,method='complete')
> plot(my.agg)
```

图 11.6 显示了用于聚类的树状图（树结构）。从底部结构开始，我们首先将每个点视为自己的聚类。接下来，点 1 和点 3 合并成一个单一的聚类，点 2 和点 4 组合成另一个聚类。然后，第 5 个数据点添加到聚类 1-3 中。在此之后，聚类 1-3-5 与聚类 2-4 合并。最后，添加数据点 6 并形成单个顶级聚类。你会注意到，在最终合并之前隔离第 6 个数据点对应于表 11.2 中描述的 k 均值聚类的第三个结果。

11.5.4 伽马射线暴数据的凝聚聚类

大多数聚类技术要求用户对数据中的正确聚类数量做出初始决策。在这个例子中，我们使用伽马射线暴数据集来说明一个选择聚类数量的自动化方法。脚本 11.4 显示了整个过程以及编辑后的输出。首先，首要任务是安装 NbClust 包。其次，在查看脚本 11.4 之前，我们检查属性之间的相关性。具体来说，

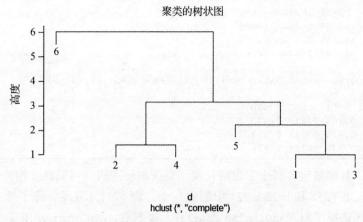

图 11.6   表 11.1 中数据的凝聚聚类

```
> x<- Grb4u[-1]
> round(cor(x),3)

        p256     fl   hr32  hr321    t50    t90
p256   1.000  0.602  0.170  0.181  0.013  0.073
fl     0.602  1.000 -0.030 -0.042  0.643  0.683
hr32   0.170 -0.030  1.000  0.959 -0.387 -0.391
hr321  0.181 -0.042  0.959  1.000 -0.407 -0.411
t50    0.013  0.643 -0.387 -0.407  1.000  0.975
t90    0.073  0.683 -0.391 -0.411  0.975  1.000
```

脚本 11.4   伽马射线暴数据的凝聚聚类

```
> # Preprocess the data & determine the maximal no. of clusters.
> library(NbClust)
> grb.data <- Grb4u[,c(-1,-2,-5,-6)]
> numC <- NbClust(grb.data,min.nc=2,max.nc=5,method='average')
                 ***** Conclusion *****
* According to the majority rule, the best number of clusters is 3

> table(numC$Best.n[1,])
 0  2  3  4  5
 2  4 17  1  1

> barplot(table(numC$Best.n[1,]),xlab="No. of
Clusters",ylab="Frequency")

> d<-dist(grb.data, method='euclidean')
> my.agg<- hclust(d,method='complete')

> plot(my.agg)

> clusters <-cutree(my.agg,numC)
> table(clusters)

  clusters
  1   2   3

 622 230 327
> round(aggregate(grb.data, by=list(cluster=clusters),mean),3)
```

```
cluster     fl   hr32    t90
      1 -5.589  0.352   1.354
      2 -4.552  0.552   1.767
      3 -6.367  0.724  -0.366

> round(aggregate(grb.data, by=list(cluster=clusters),sd),3)

cluster     fl   hr32    t90
      1  0.404  0.239  0.470
      2  0.419  0.143  0.363
      3  0.578  0.316  0.490
```

回想一下，数据集包含每个突发的长度、亮度和硬度的一对属性。相关表告诉我们要从每对 t50-t90、fl-P256 和 hr32-hr321 中删除一个。脚本 11.4 显示，除了唯一的突发编号列之外，我们还选择了删除 t50、p256 和 hr321。接下来，NbClust 使用基于 26 个标准的多数规则方法来确定最佳的聚类数量。图 11.7 中的条形图总结了对 NbClust 的调用结果，告诉我们三个聚类代表了最终解决方案的最佳选择。你可以通过在控制台中输入 numC，来查看 NbClust 使用的所有 26 个标准。虽然我们在这里首次使用 NbClust，但它独立于聚类算法。

聚类产生的树状图如图 11.8 中所示。cutree 函数按照指定的方式将树状图切割成三个聚类，并输出每个聚类中的实例数量。最后，aggregate 函数显示聚类内的平均值和标准差值。属性均值可以让我们更好地理解聚类，前提是它们已经标准化。一种属性相关性的简单启发式测量方法是，将属性平均值之间差的绝对值除以该属性的全局标准差。具有较低相关性值（通常小于 0.25）的数值属性可能在区分一个聚类和另一个聚类时没有太大的价值。

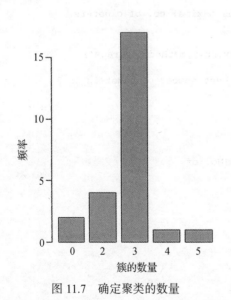

图 11.7　确定聚类的数量

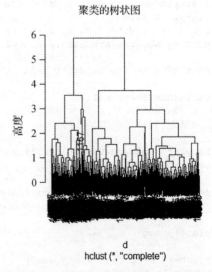

图 11.8　伽马射线暴数据的凝聚聚类

为了说明这种方法，我们可以在 sapply 的帮助下轻松获得全局标准差。在我们的示例中我们有，

```
> sapply(grb.data,sd)

fl          hr32         t90
0.7684309 0.2964524 0.9515629
```

有了上面的 sd 值，让我们比较一下聚类 1 和聚类 2 之间的 t90 的平均值：

```
> abs(1.354 - 1.767)/.9515629
[1] 0.4340228
```

聚类 1 和聚类 3 之间的 t90 的相同计算给出了：

```
> abs(-0.366 - 1.767)/.9515629
[1] 2.241575
```

对于 fl、聚类 1 以及聚类 2，我们得到：

```
> abs(-5.589- -4.552)/0.7684309
[1] 1.349503
```

这些计算表明，聚类 1 和聚类 3 是由 t90 区分开的，而聚类 1 和聚类 2 在平均爆发亮度方面显示出有意义的差异。总的来说，均值和标准差描述了一个更长、更亮、更柔和的爆发的聚类，第二组是一个更长、更黯淡、更柔和的爆发聚类，以及第三组是更短、更硬的爆发的聚类。本章末的一些练习会要求你继续探索伽马射线暴数据的内在结构。

11.5.5　心脏病患者数据的凝聚聚类

脚本 11.5 说明了如何将凝聚聚类应用于具有分类或混合数据类型的数据集。为了完成这个任务，我们必须安装 cluster 包，并使用 daisy 函数，同时令 metric = gower 来创建相异矩阵。gower 度量可以计算混合和严格分类数据集的相似值。如果所有属性都是数值的，那么相异度测度将默认为欧几里得距离。

脚本 11.5　心脏病患者数据的凝聚聚类

```
> library(cluster)
> # extract the class variable from the data
> card.data <- CardiologyMixed[-14]

> # Compute the dissimilarity matrix using the daisy function
> ds<-daisy(card.data, metric='gower')

> # Cluster and plot the data.
> my.agg<- hclust(ds,method='complete')
> plot(my.agg)

> clusters <-cutree(my.agg,2)
> # The cluster number of each instance (not printed)
> # clusters

> # Modify cluster numbers to correspond with the class factors

> for(i in 1:nrow(CardiologyMixed))
+ {
+   if(clusters[i] ==1)
+     clusters[i]<- 2
```

```
+    else
+      clusters[i]<- 1
+    }
> cluster.to.char ifelse(clusters==2,'Sick','Healthy')
> my.conf<- table(cluster.to.char,
+          CardiologyMixed$class,dnn=c("Actual","Predicted"))
> my.conf
        Predicted
Actual    Healthy Sick
  Healthy    152   58
  Sick        13   80

> confusionP(my.conf)
  Correct= 232
Incorrect= 71
Accuracy = 76.57 %
```

如果存在一个或多个分类变量，那么两个实例之间的相异性被给定为每个属性贡献的加权平均值。数值属性的贡献是两个实例中值之间的绝对差除以数值属性的范围。对于分类属性，如果两个值相同，则贡献是 0，否则为 1。在涉及该实例的相异性度量中，实例内部的缺失属性值不被包括在内。你可以通过查看 cluster 包中 daisy 文档来了解此度量的具体细节。

对 hclust 的调用得出的 11.9 中的树状图清楚地显示了数据中的两个分离聚类。混淆矩阵的创建有些问题，因为我们必须在应用 table 函数之前交换聚类号。这是因为第一个数据实例属于患病类，所以代表曾经有过心脏病发作的患者可能会在聚类 1 中找到它们的位置。但是，str(CardiologyMixed) 告诉我们，因子 1 与健康类相关联。解决这个问题的一种方法是应用脚本中所示的 for 循环，其中 1 和 2 互换。更好的选择是将每个类的典型实例放在数据集的开头，其中第一个实例与因子值 1 对应的类相匹配。当数据中存在两个以上的类时，这个规则很容易推广。最后，聚类到类的混淆矩阵以 76.57% 的准确率支持了输入属性定义数据结构的能力。在本章末的练习中，你将学到更多关于混合类型数据集的聚类。

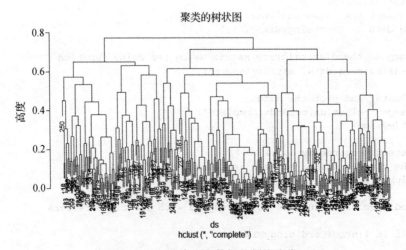

图 11.9　心脏病患者数据的凝聚聚类

11.5.6　信用卡筛选数据的凝聚聚类

对于我们的最后一个示例，我们将 hclust 应用于 creditScreening 数据集。回想一下，有 5% 的实例至少有一个缺失的属性值。由于输入数据既是分类的，又是数值的，因此我们使用 daisy 函数来创建相异矩阵。我们还调用了 GainRatioAttributeEval 函数来获得单个属性相关性的度量。脚本 11.6 显示了我们实验的步骤和编辑后的输出。

脚本 11.6　信用卡筛选数据的凝聚聚类

```
> library(cluster)
> library(RWeka)
> # preprocess the data
> round(sort(GainRatioAttributeEval(class ~ . , data =
+ creditScreening)),3)

  twelve    one   thirteen  seven   two    six   four  five  fourteen
  0.001   0.003    0.019   0.029  0.029  0.030 0.033 0.033  0.042
  three   eight   fifteen  eleven  ten    nine
  0.046   0.114    0.143   0.152  0.161 0.452

> # extract the class variable from the data
> card.data <- creditScreening[-16]

> # Compute the dissimilarity matrix using the daisy function
> ds<-daisy(card.data, metric='gower')

> # Cluster the data.
> my.agg<- hclust(ds,method='complete')
> plot(my.agg)

> clusters <-cutree(my.agg,2)

> # Class is of type 'factor' with 1 = "-" and 2 = "+".
> # As the first instance belongs to the "+" class, we must
> # change the 1's to 2's and vise versa.

> for(i in 1:nrow(card.data))
+ {
+   if(clusters[i] ==1)
+     clusters[i]<- 2
+   else
+     clusters[i]<- 1
+   }
> my.conf<- table(clusters,creditScreening$class,dnn=c("Actual",
+ "Predicted"))
> my.conf

      Predicted
Actual   -   +
     1  91  10
     2 292 297

> confusionP(my.conf)
  Correct= 388
Incorrect= 302
Accuracy = 56.23 %
```

当使用所有 15 个输入属性进行聚类时，聚类到类的混淆矩阵显示 56.23% 的准确率。有 292 个本应该被接受的信用卡申请被拒绝了。这与 GainRatioAttributeEval 给出的相关性值一起表明，许多输入属性是不相关的，并对结果产生了负面影响。可以通过完成本章末的练习 11 来轻松验证。有趣的是，你会发现除了输入属性 nine 之外，移除所有其他输入属性将提升 25% 以上的分类准确度。

11.6　本章小结

k 均值聚类算法将数据划分为预先确定的一定数量的聚类。该算法首先随机选择一个数据点来代表每个聚类。然后，将每个数据实例放入与其最相似的聚类中。计算新的聚类中心，然后该过程继续，直到聚类中心不再改变。k 均值聚类算法易于实现和理解。然而，该算法不能保证收敛到全局最优解，无法解释所发现的内容，并且无法判断哪些属性在确定形成的聚类中是重要的。尽管存在这些限制，k 均值聚类算法仍然是最广泛使用的聚类技术之一。

凝聚聚类是一种最受欢迎的层次聚类技术。凝聚聚类首先假设每个数据实例代表自己的聚类。算法的每次迭代都会合并最相似的两个聚类。最后一次迭代中，所有数据集中的项都被包含在一个单一的聚类中。存在几种用于计算实例和聚类相似性分数以及聚类合并过程的选项。此外，当要聚类的数据是实值时，定义实例相似性度量可能是一个挑战。一种常见的方法是使用简单的欧几里得距离。凝聚聚类的一个广泛应用是作为其他聚类技术的前奏。

概念聚类是一种无监督技术，它结合了增量学习来形成概念层次结构。概念层次结构采用树结构的形式，其中根节点代表概念泛化的最高级别。概念聚类系统特别具有吸引力，因为它们形成的树已被证明能够确定人类分类层次结构中的心理首选级别。此外，概念聚类系统很好地解释了它们的行为。概念聚类系统的一个主要问题是实例的排序对聚类结果产生显著的影响。不恰当的实例排序可能会导致不太理想的聚类结果。

EM 算法是一种利用有限高斯混合模型的统计技术。混合模型为每个单独的数据实例分配一个概率，即给定其是特定聚类的成员后，它将具有一组指定的属性值。该模型假设所有属性都是独立的随机变量。EM 算法类似于 k 均值聚类过程，因为一组参数会被重新计算，直到达到所期望的收敛值。就像许多聚类系统一样，EM 的一个问题是缺乏对已发现内容的解释。我们的方法是使用监督模型来分析无监督聚类结果，以帮助解释 EM 聚类的结果。

无监督聚类技术通常支持它们自己的内部评估标准。由于许多无监督技术对所形成的聚类的性质缺少详细的解释，因此无监督聚类的评估应包括关于已发现的内容的解释。监督学习可以帮助解释和评估无监督聚类的结果。另一种有效的评估过程是进行聚类之间属性 - 值的比较，以确定不同聚类中包含的实例是否存在显著差异。

11.7　关键术语

❏ 凝聚聚类：一种无监督技术，其中每个数据实例最初代表自己的聚类。算法的连续迭代将高度相似的聚类成对合并，直到所有实例都成为单个聚类的成员。在最后一步，决定哪个聚类是最佳的最终结果。

❏ 平均链接：这种方法用于层次聚类，将距离定义为一个聚类中每个点与另一个聚类中每个点之间的平均距离。

❏ 基本级节点：概念层次结构中的节点，代表人类容易识别的概念。

❏ 贝叶斯信息准则（BIC）：BIC 给出了一个数据挖掘模型相对于另一个模型的后验概率，假设在初始情况下没有偏好任何模型。

❏ 类别效用：一种无监督的评估函数，用于度量特定对象放置在给定类别或聚类内时正确的属性 - 值预测的"期望数量"的增益。

❏ 完全链接：这种方法将两个聚类之间的距离定义为一个聚类中的某一点与另一个聚类中的某一点之间的最大距离。

❏ 概念层次结构：一种树状结构，其中树的每个节点代表某种抽象层次上的概念。靠近树顶的节点是最一般的。叶节点表示单个数据实例。

❏ 概念聚类：一种增量的无监督聚类方法，从一组输入实例创建概念层次结构。

❏ 树状图：一种树状结构，通常用于描述层次聚类。

❏ 相异矩阵：一个包含值的矩阵，表示各个实例或聚类之间的差异有多大。

❏ 增量学习：一种在无人监督的环境中支持的学习形式，其中实例按顺序呈现。每次看到新实例时，学习模型都会进行修改，以反映新实例的添加。

❏ 混合：n 个概率分布的集合，其中每个分布代表一个聚类。

❏ 单链接：用于层次聚类的方法，将距离定义为一个聚类中某一点与另一个聚类中某一点之间的最短距离。

练习题

复习题

1. 比较概念聚类与凝聚聚类。列出这两种方法之间的相似性和差异。

2. 比较和对比 EM 算法与 k 均值聚类方法。列出这两种方法之间的相似性和差异。

3. 经常使用平方和值来进行聚类评估。在 11.5 节中，介绍了 betweenss（聚类间平方和），它被定义为总平方和与聚类内平方和之差（betweenss = totalss - withinss）。解释为什么 betweenss/totalss 的值越接近 1.0，越说明所形成的聚类更好地表征了数据集内的有意义结构。

R 实验项目

1. 向脚本 11.1 添加语句，来验证 betweenss/totss 值是否为 0.81。

2. 重新访问脚本 11.1，但使用 fl 和 hr32 来对数据进行聚类。根据需要修改 xlim 和 ylim，以便正确显示聚类。添加语句来计算 betweenss/totss 的值。对你的结果撰写一个简短的总结。

3. 在脚本 11.2 中尝试通过改变种子进行实验，以获得更好的聚类到类的结果。

4. 使用 hclust 对 Diabetes 数据集进行聚类。假设数据中有两个类，并进行聚类到类的分析。将所得的混淆矩阵与脚本 11.2 中看到的混淆矩阵进行比较。

5. 将 RWeka 的 GainRatioAttributeEval 函数应用于脚本 11.2 中使用的 Diabetes 数据集的输入属性。接下来，删除最无效的属性，使用其他全部属性再次运行脚本 11.2。重复这个过程，每次在剩余属性中删除最无效的属性。写一份简短的报告，包括每个实验的混淆矩阵。陈述输入属性在确定某人是否患有糖尿病中的价值。

6. 考虑脚本 11.3。
   a. 通过调用 hclust 并使得 method = average 来修改脚本。
   b. 通过调用 hclust 并使得 method = single 来修改脚本。
   c. 将 a 和 b 中创建的树状图与图 11.6 进行比较。

7. 通过使用 kmeans 和 cardiologyNumerical 来修改脚本 11.5 以对数据进行聚类。总结你的结果。

8. RWeka 包提供了几个聚类包，包括 SimpleKMeans 和 Cobweb。这些包很有趣，因为它们允许你使用包含分类和混合数据类型的数据集，并自动进行数据归一化。使用 RWeka 的 SimpleKMeans 执行脚本 11.1 和脚本 11.2 中给出的 k 均值聚类实验。对 SimpleKMeans 的调用的形式如下：

```
SimpleKMeans(datafile, control=Weka_control( ...... ))
```

   使用 WOW(SimpleKMeans) 来查看所有控制选项。确保为伽马射线暴数据集生成三个聚类。输出聚类内均值和标准差值。多次运行你的实验，改变种子以获得不同的结果。总结你的结果。

9. 使用 kmeans 来对传感器数据（SensorData.csv）进行聚类。使用决策树或其他监督技术来总结你的结果。

10. 使用 hclust 和你选择的数据集执行无监督聚类。总结你的结果。

11. 在 RStudio 中打开脚本 11.6 的 R 文件。该脚本包含一个名为 card.data 的变量的 6 个值，其中除了一个值外所有值都被注释掉。每个值表示从原始数据中提取属性的子集。这些子集对应于属性的相关性。例如，8-11 和 15 代表由 GainRatioAttributeEval 确定的 5 个最佳单个属性。执行脚本 5 次，每次使用不同的 card.data 定义。记录每个结果的混淆矩阵。根据你的发现写一份简短的报告。列出用于构建最佳监督模型的属性。

计算题

1. 创建表格来完成 11.2 节中描述的凝聚聚类示例。选择 11.2 节中介绍的一种技术来选择最佳聚类。或者，开发自己的方法来做出选择。解释为什么你的选择代表最佳的聚类。

2. 作为对脚本 11.4 讨论的一部分，我们描述了一种属性相关性的简单启发式度量，通过将属性平均值之间差的绝对值除以属性的全局标准差来计算。将此启发式方法与脚本 11.4 中显示的平均值和全局 hr32 标准差值一起使用，来计算 hr32 的属性相关性分数。

3. 针对 11.1 节中给出的示例，执行 k 均值聚类算法的第三次迭代。新的聚类中心是什么？

4. 考虑新实例 I_8，将它添加到图 11.3 中的概念层次结构中，它的属性值如下所示，

尾部 = 2

颜色 = 暗色

核 = 2

a. 一旦该实例输入到层次结构中，显示根节点的更新概率值。

b. 将新实例添加到节点 n_2，并显示所有受影响节点的更新概率值。

c. 假设实例创建了一个新的一级节点，而不是让实例成为节点 n_2 的一部分。将新节点添加到层次结构中，并显示所有受影响节点的更新概率值。

相关安装包和函数总结

与本章内容相关的安装包和函数如表 11.7 所示。

表 11.7　安装的软件包与函数

包名称	函数
base / stats	abs、aggregate、as.factor、barplot、cbind、cutTree、data.frame、dist、for、hclust、head、if、kmeans、library、list、nrow、plot、points、round、sapply、scale、set.seed、sort、str、table
Cluster	daisy
NbClust	NbClust
rpart	rpart、rpart.plot、SimpleKMeans
RWeka	GainRatioAttributeEval

第 12 章
案例研究：治疗结果预测

在本章中，我们提供了一个案例研究，使用的是第 5 章中介绍的 Ouch 背部和骨折临床（OFC）数据集收集的实际患者数据。原始数据集包含 1330 名患者（737 名女性）的记录，这些患者在 2003 年~2008 年接受了侵袭性的（强烈的、干预性强）物理治疗法，用于治疗腰背部损伤。已从数据集中删除了患者的身份信息。

由于男性和女性患者的力量、体重和身高水平存在较大差异，我们决定将实验限制在男性患者组中，从而将女性患者的分析作为一个单独的项目。女性患者数据包含在补充材料中。

大约有 80% 的成年人在一生中的某个时候患有急性腰部综合症（LBS）。急性腰背疼痛的患者可能会从一个或几个来源寻求缓解，包括物理治疗师、脊椎指压治疗师、按摩师或初级保健医生等。然而，大多数 LBS 病例在 1 到 6 周的时间内会自行矫正，不需要特殊治疗。

不幸的是，有小部分患者会经历反复发作的 LBS，其中每次发作的情况通常比前一次稍差。据报道，这些患者的复发率高达 90%（Delitto 等人，1995）。如果物理治疗或脊椎指压治疗没有帮助，患者可能会求助于针灸、注射或药物。遗憾的是，这些治疗中的大多数只能提供暂时的缓解。旨在矫正 LBS 的手术可能是危险的，并且不能保证让患者永久摆脱疼痛。

作为传统疗法的替代，OFC 的治疗方法是基于力量和疼痛呈反比关系的理论。因此，个体治疗方案的目的是通过完全隔离和积极强化腰椎来增加患者的功能性能力（力量、活动范围和耐力）。

Arthur Jones 认为虽然专业健身房里的健身器据称可以强化下背部的力量，但现在发现除了锻炼腿筋和臀部肌肉之外，它的作用不大。这一点是在 30 多年前他首次尝试客观衡量膝盖和腰背力量时认识到的。Arthur Jones 于 1972 年创立了 MedX 公司，其唯一目的是设计用于测试和强化膝盖及腰部肌肉的机器。他声称疼痛和力量以及疼痛和柔韧性之间存在可测量的反比关系。全球数百家诊所使用了由 Jones 设计的 MedX 机器。

图 12.1 显示了较大的 MedX 腰椎伸展机器的核心版本。腰椎伸展机器通过结合第 5 章中的骨盆约束系统来强化下腰椎（见图 5.4）。图 12.2 所示的 MedX 躯干旋转机器也被一些

患者用来增强躯干力量和柔韧性。

图 12.1　MedX 核心腰椎伸展机器　　　　　图 12.2　MedX 躯干旋转机器

OFC 治疗方法的高度侵袭性并不被所有物理治疗师和医生广泛接受。事实上，超过 85% 的患者首先通过前述的一种或多种方法寻求治疗。而且直到最近，医疗保险并没有覆盖这种疗法的治疗费用。他们的论点是，侵袭性疗法尚未被证明对治疗 LBS 有效。

在接下来的章节中，我们将第 4 章中概述的 7 步知识发现（KDD）过程模型应用于由 593 名男性患者组成的数据集子集。KDD 过程包括以下步骤：（1）目标识别，（2）创建目标数据集，（3）数据预处理，（4）数据转换，（5）数据挖掘，（6）解释和评估，（7）采取行动。

12.1　目标识别

经过与物理治疗人员的几次会议后，我们确定了两个目标，具体如下：

❑ 在治疗早期，识别不太可能成功完成治疗计划的患者。
❑ 确定治疗方案同时包括腰部伸展和躯干旋转的患者，与治疗方案不包括躯干旋转的患者在力量、柔韧性或疼痛程度上是否存在显著差异。

第一个目标的理由是显而易见的。开始治疗的一部分人最终无法成功完成治疗计划。患者可能因多种原因而未能成功完成治疗。如果患者感觉他们在积极的方式下没有进展，或者疼痛加重，他们可能会退出治疗计划。另一种可能性是患者的医生决定终止治疗。最后，患者可能在治疗计划结束时仍然经历明显的疼痛。

在治疗的早期阶段能够识别可能失败的个体的能力，使治疗师能够对其计划进行修改，来提高患者朝着好的方向改善的机会。此外，如果侵袭性力量训练不适合患者，最好在治疗计划的早期阶段就知道这一点。

所有接受 LBS 治疗的患者都使用腰椎伸展机作为治疗计划的一部分。然而，这些患者中只有 35% 的人进行躯干旋转。是否进行躯干旋转是由他们的医生或物理治疗师做出的决定。患者的整体健康状况、受伤性质以及医疗人员的理念都会影响患者是否进行躯干旋转。这一事实激发了我们对那些进行和不进行躯干旋转的患者之间的差异进行研究的动力。

12.2 治疗成功的衡量标准

当患者被转诊接受治疗时，物理治疗师会对他进行检查，为患者设计一个特定的治疗计划，并使用一台或两台 MedX 机器来测试患者的初始柔韧性和力量水平。此外，在初次就诊时，患者通过填写奥斯威斯特里腰部残疾指数（LBDI）的问卷来自我报告疼痛程度。

LBDI 被用于测量患有 LBS 患者的残疾水平已经超过 35 年。LBDI 还用于衡量 LBS 患者相对于治疗结果的成功程度，并被认为是腰部功能结果工具的"黄金标准"（Fairbank 和 Pynsent，2000）。

奥斯威斯特里 LBDI 分数是通过让患者填写包含 10 个类别的问卷来确定的。患者在每个类别中从 6 个可能性中选择一个答案（0 = 无明显疼痛，5 = 严重疼痛）。LBDI 的类别包括：

- ❑ 现在的疼痛强度　个人护理　提升
- ❑ 步行　坐着　站着
- ❑ 睡觉　社交生活　旅行
- ❑ 疼痛程度的变化

为了计算单个患者的奥斯威斯特里评分，将所有十个类别中的报告分数相加，然后将总分乘以 2。这允许最低分为 0，最高分为 100。对单个 LBDI 分数的解释是通过将患者的分数映射到 5 个范围组中之一来完成的。表 12.1 显示了 5 组中每一组的奥斯威斯特里值的范围。

表 12.1 奥斯威斯特里残疾指数测量

分数	解释
0～20	轻度残疾
21～40	中度残疾
41～60	严重残疾
61～80	残废
81～100	卧床

轻度残疾意味着患者能够应付日常生活，除了进行锻炼以保持柔韧性和力量外，不需要特别考虑其他事项。中度残疾的患者在坐着、举起和站着时会感到一些疼痛。这些患者可能无法长途旅行，也可能无法工作。疼痛通常是保守治疗的。长期严重残疾的患者经历的疼痛严重影响他们的生活方式，这一组的患者需要详细检查。

被分类为残废的患者必须寻求积极的干预，因为腰背疼痛影响了他们生活的各个方面。患者通常不属于最后一类，但如果他们属于这一类，他们要么被限制在床上，要么他们夸大了他们的症状。由于 LBDI 是患者感知残疾的自我报告，因此 LBDI 分数具有一定的主观性。当前研究的 LBDI 分数范围是 0～76。在我们的案例研究中，我们将治疗成功定义为患者报告的最终奥斯威斯特里评分为 20 分或更低。

12.3　目标数据创建

数据收集自 2003 年至 2008 年接受治疗的患者记录。超过 75% 的患者记录最初没有以电子方式存储。几名兼职人员参与了将记录转化为电子形式的工作。每个 LBS 患者的记录由 90 个属性表示。表 12.2 列出了这些属性的摘要列表，其中诊断、以往治疗和以往健康史分别包含 35、6 和 23 个属性类。

表 12.2 中的腰部伸展和躯干旋转属性提供了由 MedX 机器测量的患者的力量（腰部伸展重量和躯干旋转重量）和柔韧性（腰部伸展范围和躯干旋转范围）数值。表中显示的诊断类别实际上代表了 35 个属性的集合。所有的诊断属性都是分类的（是、否），并告诉我们个体患者是否患有特定的诊断疾病。大多数患者没有患有这些疾病中的任何一种。最后，以往的健康历史类别告诉我们患者是否曾经或目前患有包括关节炎、神经系统疾病、中风、心脏病等 23 种可能的疾病中的一种或多种。大多数患者没有患有这些疾病中的任何一种。

表 12.2　临床属性

性别（男性、女性）
患者年龄
患者身高
患者体重
推荐人（MD、自己、DC、员工、其他）
发病（急性、亚急性、慢性）
诊断（35 个属性）
残疾（是、否）
以往治疗（6 个属性）
就业状况（6 个值）
失业时间（6 个值）
吸烟者（是、否）
以往健康史（23 个属性）
保险类型（5 个值）
访问次数
腰椎伸展活动范围（ROM）起始
腰椎伸展 ROM 结束
腰部伸展重量起始
腰部伸展重量结束
躯干旋转 ROM 起始
躯干旋转 ROM 结束
躯干旋转重量起始
躯干旋转重量结束
治疗结束（6 个值）
病人满意度（5 个值）
奥斯威斯特里 LBDI 起始
奥斯威斯特里 LBDI 结束

12.4　数据预处理

由于我们使用奥斯威斯特里 LBDI 来衡量治疗结果，我们的下一步是消除没有奥斯威斯特里起始值和奥斯威斯特里结束值的数据实例。在 593 名男性患者中，有 231 名患者显示奥斯威斯特里起始值，但只有 172 名患者同时有起始值与结束值这两个测量值。有许多原因导致了这种情况。最常见的原因包括患者填写奥斯威斯特里问卷时存在不一致性，患者决定不开始治疗，患者转院以及未告知情况下患者结束治疗。此外，剩下的 5 名患者没有显示腰部向内和向外伸展的值。这些患者也从数据中删除，因此留下了 226 个具有奥斯威斯特里起始值的实例和 167 个显示两个测量值的实例。

12.5 数据转换

初始数据以数字形式存储在 Excel 电子表格中。由于超过 75% 的属性表示分类数据，因此我们将除了 14 个数值表示以外的所有属性都转换为它们的实际分类值。

我们删除了所有在是或否中出现次数少于两次的输入属性。接下来，我们删除了 4 个躯干旋转属性，因为在 167 个实例中只有不到 60 个实例显示了躯干旋转值。属性之间的相关性几乎可以忽略不计，除了奥斯威斯特里结束值和奥斯威斯特里起始值之间的 0.52 的相关性。

由于我们的第一个目标是预测性的，因此将数据限制在那些在治疗开始时值已知的属性上。这样就消除了腰部伸展结束值、腰部伸展活动范围（ROM）结束值、患者满意度和就诊次数。剩下的 46 个输入属性用于构建预测奥斯威斯特里结束值的模型。

12.6 数据挖掘

我们随机选择了三分之二的数据用于训练，剩下的三分之一用于模型测试。我们最初使用各种机器学习技术，对数值和混合形式的数据集进行的实验都无法准确确定奥斯威斯特里结束值。这促使我们应用了一种数据转换，其中奥斯威斯特里结束值小于或等于 20 的值被替换为 0，而大于 20 的值被赋予 1。这种转换符合我们对治疗成功的定义。

两类别实验

为了建立两类别问题的粗略基准，我们将位于 class 包中的 knn 最近邻函数应用于由原始数值输入属性组成的一个数据集，这些属性的值在治疗之前是已知的。奥斯威斯特里结束值列中的值被替换为相应的 0 和 1。

最近邻方法存储实例，而不是数据的广义模型。将待分类的新实例与每个存储的实例进行比较。该实例被赋予与最相似的存储实例相同的分类。该算法需要数值型输入数据和分类型输出值，并且默认情况下采用简单的欧几里得距离来度量相似性。

knn 使用的格式不是标准的，最好通过示例来说明。以下是我们基准实验的调用和结果输出。

```
>Library(class)
>my.knn <-knn(Of.train[,-1],Of.test[,-1],Of.train[,1],k=3)
> y<-table(my.knn,Of.test[,1])
> y

my.knn  0  1
     0 31 18
     1  4  3

> confusionP(y)
  Correct= 34
Incorrect= 22
Accuracy = 60.71 %
```

knn 的第一个参数是训练数据，其中已删除输出属性（第一列）。第二个参数是减去输出属性的测试数据。第三个参数是在训练数据中表示输出的属性。最后一个参数告诉 knn

用于分类的最近邻居数量。当 $k = 3$ 时，新实例将使用多数为 3 的规则进行分类。

　　table 函数显示混淆矩阵，其中列和行互换。也就是说，总共有 21 个测试集实例来自失败的结果组。在这 21 个实例中，有 18 个被错误地分类为成功的结果。这种不太理想的结果是可以预期的，因为数据不是预处理的形式，并且包含许多无关的属性。让我们看看是否能比 60% 的基准做得更好，特别是在 18 个错误分类的失败上有所改进。

　　对于经过预处理数据的两类实验，我们使用了 JRip（RWeka）、MLP（RWeka）和随机森林（randomForest）。所有 3 种方法的测试集结果都相似，其中 randomForest 显示了最佳的测试集准确性，为 78.57%。以下是在随机森林实验中看到的混淆矩阵：

```
               Predicted
        actual    0  1
                0 38  5
                1  7  6
> confusionP(credit.perf)
  Correct= 44 Incorrect= 12
  Accuracy = 78.57 %
```

　　JRip 覆盖规则算法生成了一个规则，其具有前提条件和默认规则，如下所示。

```
      (oswest.in >= 42) => success=1 (29.0/8.0)
      => success=0 (82.0/14.0)
```

　　回想一下第 6 章的回归树，它是使用这些数据的 48 个实例子集所创建的，在该树中第一个分割条件是奥斯威斯特里（Oswestry）起始值（oswest.in）= 42。

　　作为最后一个实验，我们包括了具有奥斯威斯特里起始值但没有奥斯威斯特里结束值的实例。我们将这些实例奥斯威斯特里的结束值赋予 1 表示失败。随机森林再次显示了最佳结果，测试集准确性为 77.63%。更重要的是，30 个测试集失败实例中的 24 个（80%）被正确识别。

12.7　解释和评估

　　计算出完成治疗方案患者的平均奥斯威斯特里分数从 31.57 降低到 16.09。然而，我们最初的实验试图通过原始奥斯威斯特里结束评分来预测治疗结果，但没有成功。存在多种可能性，包括缺乏相关的输入属性。作为预测治疗失败的第二次尝试，我们用一个新的二元输出属性替换了奥斯威斯特里输出属性，对于成功的患者，该属性的值为 0，对于最终奥斯威斯特里值大于 20 的患者，该属性的值为 1。我们包含了未显示奥斯威斯特里结束值的实例作为失败实例。结果是我们能够识别出 80% 的测试集患者没有取得积极的治疗结果。

患者是否应该进行躯干旋转

　　所有接受 LBS 治疗的患者都使用腰椎伸展机作为他们治疗计划的一部分。然而，这些患者中只有不到 40% 的人进行躯干旋转。患者是否进行躯干旋转是由他们的医生或物理治疗师决定的。患者的总体健康状况、损伤性质以及医疗团队的理念都会影响患者是否进行躯干旋转。这一事实激发了我们进一步探究进行和未进行躯干旋转的患者之间的差异。

表 12.3 比较了进行和不进行躯干旋转的男性 LBS 患者的腰椎伸展起始重量和结束重量值。对于每组，组内成对比较的显著性 t 检验（起始与结束重量）是显著的（$p \leqslant 0.01$）。此外，两组之间平均结束值的差异也是显著的（$p \leqslant 0.01$）。也就是说，进行躯干旋转的患者与未进行躯干旋转的患者相比，进行躯干旋转的患者能够实现更多重量的腰部伸展（143.76 与 125.78）。但必须谨慎看待这一观察结果，因为进行躯干旋转组的初始重量值明显较高。

表 12.3   进行和不进行躯干旋转的男性患者的腰椎伸展重量值

	进行躯干旋转的患者 （共 191 名）	未进行躯干旋转的患者 （共 304 名）
开始值	均值：99.24 标准差：31.76	均值：68.34 SD：24.70
结束值	均值：143.76 标准差：33.67	均值：125.78 标准差：37.84
增幅百分比（成对比较、开始值与结束值）	均值：56.16% 中位数：38.64%	均值：95.99% 中位数：89.23%

表 12.3 还显示了每组测量强度的增幅百分比。请注意，没有进行躯干旋转的患者将其腰椎伸展重量增加了 95% 以上，而进行躯干旋转的组则显示出 56% 的增长。这种比较也必须谨慎进行，因为将患者分配到每个组中的方式并不是随机的。理想的实验是对每个组应用随机选择的患者。通过这种方式，两组之间的比较就可以得出因果结论。

12.8   采取行动

本病例研究调查了接受积极 LBS 治疗的男性患者的治疗结果。积极的 LBS 治疗基于一个理论，即腰部疼痛与脊柱的力量和柔韧性呈负相关关系。我们的结果明确支持了积极治疗对 LBS 的成功。

这项研究的一个主要目标是建立一个能够识别那些可能在治疗计划中表现不佳的患者的模型。一旦识别出来，可以对个体治疗计划进行适当的修改，以期望获得更好的治疗结果。尽管我们在这方面取得了一些成功，但我们没有达到构建高度准确的预测模型的期望。我们的数据不足、对治疗成功的明确定义以及奥斯威斯特里评分机制的主观性可能都是部分原因。这一事实促使我们将重点放在收集和建立模型上，使用治疗开始时和治疗 2 或 3 周后采集的患者数据。通过这样做，我们可能会更成功地识别当前治疗计划不会导致最佳结果的患者。

12.9   本章小结

本章的目的是让你对如何使用自己的数据进行分析有一个基本的了解。你的补充材料是 Casedata.zip，其中包含了 4 个 Excel 文件，可用于进一步对这些数据进行实验。具体来说包括：

❑ 定义：列出了原始数据的所有属性和可能的值。

❑ FemaleNumericComplete：以数值格式包含所有 757 个女性实例。

❑ MaleNumericComplete：以数值格式包含所有 593 个男性实例。

❑ MalePreprocessed：包含用于案例研究的预处理数据。

我们鼓励你使用这些文件重复上述给出的实验，形成并测试新的假设，分享你的报告撰写技巧。

附录 A
补充材料和更多数据集

补充材料

为本书编写的数据集、脚本和函数包含在一个 zip 文件中，该文件位于两个位置：
- CRC 网站：https://www.crcpress.com/9780367439149。
- http://krypton.mnsu.edu/~sa7379bt/。

更多数据集

KDNuggets

KDNuggets 是数据挖掘和知识发现领域的主要信息存储库。该网站包括有关数据挖掘的主题，例如公司、软件、出版物、课程、数据集等。KDNuggets 网站的主页为 http://www.kdnuggets.com。http://www.kdnuggets.com/datasets/index.html 是来自多个领域的热门数据集的链接。

机器学习库

UCI 机器学习库包含来自多个领域的丰富数据。https://archive.ics.uci.edu/ml/datasets.html 是 UCI 的主页地址，ftp://ftp.ics.uci.edu/pub/machine-learning-databases/ 是用于下载 UCI 库中数据集的 ftp 存档站点。

社区数据集——IBM 沃森分析

IBM 沃森分析是一款基于云的商业预测分析和数据可视化工具。通过沃森分析社区，可以获得多个有趣的、用于数据挖掘的、基于 Excel 的数据集。
- https://community.watsonanalytics.com/guide-to-sample-datasets/

这些数据集不需要修改就可以使用。你还可以通过访问 https://community.watsonanalytics.com/ 来免费试用沃森分析。

用于性能评估的统计数据

单值汇总统计数据

均值或平均值通过将数据求和并除以数据项的数量来计算。具体来说，

$$\mu = \frac{1}{n}\sum_{i=1}^{n} x_i \tag{B.1}$$

其中，μ 是均值，n 是数据项的数量，x_i 是第 i 个数据项。

以下是计算方差的公式：

$$\sigma^2 = \frac{1}{n}\sum_{i=1}^{n}(\mu - x_i)^2 \tag{B.2}$$

其中，σ^2 是方差，μ 是总体均值，n 是数据项的数量，x_i 是第 i 个数据项。

在计算采样数据的方差时，将平方和除以 $n-1$ 而不是 n 会获得更好的结果。这一点的证明超出了本书的范围，然而可以这样说，当除以 $n-1$ 时，样本方差是总体方差的无偏估计。无偏估计具有这样的特点，即在所有可能的样本上取估计量的平均值等于正在估计的参数。

正态分布

以下是正态或钟形曲线的公式：

$$f(x) = 1/\left(\sqrt{2\pi}\sigma\right)e^{-(x-\mu)2/2\sigma^2} \tag{B.3}$$

其中，$f(x)$ 是对应于 x 值的曲线的高度，e 是自然对数的底数，近似为 2.718282，μ 是数据的算术平均值，σ 是标准差。

比较监督模型

在第 9 章，我们描述了一种比较两个使用相同测试数据集的监督学习模型的通用技术。在这里，我们提供了另外两种比较监督模型的技术。在这两种情况下，模型测试集的错误

率都被视为样本均值。

使用独立测试数据比较模型

使用两个独立的测试集，我们简单地计算每个模型的方差并应用经典的假设检验过程。以下是该技术的概述。

给定：

❑ 使用相同训练数据构建的两个模型 M_1 和 M_2。

❑ 两个独立的测试集，集合 A 包含 n_1 个元素，集合 B 包含 n_2 个元素。

❑ 模型 M_1 在测试集 A 上的错误率 E_1 和方差 v_1。

❑ 模型 M_2 在测试集 B 上的错误率 E_2 和方差 v_2。

计算：

$$P = \frac{|E_1 - E_2|}{\sqrt{(v_1 / n_1 + v_2 / n_2)}} \tag{B.4}$$

结论：

如果 $P \geqslant 2$，模型 M_1 和模型 M_2 在测试集性能上的差异是显著的。

让我们看一个例子。假设我们希望比较学习模型 M_1 和 M_2 的测试集性能。我们在测试集 A 上测试 M_1，而在测试集 B 上测试 M_2。每个测试集包含 100 个实例。M_1 在集合 A 上取得 80% 的分类准确率，M_2 在测试集 B 上获得 70% 的准确率。我们想知道模型 M_1 的表现是否明显好于模型 M_2。以下是计算。

❑ 对于模型 M_1：

$E_1 = 0.20$

$v_1 = 0.2 (1 - 0.2) = 0.16$

❑ 对于模型 M_2：

$E_2 = 0.30$

$v_2 = 0.3 (1 - 0.3) = 0.21$

❑ 对于 P 的计算为：

$$P = \frac{|0.20 - 0.30|}{\sqrt{(0.16 / 100 + 0.21 / 100)}}$$

$$P = 1.6440$$

由于 $P < 2$，因此我们不认为模型性能的差异是显著的。我们可以通过交换两个测试集并重复实验来增加对结果的信心。如果在初始测试集选择中看到显著差异，这一点尤其重要。然后将两个 P 值的平均值用于显著性检验。

使用单一测试数据集进行成对比较

当相同的测试集应用于数据时，一种选择是对测试集结果进行逐个实例的成对匹配比较。通过基于实例的比较，计算基于成对差异的单个方差分数。以下是计算联合方差的公式。

$$V_{12} = \frac{1}{n-1} \sum_{i=1}^{n} [(e_{1i} - e_{2i}) - (E_1 - E_2)]^2 \tag{B.5}$$

其中，V_{12} 是联合方差，e_{1i} 是学习模型 1 的第 i 个实例的分类器错误，e_{2i} 是学习模型 2 的第 i 个实例的分类器错误，$E_1 - E_2$ 是模型 1 的总体分类器错误减去模型 2 的分类器错误，n 是测试集实例的总数。

当测试集错误率是基于两个模型的比较度量时，输出属性是分类的。因此，对于类 j 中包含的任何实例 i，如果分类正确 e_{ij} 为 0，否则 e_{ij} 为 1。当输出属性是数值时，e_{ij} 表示计算输出值和实际输出值之间的绝对差值。通过修改联合方差的计算公式，检验模型性能显著差异的公式变为：

$$P = \frac{|E_1 - E_2|}{\sqrt{V_{12}/n}} \tag{B.6}$$

同样，如果 $P \geq 2$，模型测试集性能的显著差异有 95% 的置信水平。上述技术仅在可以进行基于实例的模型性能成对比较的情况下才适用。在下一节中，我们将讨论无法进行基于实例比较的情况。

数值输出的置信区间

与输出属性为分类时一样，我们对计算一个或多个数值度量的置信区间感兴趣。为了便于说明，我们使用平均绝对误差。与分类器错误率一样，平均绝对误差被视为一个样本均值。样本方差由以下公式给出：

$$\text{variance(mae)} = \frac{1}{n-1}\sum_{i=1}^{n}(e_i - \text{mae})^2 \tag{B.7}$$

其中，e_i 是第 i 个实例的绝对误差。n 是实例的数量。

让我们看一个使用表 B.1 中数据的示例。

表 B.1　数据示例

实例编号	实际输出	计算输出	绝对误差	平方误差
1	0.0	0.024	0.024	0.0005
2	1.0	0.998	0.002	0.0000
3	0.0	0.023	0.023	0.0005
4	1.0	0.986	0.014	0.0002
5	1.0	0.999	0.001	0.0000
6	0.0	0.050	0.050	0.0025
7	1.0	0.999	0.001	0.0000
8	0.0	0.262	0.262	0.0686
9	0.0	0.060	0.060	0.0036
10	1.0	0.997	0.003	0.0000
11	1.0	0.999	0.001	0.0000
12	1.0	0.776	0.224	0.0502
13	1.0	0.999	0.001	0.0000
14	0.0	0.023	0.023	0.0005
15	1.0	0.999	0.001	0.0000

为了确定表 B.1 中数据计算得到的 MAE 的置信区间，我们首先计算方差。具体如下，

$$\text{variance}(0.0604) = \frac{1}{14}\sum_{i=1}^{15}(e_i - 0.0604)^2$$

$$\approx (0.024 - 0.0604)^2 + (0.002 - 0.0604)^2 + \cdots + (0.001 - 0.0604)^2$$

$$\approx 0.0092$$

接下来，与分类器错误率一样，我们计算 MAE 的标准差，即方差除以样本实例数量的平方根。

$$\text{SE} = \sqrt{(0.0092/15)} \approx 0.0248$$

最后，通过对计算的 MAE 分别减去和增加两个标准差来计算 95% 的置信区间。这告诉我们，我们可以有 95% 的信心，实际的 MAE 在 0.0108 和 0.1100 之间。

比较具有数值输出的模型

比较给出数值输出的模型的过程与比较具有分类输出的模型完全相同。在有两个独立的测试集并且 MAE 测量模型性能的情况下，经典的假设检验模型采用以下形式：

$$P = \frac{|\text{mae}_1 - \text{mae}_2|}{\sqrt{(V_1/n_1 + V_2/n_2)}} \tag{B.8}$$

其中，mae_1 是模型 M_1 的平均绝对误差，mae_2 是模型 M_2 的平均绝对误差，V_1 和 V_2 是与 M_1 和 M_2 相关的方差分数，n_1 和 n_2 是各自测试集中的实例数量。

当模型在相同的数据上测试并且可以进行成对比较时，我们使用公式：

$$P = \frac{|\text{mae}_1 - \text{mae}_2|}{\sqrt{V_{12}/n}} \tag{B.9}$$

其中，mae_1 是模型 M_1 的平均绝对误差，mae_2 是模型 M_2 的平均绝对误差，V_{12} 是使用 B.5 中定义的公式计算的联合方差，n 是测试集实例的数量。

当应用相同的测试数据，但无法进行成对比较时，最简单的方法是使用以下公式计算与每个模型的 MAE 相关的方差：

$$\text{variance}(\text{mae}_j) = \frac{1}{n-1}\sum_{i=1}^{n}(e_i - \text{mae}_j)^2 \tag{B.10}$$

其中，mae_j 是模型 j 的平均绝对误差。e_i 是实例 i 的计算值减去实际值的绝对值。n 是测试集实例的数量。

然后，使用以下公式检验无显著差异的假设：

$$P = \frac{|\text{mae}_1 - \text{mae}_2|}{\sqrt{v(2/n)}} \tag{B.11}$$

其中，v 是每个模型的方差分数的平均值或较大者。n 是测试集实例的总数。

与输出属性为分类属性的情况一样，使用两个方差分数中较大的一个是更强的测试。

参考文献

Agrawal, R., Imielinski, T., and Swami, A. (1993). Mining Association rules between sets of items in large databases. In P. Buneman and S. Jajordia, eds., *Proceedings of the ACM Sigmoid International Conference on Management of Data*. New York: ACM.

Baltazar, H. (1997). Tracking telephone fraud fast. *Computerworld*, 31, 11, 75.

Baltazar, H. (2000). NBA coaches' latest weapon: Data mining. *PC Week*, March 6, 69.

Baumer, B.S., Kaplan, D. T., and Horton, N.J. (2017). *Modern Data Science with R*. Boca Raton, FL: CRC Press.

Blair, E., and Tibshirani, R. (2003). Machine learning methods applied to DNA microarray data can improve the diagnosis of cancer. *SIGKDD Explorations*, 5, 2, 48–55.

Boser, B. E., et al. (1992). A training algorithm for optimal margin classifiers. *Proceedings of the Fifth Annual Workshop on Computational Learning Theory*, 5, 144–152.

Brachman, R. J., Khabaza, T., Kloesgen, W., Pieatetsky-Shapiro, G., and Simoudis, E. (1996). Mining business databases. *Communications of the ACM*, 39, 11, 42–48.

Breiman, L. (1996). Bagging predictors. *Machine Learning*, 24, 2, 123–140.

Breiman, L. (2001). Random forests, *Machine Learning*, 45, 1, 5–32.

Breiman, L., Friedman, J., Olshen, R., and Stone, C. (1984). *Classification and Regression Trees*. Monterey, CA: Wadsworth International Group.

Burges, C. (1998). A tutorial on support vector machines for pattern recognition. *Data Mining and Knowledge Discovery* 2, 121–167.

Calders, T., Dexters N., and Goethals, B. (2007). Mining frequent itemsets in a stream. In *Proceedings of the 2007 Seventh IEEE International Conference on Data Mining*, ICDM'07, Washington, DC. IEEE Computer Society, 83–92.

Case, S., Azarmi, N., Thint, M., and Ohtani, T. (2001). Enhancing E-communities with agent-based systems. *Computer*, July, 64–69.

Cendrowska, J. (1987). PRISM: An algorithm for inducing modular rules. *International Journal of Man-Machine Studies*, 27, 4, 349–370.

Chester, M. (1993). *Neural Networks—A Tutorial*. Upper Saddle River, NJ: PTR Prentice Hall.

Chou, W. Y. S., Hunt, Y. M., Beckjord, E. B., Moser, R. P., and Hesse, B. W. (2009). Social media use in the United States: Implications for health communication. *Journal of Medical Internet Research*, 11, 4, e48.

Civco, D. L. (1991). Landsat TM Land use and land cover mapping using an artificial neural network. In *Proceedings of the 1991 Annual Meeting of the American Society for Photogrammetry and Remote Sensing*, Baltimore, MD, 3, 66–77.

Cohen, W., (1995). Fast effective rule induction. In *12th International Conference on Machine Learning*, Washington D.C., USA, 115–123.

Cox, E. (2000). Free-Form text data mining integrating fuzzy systems, self-organizing neural nets and rule-based knowledge bases. *PC AI*, September–October, 22–26.

Culotta, A. (2010). Towards detecting influenza epidemics by analyzing Twitter messages. In *Proceedings of the First Workshop on Social Media Analytics*, July. ACM, 115–122.

Dasgupta, A., and Raftery, A. E. (1998). Detecting features in spatial point processes with clutter via model-based clustering. *Journal of the American Statistical Association*, 93, 441, 294–302.

Dawson, R. (1995). The "unusual episode" data revisited. *Journal of Statistics Education*, 3, 3.

Delitto, A., Erhard, R.E., and Bowling R.W. (1995). A treatment-based classification approach to low back syndrome, identifying and staging patients for conservative treatment. *Physical Therapy*, 75, 6, 470–489.

Dempster, A. P., Laird, N. M., and Rubin, D. B. (1977). Maximum-likelihood from incomplete data via the EM algorithm (with Discussion). *Journal of the Royal Statistical Society, Series B*, 39, 1, 1–38.

Dixon, W. J. (1983). *Introduction to Statistical Analysis*, 4th ed. New York: McGraw-Hill.

Domingos, P., and Hulten, G. (2000). Mining high speed data streams. In *Proceedings of the 6th ACM SIGKDD International Conference on Knowledge Discovery and Data Mining (KDD'00)*, New York. ACM, 71–80.

Duda, R., Gaschnig, J., and Hart, P. (1979). Model design in the PROSPECTOR consultant system for mineral exploration. In D. Michie, ed., *Expert Systems in the Microelectronic Age*. Edinburgh, Scotland: Edinburgh University Press, 153–167.

Durfee, E. H. (2001). Scaling up agent coordination strategies. *Computer*, July, 39–46.

Dwinnell, W. (1999). Text mining dealing with unstructured data. *PC AI*, May–June, 20–23.

Edelstein, H. A. (2001). Pan for gold in the clickstream. *Information Week*, March 12.

Fairbanks, J.C., and Pynsent, P.B. (2000). The Oswestry disability index. *Spine*, 25, 22, 2940–2952.

Fayyad, U., Haussler, D. and Stolorz, P. (1996). Mining scientific data. *Communications of the ACM*, 39, 11, 51–57.

Fisher, D. (1987). Knowledge acquisition via incremental conceptual clustering. *Machine Learning*, 2, 2, 139–172.

Frank, E., Hall, M.A., and Witten, I. A. (2016). *The WEKA Workbench. Online Appendix for Data Mining: Practical Machine Learning Tools and Techniques*, 4th ed. San Francisco, CA: Morgan Kaufmann.

Freund, Y., and Schapire, R. E. (1996). Experiments with a new boosting algorithm. In L. Saitta, ed., *Proc. Thirteenth International Conference on Machine Learning*. San Francisco, CA: Morgan Kaufmann, 148–156.

Ganti, V., Gehrke, J., and Ramakrishnan, R. (1999). Mining very large database. *Computer*, August, 38–45.

Gardner, S. R. (1998). Building the data warehouse. *Communications of the ACM*, 41, 9, 52–60.

Gehrke, J., Ramakrishnan, R., and Ganti, V. (2000). RainForest—a framework for fast decision tree construction of large datasets. *Data Mining and Knowledge Discovery* 4, 127–162.

Gennari, J. H., Langley, P., and Fisher, D. (1989). Models of incremental concept formation. *Artificial Intelligence*, 40, (1–3), 11–61.

Giarratano, J., and Riley, G. (1989). *Expert Systems: Principles and Programming*. New York: PWS-Kent.

Gill, H. S., and Rao, P. C. (1996). *The Official Guide to Data Warehousing*. Indianapolis, IN: Que Publishing.

Giovinazzo, W. A. (2000). *Object-Oriented Data Warehouse Design (Building a Star Schema)*. Upper Saddle River, NJ: Prentice Hall.

Granstein, L. (1999). Looking for patterns. *Wall Street Journal*, June 21.

Grossman, R.L., Hornick, M.F., Meyer, G. (2002). Data mining standards initiatives, *Communications of the ACM*, 45, 8, 59–61.

Haag, S., Cummings, M., and McCubbrey, D. (2002). *Management Information Systems for the Information Age*, 3rd ed. Boston, MA: McGraw-Hill.

Haglin, D. J. and Roiger. R. J. (2005). A tool for public analysis of scientific data, *Data Science Journal*, 4, 39–52.

Hornik, K., Buchta, C., and Zeileis, A. (2009). Open-source machine learning: R meets Weka. *Computational Statistics*, 24, 2, 225–232, doi:10.1007/s00180-008-0119-7

Hosmer, D. W., and Lemeshow, S. (1989). *Applied Logistic Regression*. New York: John Wiley & Sons.

Huntsberger, D. V. (1967). *Elements of Statistical Inference*. Boston, MA: Allyn and Bacon.

Inmon, W. (1996). *Building the Data Warehouse*. New York: John Wiley & Sons.

Jain, A. K., Mao, J., and Mohiuddin, K. M. (1996). Artificial neural networks: A tutorial. *Computer*, March, 31–44.

Jones, A. (1993). My first half century in the iron game. *Ironman Magazine*, July, 94–98.

Kabacoff, R. I. (2015). *R In Action: Data Analysis and graphics with R*, 2rd ed. New York: Manning Publications.

Kass, G. V. (1980). An exploratory technique for investigating large quantities of categorical data. *Applied Statistics*, 29, IS, 119–127.

Kaur, I., Mann, D. (2014). Data mining in cloud computing. *International Journal of Advanced Research in Computer Science and Software Engineering*, 4, 3, 1178–1183.

Khan, J. et al. (2001). Classification and diagnostic prediction of cancers using gene expression profiling and artificial neural networks. *Nature Medicine*, 7, 673–679.

Kimball, R., Reeves, L., Ross, M., and Thornthwaite, W. (1998). *The Data Warehouse Lifecycle Toolkit: Expert Methods for Designing, Developing, and Deploying Data Warehouses*. New York: John Wiley & Sons.

Kohonen, T. (1982). Clustering, taxonomy, and topological maps of patterns. In M. Lang, ed., *Proceedings of the Sixth International Conference on Pattern Recognition*. Silver Spring, MD: IEEE Computer Society Press, 114–125.

Kudyba, S. (2014). *Big Data, Mining and Analytics*. Boca Raton, FL: CRC Press.

Larose, D.T., and Larose, C.D. (2015). *Data Mining and Predictive analytics*, 2nd ed. New York: John Wiley & Sons.

Lashkari, Y., Metral, M., and Maes, P. (1994). Collaborative interface agents. In *Proceedings of the Twelfth National Conference on Artificial Intelligence*. Menlo Park, CA: American Association of Artificial Intelligence, 444–450.

Lin, N. (2015). *Applied Business Analytics*. Upper Saddle River, NJ: Pearson.

Lloyd, S. P. (1982). Least squares quantization in PCM. *IEEE Transactions on Information Theory*, 28, 2, 129–137.

Long, S. L. (1989). *Regression Models for Categorical and Limited Dependent Variables*. Thousand Oaks, CA: Sage Publications Inc.

Maclin, R., and Opitz, D. (1997). An empirical evaluation of bagging and boosting. In *Fourteenth National Conference on Artificial Intelligence*. Providence, RI: AAAI Press.

Maiers, J., and Sherif, Y. S. (1985). Application of fuzzy set theory. *IEEE Transactions on Systems, Man, and Cybernetics, SMC*, 15, 1, 41–48.

Manganaris, S. (2000). Estimating intrinsic customer value. *DB2 Magazine*, 5, 3, 44–50.

Manning, A. (2015). *Databases for Small Business*. New York: Springer.

McCulloch, W. S., and Pitts, W. (1943). A logical calculus of the ideas imminent in nervous activity. *Bulletin of Mathematical Biophysics*, 5, 115–137.

Mena, J. (2000). Bringing them back. *Intelligent Enterprise*, 3, 11, 39–42.

Merril, D. M., and Tennyson, R. D. (1977). *Teaching Concepts: An Instructional Design Guide*. Englewood Cliffs, NJ: Educational Technology Publications.

Mitchell, T. M. (1997). Does machine learning really work? *AI Magazine*, 18, 3, 11–20.

Mobasher, B., Cooley, R., and Srivastava, J. (2000). Automatic personalization based on web usage mining. *Communications of the ACM*, 43, 8, 142–151.

Mone, G. (2013) Beyond Hadoop. *Communications of the ACM*, 56, 1, 22–24.

Mukherjee, S., Feigelson, E. D., Babu, G. J., Murtagh, F., Fraley, C., and Rafter, A. (1998). Three types of gamma ray bursts. *Astrophysical Journal*, 508, 1, 314–327.

Ortigosa, A., Carro, R. M., and Quiroga, J. I. (2014). Predicting user personality by mining social interactions in Facebook. *Journal of Computer and System Sciences*, 80, 1, 57–71.

Peixoto, J. L. (1990). A property of well-formulated polynomial regression models. *American Statistician*, 44, 26–30.

Perkowitz, M., and Etzioni, O. (2000). Adaptive web sites. *Communications of the ACM*, 43, 8, 152–158.

Piegorsch, W. W. (2015). *Statistical Data Analytics*. New York: John Wiley & Sons.

Platt, J.C. (1998). Fast training of support vector machines using sequential minimal optimization. In B. Schoelkopf, C. Burgers, and A. Smola, eds., *Advances in Kernel Methods – Support Vector Learning*. Cambridge, MA: MIT Press.

Quinlan, J. R. (1986). Induction of decision trees. *Machine Learning*, 1, 1, 81–106.

Quinlan, J. R. (1993). *Programs for Machine Learning*. San Mateo, CA: Morgan Kaufmann.

Quinlan, J. R. (1994). Comparing connectionist and symbolic learning methods. In S. J. Hanson, G. A. Drastall, and R. L. Rivest, eds., *Computational Learning Theory and Natural Learning Systems*. Cambridge, MA: MIT Press, 445–456.

Rich, E., and Knight, K. (1991). *Artificial Intelligence*, 2nd ed. New York: McGraw-Hill.

Roiger, R.J. (2005). Teaching an introductory course in data mining. In *Proceedings of the 10th Annual SIGCSE Conference on Innovation and Technology in Computer Science Education*, ACM Special Interest Group on Computer Science Education, Universidade Nova de Lisboa.

Roiger, R.J. (2016). *Data Mining a Tutorial-Based Primer*, 2nd ed. Boca Raton, FL: Chapman and Hall/CRC.

Rowley, J. (2007). The wisdom hierarchy: Representations of the DIKW hierarchy. *Journal of Information and Communication Science*, 33, 2, 163–180.

Salkind, N. J. (2012). *Exploring Research*, 8th ed. Boston, MA: Pearson.

Schmidt, C. W. (2012). Trending now: Using social media to predict and track disease outbreaks. *Environmental Health Perspectives*, 120, 1, a30.

Senator, T. E., Goldbert, H. G., Wooten, J., Cottini, M. A., Khan, A. F. U., Klinger, C. D., Llamas, W. M., Marrone, M. P., and Wong, R. W. H. (1995). The financial crimes enforcement network AI system (FAIS): Identifying potential money laundering from reports of large cash transactions. *AI Magazine*, 16, 4, 21–39.

Shafer, J., Agrawal, R., and Mehta, M. (1996). SPRINT: A scalable parallel classifier for data mining. In *Proceedings of the 22nd VLDB Conference Mumbai(Bombay), India*, 544–555.

Shannon, C. E. (1950). Programming a computer for playing chess. *Philosophical Magazine*, 41, 4, 256–275.

Shavlik, J., Mooney, J., and Towell, G. (1990). Symbolic and neural learning algorithms: An experimental comparison (Revised). Tech. Rept. No. 955, Computer Sciences Department, University of Wisconsin, Madison, WI.

Shortliffe, E. H. (1976). *MYCIN: Computer-Based Medical Consultations*. New York: Elsevier Press.

Signorini, A., Segre, A. M., and Polgreen, P. M. (2011). The use of Twitter to track levels of disease activity and public concern in the US during the influenza A H1N1 pandemic. *PLoS One*, 6, 5, e19467.

Spiliopoulou, M. (2000). Web usage mining for web site evaluation. *Communications of the ACM*, 43, 8, 127–134.

Sycara, K. P. (1998). The many faces of agents. *AI Magazine*, 19, 2, 11–12.

Thuraisingham, B. (2003). *Web Data Mining and Applications in Business Intelligence and Counter-Terrorism*. Boca Raton, FL: CRC Press.

Torgo, L. (2011). *Data Mining with R: Learning with Case Studies*. Boca Raton, FL: CRC Press.

Turing, A. M. (1950). Computing machinery and intelligence. *Mind* 59, 433–460.

Vafaie, H., and DeJong, K. (1992). Genetic algorithms as a tool for feature selection in machine learning. In *Proc. International Conference on tools with Artificial Intelligence*, Arlington, VA. IEEE Computer Society Press, 200–205.

Vapnik, V. (1998). *Statistical Learning Theory*. New York: John Wiley & Sons.

Vapnik, V. (1999). *The Nature of Statistical Learning Theory*, 2nd ed. New York: Springer.

Weiss, S. M., and Indurkhya, N. (1998). *Predictive Data Mining: A Practical Guide*. San Francisco, CA: Morgan Kaufmann.

Widrow, B., and Lehr, M. A. (1995). Perceptrons, adalines, and backpropagation. In M.A. Arbib, ed., *The Handbook of Brain Theory and Neural Networks*. Cambridge, MA: MIT Press, 719–724.

Widrow, B., Rumelhart, D. E., and Lehr, M. A. (1994). Neural networks: Applications in industry, business and science. *Communications of the ACM*, 37, 3, 93–105.

Wilson, C., Boe, B., Sala, A., Puttaswamy, K. P., and Zhao, B. Y. (2009, April). User interactions in social networks and their implications. In *Proceedings of the 4th ACM European Conference on Computer Systems*. ACM, Nuremberg, Germany 205–218.

Winston, P. H. (1992). *Artificial Intelligence*, 3rd ed. Reading, MA: Addison-Wesley.

Witten, I. H., Frank, E. and Hall, M. (2011). *Data Mining: Practical Machine Learning Tools and Techniques*, 3rd ed. San Francisco, CA: Morgan Kaufmann.

Wu, X., Kumar, V. (2009). *The Top 10 Algorithms in Data Mining*. Boca Raton, FL: Chapman and Hall/CRC.

Zadeh, L. (1965). Fuzzy sets. *Information and Control*, 8, 3, 338–353.

Zikopoulos, P.C., Eaton, C., deRoos, D., Deutsch, T., and Lapis, G. (2012). *Understanding Big Data-Analytics for Enterprise Class Hadoop and Streaming Data*. New York: McGraw Hill.

推荐阅读

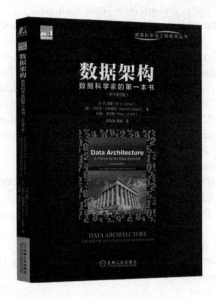

数据架构：数据科学家的第一本书 （原书第2版）

作者:[美]W.H.因蒙 丹尼尔·林斯泰特 玛丽·莱文斯 译者: 黄智濒 陶袁 ISBN: 978-7-111-67960-8

本书特色
· 全面讲解数据架构的理论知识，添加了文本管理和分析等来自不同行业的实例，帮助读者从整体上清晰地认识数据。
· 创新性地提出终端状态架构的概念，把握数据收集、治理、提取、分析等不同阶段的核心技术，从而将大数据技术融入现有的信息基础设施或数据仓库系统。
· 新增关于可视化和大数据的章节，涵盖对数据的商业价值和数据管理等的综合介绍，为大数据技术的未来发展提供新的思路。

数据科学导论：Python语言 （原书第3版）

作者:[意]阿尔贝托·博斯凯蒂 卢卡·马萨罗 译者: 于俊伟 ISBN: 978-7-111-64669-3

　　本书提供大量详细的示例和大型混合数据集，可以帮助你掌握数据收集、数据改写和分析、可视化和活动报告等基本统计技术。此外，书中还介绍了机器学习算法、分布式计算、预测模型调参和自然语言处理等高级数据科学主题，还介绍了深度学习和梯度提升方案（如XGBoost、LightGBM和CatBoost）等内容。
　　通过本书的学习，你将全面了解主要的机器学习算法、图分析技术以及所有可视化工具和部署工具，使你可以更轻松地向数据科学专家和商业用户展示数据处理结果。

推荐阅读

新型数据库系统：原理、架构与实践

作者：金培权 赵旭剑 编著 书号：978-7-111-74903-5 定价：89.00元

内容简介：

本书重点介绍当前数据库领域中出现的各类新型数据库系统的概念、基础理论、关键技术以及典型应用。在理论方面，本书除了介绍各类新型数据库系统中基本的理论和原理之外，还侧重对这些理论的研究背景和动机进行讨论，使读者能够了解新型数据库系统在设计上的先进性，并通过与成熟的关系数据库技术的对比，明确新型数据库技术的应用方向以及存在的局限性。在应用方面，本书将侧重与实际应用相结合，通过实际的应用示例介绍各类新型数据库系统在实际应用中的使用方法和流程，使读者能够真正做到学以致用。

本书可以为数据库、大数据等领域的科研人员和IT从业者提供前沿的技术视角及相关理论、方法与技术支撑，也可作为相关专业高年级本科生和研究生课程教材。

主要特点：

前沿性：本书内容以新型数据库技术为主，紧扣当前数据库领域的发展前沿，使读者能够充分了解国际上新型数据库技术的最新进展。

基础性：本书重点介绍各类新型数据库系统的基本概念与基本原理，以及系统内核的基本实现技术。内容设计上由浅入深，脉络清晰，层次合理。

系统性：本书内容涵盖了当前主流的新型数据库技术，不仅对各个方向的相关理论和方法进行了介绍，也给出了系统运行示例，使读者能够对主流的新型数据库系统及应用形成较为系统的知识框架。

分布式数据库系统：大数据时代新型数据库技术 第3版

作者：于戈 申德荣 等编著 书号：978-7-111-72470-4 定价：99.00元

内容简介：

本书是作者在长期的数据库教学和科研基础上，面向大数据应用的新需求，结合已有分布式数据库系统的经典理论和技术，跟踪分布式数据库系统的新发展和新技术编写而成的。全书强调理论和实际相结合，研究与产业相融合，注重介绍我国分布式数据库技术发展。书中详细介绍了通用数据库产品Oracle应用案例及具有代表性的大数据库系统：HBase、Spanner和OceanBase。本书特别关注国产数据库系统，除OceanBase之外，还介绍了PolarDB和TiDB。在分布式数据库技术最新进展方面，本书介绍了区块链技术、AI赋能技术，以及大数据管理技术新方向。

推荐阅读

大数据管理系统原理与技术

作者：王宏志 何震瀛 王鹏 李春静 ISBN: 978-7-111-63677-9

本书重点介绍面向大数据的数据库管理系统的基本原理、使用方法和案例，涵盖关系数据库、数据仓库、多种NoSQL数据库管理系统等。写作上，本书兼顾深度和广度。针对各类数据库管理系统，在介绍其基本原理的基础上，选取典型和常用的系统作为案例。例如，对于关系数据库，除介绍其基本原理，还选取了典型的关系数据库系统MySQL进行介绍；对于数据仓库，选取了基于Hadoop的数据仓库系统Hive进行介绍。此外，还选取了典型的键值数据库、列族数据库、文档数据库和图数据库进行介绍。

大数据分析原理与实践

作者：王宏志 ISBN: 978-7-111-56943-5

大数据分析的有效实施需要不同领域的知识。从分析的角度，需要统计学、数据分析、机器学习等知识；从数据处理的角度，需要数据库、数据挖掘等方面的知识；从计算平台的角度，需要并行系统和并行计算的知识。

本书尝试融合大数据分析、大数据处理、计算平台三个维度及相关知识，给读者一个相对广阔的"大数据分析"图景，在编写上从模型、技术、实现平台和应用四个方面安排内容，并结合以阿里云为代表的产业实践，使读者既能掌握大数据分析的经典理论知识，又能熟练使用主流的大数据分析平台进行大数据分析的实际工作。